KB000956

사회·기술시스템전환

이론과 실천

이 도서의 국립중앙도서관 출판예정도서목록(CIP)은 서지정보유통지원시스템 홈페이지(http://seoji.nl.go.kr)와 국가자료공동목록시스템(http://www.nl.go.kr/kolisnet)에서 이용하실 수 있습니다.
CIP제어번호: CIP2017002855(양장), CIP2017002856(학생판)

사회·기술시스템 전환

엮은이 ┃ 송위진

지은이 ┃ 박인용·성지은·송위진·이은경·이정필·정병걸·한재각·황혜란

이론과 실천

System Transition: Theory and Practice

한울
아카데미

한국사회는 급속한 경제성장을 이루었다. 경제가 성장하면 많은 문제가 해결될 것으로 기대했지만 오히려 사회문제가 확대되고 접해보지 못한 새로운 문제가 등장하고 있다. 고령화, 양극화, 청년문제, 환경·에너지·안전 문제들이 심화되면서 삶의 질을 높이고 사회통합을 위한 대응책을 마련하는 것이 무엇보다도 시급한 과제가 되고 있다.

이런 상황을 반영하여 과학기술혁신정책에서 새로운 흐름이 나타나고 있다. 과학기술을 통해 환경·복지·안전과 관련된 사회적 과제를 해결하고 국민 생활의 질을 높이려는 정책이 구체화되고 있다. 자연현상 이해와 산업 발전을 넘어 사회문제 해결과 삶의 질 영역으로 과학기술정책이 확장되고 있는 것이다.

사회문제 해결을 지향하는 과학기술혁신정책의 등장은 세계적인 현상이다. 우리나라는 2013년 '과학기술기반 사회문제 해결 종합실천계획', '사회문제 해결을 위한 기술 개발사업'을 새로운 정책으로 시행하면서, 과학기술을 통한 사회문제 해결에 노력하고 있다. 유럽연합은 Horizon 2020이라는 과학기술 전략사업에서 사회적 과제 해결을 핵심 분야로 설정하고 예산의 38%를 투입하고 있다. 연구의 수월성 확보, 산업경쟁력 강화보다 높은 비중이다. 일본은 과학기술기본계획에서 안전·환경·복지와 관련된 사회문제 해결을 핵심 의제로 설정하고 정책을 추진하고 있다.

이러한 변화는 혁신이론과 정책에서 새로운 접근을 필요로 한다. 그동안 혁신이론과 정책의 출발점이 된 '혁신체제론(innovation system)'은 경제성장을 위한 기술 지식 창출·확산에 초점을 맞추었다. 또 혁신체제의 구조적 특성에 관심을 가지고 주요 제도들의 개선을 논의해왔다. 그러나 이런 관점에서는 핵심 정책의제가 되고 있는 사회문제의 해결과 삶의 질 제고, 삶의 현장에서 필요로 하는 과학기술혁신의 추진 등을 충분히 고려할 수 없다. 또한 우리 사회의 에너지·환경, 주거, 보건·복지, 작업장, 농식품을 둘러싼 시스템혁신을 전망하는 데에도 한계가 있다.

최근 혁신이론에서는 이러한 혁신체제론의 성장주의, 공급 중심 접근, 정태적 접근을 넘어서기 위해 지속가능성, 사용자와 시민사회의 참여, 공급·수요의 통합적 접근, 구조적 변화를 주장하는 '사회·기술시스템전환론(socio-technical transition)'이 등장하고 있다.

이 논의는 우리 사회의 주요한 사회적 도전(societal challenge)에 대응하기 위해 지속가능한 사회·기술시스템으로의 전환을 주장하면서 경제성장·사회통합·환경보호의 조화, 시스템혁신, 거버넌스를 핵심 개념으로 제시하고 있다. 동시에 에너지전환, 물 시스템전환, 도시전환, 자원순환 시스템으로의 전환, 지속가능한 농식품시스템, 보건·의료시스템으로의 전환 전략들을 실천적 차원에서 다루고 있다. 사회문제에 대한 대증적·파편적 접근을 넘어 사회문제의 원천을 극복하는 시스템전환을 논의하고 있다. 그리고 이를 통해 새로운 비즈니스와 산업을 형성·발전시키고 고용을 창출하는 전망을 다룬다. 사회문제 해결에서 새로운 산업 창출의 기회를 모색하는 것이다.

이 책은 사회·기술시스템전환론의 이론과 실천을 검토하고 정책적 의의를 탐색하는 작업을 한다. 시스템전환의 관점에서 과학기술혁신정책의 방향을 점검하고 새로운 이슈와 사례들을 논의할 것이다. 이는 성숙기에 도달한 과학기술혁신정책을 혁신하고 그동안의 추격체제에서 형성된 성장 중심, 타기팅 중심, 하향식, 공급자 중심의 혁신정책 패러다임을 넘어서는 계기를 마련해줄 것이다.

1부에서는 사회·기술시스템전환론을 개괄한다. 1장에서는 지속가능성이라는 가치지향성을 명확히 하면서 시스템전환을 설명하는 시스템전환론의 기본 관점과 주요 이슈를 살펴본다. 고령화나 기후변화와 같은 거시 환경 변화로 인해 열리는 기회의 창을 활용해서 새로운 사회·기술실험을 발전시켜 시스템전환을 추진하는 '다층적 접근(multi-level perspective)'과 '전략적 니치 관리론(strategic niche management)'을 검토한다. 그리고 시스템전환의 관점을 취했을 때 전환을 이끌어가는 혁신 주체의 구성과 역할은 어떻게 변화하는지를 논의하고, 사회문제 해결, 시스템혁신, 참여형 혁신, 장단기 정책통합을 지향하는 혁신정책의 새로운 방향을 검토한다.

2부에서는 주체와 영역을 중심으로 시스템전환과정에서 나타나는 특성을 살펴본다. 기업과 협동조합과 같은 지역공동체 조직이 전환활동에서 보여주는 특성, 리빙랩 사업과 지역 문제 해결형 사업에서 나타나는 전환활동의 특성을 검토한다.

2장에서는 시스템전환과정에서 기업의 역할과 활동을 살펴본다. 기업들은 현 시스템을 유지·개선하는 혁신을 추진하는 경향이 있다. 이를 넘어서서 시스템전환을 지향하는 기업을 '전환지향적 기업'으로 정의하고 이들이 보여주는 특성을 살펴본다. 시스템전환을 위해 지속가능한 비즈니스 모델을 도입하고 지속가능성을 지향하는 새로운 생태계를 조직하는 과정에서 나타나는 어려움을 검토한다.

3장에서는 리빙랩을 통한 시스템전환을 검토한다. 리빙랩은 생활공간에서 사용자가 참여하여 전문가와 함께 혁신활동을 수행하는 개방형·사용자 주도형 혁신모델이다. 여기서는 사회문제를 경험하는 시민사회와 전문가의 상호작용을 통해 새로운 사회·기술맹아가 형성되기 때문에 전환을 위한 교두보가 되는 경우가 많다. 이런 이유로 많은 리빙랩이 전환을 위한 전환랩(transition lab)으로 기능하게 된다. 여기서는 유럽과 대만에서 이루어진 리빙랩 사례를 검토하면서 전환랩에서 나타나는 특성을 검토한다.

4장에서는 지역을 기반으로 한 시스템전환을 다룬다. 지역은 작은 규모로 새로운 맹아를 형성할 수 있는 적절한 공간이 될 수 있다. 여기서는 도시를 대상으로 지속가능한 에너지전환실험을 수행한 유럽 MUSIC 프로젝트의 사례를 검토한다. 어떤 관점과 전망하에서 지역 기반 전환실험이 추진되었는지 살펴보고 우리나라에서 진행된 녹색마을 프로젝트 및 햇빛발전 사업과 비교한다. 지역에서 전환실험을 추진할 때 고려해야 할 정책적 이슈를 검토한다.

5장에서는 지역공동체를 바탕으로 전개되는 시스템전환을 논의한다. 영국을 대상으로 에너지협동조합과 같은 지역에너지 공동체가 추진하고 있는 에너지전환 사례를 살펴본다. 지역공동체가 어떻게 전환의 주체로 등장하는지, 어떻게 전환활동을 수행하는지, 그리고 이 과정에서 지역 주민들이 지역의 에너지 문제에 관심과 능력을 갖고 참여하는 에너지 시티즌십이 갖는 의미는 무엇인지 검토한다.

3부에서는 해외의 전환정책을 다룬다. 유럽의 여러 나라에서 전환정책이 추진되고 있지만 네덜란드와 네덜란드어를 쓰는 벨기에의 플랑드르는 전환정책을 선도하는 지역이다. 전환정책이 네덜란드로부터 시작되었기 때문이다.

6장에서는 네덜란드의 전환정책을 다룬다. 네덜란드에서 전환정책이 새로운 정책 프로그램으로 등장하고 자리 잡는 과정을 살펴본다. 그리고 전환정책이 확산되면서 에너지, 교통, 농업, 자연자원분야에서 구체화된 전환정책의 특성을 검토하면서 네덜란드 전환정책의 성과와 한계를 논의한다.

7장에서는 벨기에의 지역자치 정부인 플랑드르 지역 전환정책의 발전 과정을 살펴본다. 플랑드르에 전환정책이 도입된 것은 환경 영역이었는데 이 정책이 성공을 거두면서 전환정책은 부문정책을 넘어 지역종합발전전략으로 진화하게 된다. 어떻게 전환정책이 주요 정책으로 자리 잡게 되었는지 그리고 종합전략 차원에서 전환정책이 보여주는 특성은 무엇인지를 검토한다.

4부에서는 시스템전환의 관점에서 본 한국의 혁신정책의 이슈를 검토한다. 기존의 논의와 정책을 시스템전환의 관점에서 재해석하여 새로운 시각과 방향을 제시하고자 한다.

8장에서는 시스템전환론을 도입하여 우리나라 혁신정책의 주요 이슈인 탈추격론(post catch-up)을 확장하는 작업을 한다. 탈추격론은 혁신체제론에 입각해서 추격체제를 극복하는 이론과 정책을 개발하는 것을 목표로 하고 있다. 여기서는 시스템전환론을 도입해서 지속가능한 시스템으로의 전환 관점에서 탈추격론을 재해석하고 정책방향을 제시한다.

9장에서는 시스템전환의 관점에서 연구개발사업을 재해석하는 작업을 수행한다. 특히 사회문제 해결을 목표로 기획·추진되고 있는 사회문제 해결형 연구개발사업을 전환의 관점에서 접근해서 프로젝트를 '전환실험으로 진화시키는(transitioning)' 방안을 다룬다. 단기적 관점에서 대증적으로 추진되는 프로젝트를 장기적 전환 관점에서 접근하기 위해 요구되는 활동을 논의할 것이다.

10장에서는 국제개발협력에서 전개되고 있는 적정기술 사업을 시스템전환의 관점에서 접근하고 개선 방안을 제시한다. 기존 국제개발협력에서 추진되는 사업은 기술 중심적으로 접근하는 특성이 강한데 이를 극복하기 위해 수원국의 조건에 적합한 사회·기술시스템 구축을 지향하는 관점이 필요하다는 것을 논의한다. 적정기술이 아니라 적정 사회·기술시스템 구축이 필요함을 주장한다.

이 책의 내용은 필자들이 전환이론을 공동 학습하고 각자의 연구주제에 따라 학술지와 정책보고서에 썼던 글을 기초로 하고 있다. 글의 출처는 책 뒷부분에 밝혔다. 책으로 엮으면서 적합하지 않거나 중복된 내용은 수정했다.

끝으로 이 책을 쓰는 데 도움을 준 과학기술정책연구원 송종국 원장님과 동료들, 그리고 원고 정리를 도와준 한규영 연구원께 감사의 말씀을 드린다.

2017년 1월
엮은이 송위진

차례

1부 사회 · 기술시스템전환론 개괄

2부 주체와 영역에 따른 시스템전환의 특성

System Transition: Theory and Practice

System Transition: Theory and Practice

사회·기술시스템전환론 개괄

01   사회·기술시스템전환론의 기본 관점과 주요 이슈

System Transition: Theory and Practice

01

사회·기술시스템전환론의 기본 관점과 주요 이슈

송위진

　최근 혁신연구에서 사회·기술시스템전환론(socio-technical transition)이라
는 새로운 흐름이 나타나고 있다. 전환연구(transition studies), 지속가능한 전
환연구(sustainability transition) 등으로 불리는 이 논의는 기술이 공급되고 사
회에서 활용되는 전체 시스템을 분석 단위로 하여, 우리 사회의 문제(societal
challenge)들을 해결하기 위해 새로운 사회·기술시스템으로 전환해야 한다
고 주장한다. 시스템전환론은 혁신체제론을 바탕으로 한 '혁신연구'의 성과
와 기술과 사회의 상호작용을 다루는 '과학기술학' 논의를 융합하면서 새로
운 이슈를 던지고 있다.

　이 장에서는 사회·기술시스템전환론의 기본 관점을 살펴보고 혁신정책
의 주요 이슈를 검토한다. 시스템전환론을 바탕으로 혁신정책을 구상할 때
고려해야 하는 프레임의 변화에 초점을 맞추어서 논의를 전개한다.

1. 사회·기술시스템전환론의 기본 관점

1) 분석 및 정책 대상으로서의 사회·기술시스템

시스템전환론은 사회를 유지하고 각 개인들이 먹고, 마시고, 일하고, 살아가는 데 필요한 핵심적인 기능과 활동을 수행하는 사회·기술시스템을 출발점으로 삼는다. 식량과 식품을 생산하고 소비하는 농식품시스템, 생활에 필요한 에너지를 생산하고 소비하는 에너지시스템, 삶을 유지하기 위한 보건·복지 서비스를 공급하고 소비하는 시스템, 생활과 일을 위해 필요한 이동서비스 공급·소비 시스템 등이 논의의 대상이다(사회혁신팀, 2014).

시스템전환론에서는 우리 사회가 사회와 기술이 결합된 사회·기술시스템으로 존재한다고 파악한다. 특정 기술을 개발하고 사용하는 데 필요한 제도와 규범·문화·행동 양식이 존재하고 이들이 기술의 개선과 확장을 지원한다. 기술과 사회는 서로 보완성을 지니며 시스템으로 존재하는 것이다. 에너지 다소비형 기술은 그것과 보완성을 지닌 에너지 사용 행태, 에너지 활용 관련 제도와 하부구조, 문화와 결합되어 존재한다(Grin, Rotmans, and Schot, 2010; 송위진·성지은, 2014).

이런 측면에서 사회·기술시스템전환론은 기술 지식의 공급에 초점을 맞추는 혁신체제론과 달리 기술 수요와 기술 공급을 통합적으로 파악한다. 사회에서 요구하는 활동과 지식을 기반으로 기술 지식의 공급시스템에 접근하는 것이다.

이런 관점을 취하면 혁신정책의 영역은 대폭 확대된다. 농식품, 주거, 교통, 에너지, 물관리, 안전관리, 작업장 등 사회의 각 영역이 기술과 결합된 사회·기술시스템으로 파악되면서 혁신정책의 대상이 되기 때문이다. 혁신

그림 1-1 사회·기술시스템전환론의 현실 인식

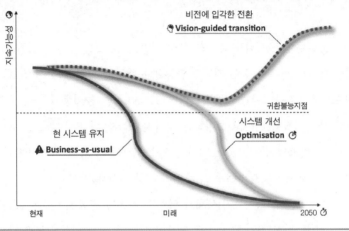

자료 : VITO(2012).

정책은 이제 다른 분야 정책을 종합적으로 고려해야 하는 통합형 혁신정책
(integrated innovation policy)으로 진화한다(송위진·성지은, 2013). 더 나아가 모든
영역이 과학기술 활동과 연계되기 때문에 혁신정책이 한 국가의 발전 전략
의 위상을 차지하게 된다. 혁신정책의 위상도 더 높아진다. 벨기에 플랑드
르 지방정부가 '장기발전전략(VIA: Flanders in Action)'을 시스템전환론에 입각
해서 논의한 것은 그 사례라 할 수 있다(이은경, 2014).

2) 지속가능한 시스템으로의 전환

사회·기술시스템전환론은 현재의 사회·기술시스템이 지속가능하지 않다는 전망을 하고 있다. 새로운 사회·기술시스템으로의 전환이 이루어지지 않으면 우리 사회를 유지하기가 어렵다는 위기의식을 가지고 있다. 기후변화, 사회 양극화, 고령화, 에너지·자원 문제, 재난 대응 안전 시스템 문제에 대한 전환적 대응(transformative change)이 없으면 장기적으로 우리 사회가 유지 가능하지 않다는 것이다(Grin, Rotmans, and Schot, 2010).

따라서 사회·기술시스템전환론은 '지속가능성'이라는 가치를 지향한다. 경제적 지속가능성뿐만 아니라 사회 통합과 같은 사회적 지속가능성, 환경과 자원의 보호와 유지가 이루어지는 환경적 지속가능성을 핵심 목표로 설정한다. 기존의 경제성장과 산업 발전 중심의 혁신활동 및 정책을 넘어 성장·사회통합·환경보호가 통합적으로 이루어지는 정책과 활동을 지향한다. 경제적 문제와 사회적 문제, 환경문제를 동시에 접근하는 시야를 제시한다. 이 때문에 사회·기술시스템전환론에서는 그동안의 혁신정책에서 다루어지지 않았던 사회·환경문제 해결이 혁신정책의 주요 영역으로 부상하게 된다. 그리고 프레임을 바꾸어 지속가능성 구현을 위해 사회적·환경적 문제·경제문제 해결에 초점을 맞추는 문제 해결 중심적 접근을 취하게 된다(사회혁신팀, 2014; 송위진·성지은, 2014).

사회·기술시스템전환론은 시스템혁신 활동이 지속가능성이라는 방향성을 가져야 한다고 본다. 그렇지만 방향성을 갖는다고 해서 정부와 같은 특정 주체가 방향을 정하고 사업을 기획해서 이끌어가는 것은 아니다. 전환은 기획·통제되어서 이루어지는 것이 아니며 방향성을 가진 상태에서 다양한 주체들의 상호작용과 실험을 통해 여러 사회·기술혁신안들을 검토하면서 등장하는(emerge) 것이다. 방향성을 갖되 다양한 사회·기술의 변이와 선택이 이루어지는 준진화적 과정(quasi-evolutionary process)[1]을 거치게 된다(Schot and Geels, 2008). 따라서 전환과정에서는 정부나 대기업과 같은 특정 주체가 통제하는 전략기획(strategic planning)적 접근이 아니라 다양한 주체들이 모여 방향을 협의하고 대안을 검토해나가는 거버넌스적 접근이 중요하다.

3) 시스템전환

(1) 사회·기술시스템의 구성과 정의: 다층적 접근

사회·기술시스템은 거시 환경, 사회·기술레짐, 니치의 세 가지 '차원 (levels)'으로 구성된다. '거시 환경(landscape)'은 기후변화, 고령화, 양극화 등 장기간에 걸쳐 발생하는 거시적인 변화 경향을 말한다. '사회·기술레짐 (socio-technical regimes)'은 특정 사회적 기능이 수행되는 배경, 조건, 관행, 제도, 규범 등으로 구성된다. 한 사회 내에는 농식품, 교통, 보건의료, 에너지, 주거, 환경 등 각 요소에 관한 사회·기술레짐이 존재하며, 이들 사회·기술레짐이 상호작용하면서 사회가 재생산된다. 각 사회·기술레짐은 사회적 필요에 대응하기 위해서 발전해왔으며 일정 기간 안정성을 지니고 있다. 그 결과 사회·기술레짐 내의 혁신은 대부분 '점진적'으로 발생되며, 현존 기술의 파괴보다는 개선을 지향한다(사회혁신팀, 2014: 24~25).

'니치(niches)'는 널리 확산되고 채택되면 사회·기술시스템에 획기적인 결과를 가져올 수 있는 혁신이 이루어지는 소규모 '공간'을 말한다(사회혁신팀, 2014: 24~26).

---

1 진화적 과정은 변이-선택-유지 과정을 거치면서 전개된다. 이는 특정 목적을 달성하기 위한 과정이 아니라 변이가 이러저러한 이유로 생기고 그중에 특정 개체가 선택되어 유지되는 비목적적 과정이다. 준진화적 과정에는 변이-선택-유지가 이루어지지만 그것을 지속가능성이라는 큰 방향 속에 위치시키려는 의식적인 노력이 있다. 그러나 이런 노력이 있다하더라도 사회·기술 대안의 분석을 통해 최적의 대안을 선택하는 것이 아니라 다양한 실험을 통해 여러 사회·기술 대안의 변이와 선택이 이루어지는 진화적 과정이 전개된다(Schot and Geels, 2008).

그림 1-2 사회·기술시스템전환론의 구성

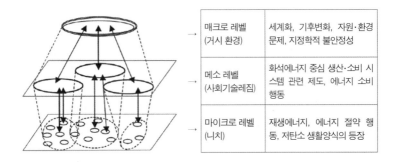

→	매크로 레벨 (거시 환경)	세계화, 기후변화, 자원·환경 문제, 지정학적 불안정성
→	메소 레벨 (사회기술레짐)	화석에너지 중심 생산·소비 시 스템 관련 제도, 에너지 소비 행동
→	마이크로 레벨 (니치)	재생에너지, 에너지 절약 행 동, 저탄소 생활양식의 등장

자료: Geels(2002), 사회혁신팀(2014: 24)에서 재인용.

시스템전환론은 이러한 다층적 접근(multi-level perspective)을 통해 거시적 차원의 변화와 미시적 차원의 새로운 혁신을 연계해서 보는 틀을 제시하여 구조적 접근과 행위 중심적 접근을 통합하는 논의를 전개하고 있다.

시스템전환은 거시 환경의 변화 속에서 열리는 새로운 사회·기술시스템에 대한 기회의 창을 활용해서 진행된다. 예를 들어 기후변화와 같은 거시 환경의 변화는 기존 사회·기술레짐에 압박을 가하여 온실가스 배출을 최소화하는 새로운 생산방식과 생활방식에 대한 '기회의 창(window's opportunity)'을 열어준다. 이를 통해 에너지전환, 교통시스템전환을 꾀하는 새로운 사회·기술니치의 실험이 진행될 수 있다(사회혁신팀, 2014). 또 개방·공유·협력을 지향하는 인터넷과 오픈소스와 같은 새로운 ICT기술의 확산은 새로운 생산방식과 생활방식에 대한 혁신을 추진한다. 3D프린터와 디지털 기술을

그림 1-3 사회 · 기술시스템전환과정

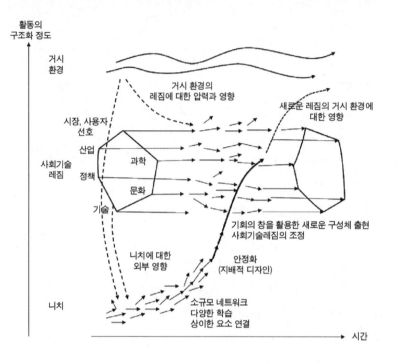

활동의
구조화 정도

거시
환경

거시 환경의
레짐에 대한 압력과 영향

새로운 레짐의 거시 환경에
대한 영향

시장, 사용자
선호

산업

사회기술
레짐

과학

정책

문화

기술

기회의 창을 활용한 새로운 구성체 출현
사회기술레짐의 조정

니치에 대한
외부 영향

안정화
(지배적 디자인)

니치

소규모 네트워크
다양한 학습
상이한 요소 연결

시간

자료: Geels(2004a).

활용한 사용자 중심의 생산방식, 오픈소스와 오픈디자인에 입각한 사용자
가 개발하는 오염 측정기기와 안전관리 시스템 등이 새롭게 시도될 수 있다
(EU, 2015). 열린 기회의 창은 지배적인 시스템과는 다른 지향점과 구성을 지
닌 사회 · 기술혁신의 계기를 제공한다.

(2) 전략적 니치 관리

전략적 니치 관리는 새로운 사회·기술시스템의 맹아를 지닌 니치를 형성·확장시켜 기존의 사회·기술체제를 대체해나가는 점진적이고 전략적인 접근이다. 초기 단계의 기술은 완성도가 떨어지고 보완적 기술이나 제도가 부족하기 때문에 사회에 착근할 수 있도록 일정 기간 동안 기존 사회·기술체제의 선택 압력으로부터 보호하는 것이 필요하다(Geels and Raven, 2006).

니치에서는 새 시스템에 대한 사회적·정치적·인지적 정당성 확보 활동과 함께 새로운 사회·기술시스템을 구축하는 데 필요한 지식의 창출·활용·확산이 이루어진다. 그리고 이 과정에서 새로운 사회·기술시스템을 지향하는 주체들의 네트워크가 형성된다(사회혁신팀 2014; 송위진·성지은, 2014; Grin, Rotmans, and Schot, 2010).

정당성 확보를 위한 활동은 새로운 사회·기술시스템에 대한 비전과 기대를 형성하는 것에서 시작해서 새로운 사회·기술혁신을 지원하는 정책과 제도 개발까지 포함한다. 아직 방향성과 가능성이 불확실한 새로운 사회·기술혁신의 방향을 제시하고, 사회적 관심을 이끌어내며, 새로운 니치를 보호·육성하는 정책을 개발하는 것이다. 에너지전환을 위해 태양광 발전에 대한 미래 전망 및 담론 형성과 정부의 정책적 지원을 이끌어내는 활동, 3D 프린터의 가능성과 전망을 제시하고 메이커 운동을 활성화해서 사용자 스스로 자신의 문제를 해결하는 생산시스템 구현을 지원하는 활동이 그 사례가 될 수 있다(송위진·성지은, 2013: 제2장).

새로운 사회·기술시스템의 구현·확장과 관련된 학습도 니치에서 이루어지는 중요한 활동이다. 새로운 시스템을 구성하는 요소 기술 및 디자인과 관련된 지식, 시장과 사용자의 선호, 새로운 사회·기술에 대한 문화적·상징적 의미 부여, 새로운 사회·기술시스템에 필요한 하부구조와 유지·보수 시스템, 생산시스템, 정부 정책과 규제, 사회적·환경적 효과에 대한 지식 등이 새로운 사회·기술시스템을 확장시키는 데 필요한 지식이다(송위진·성지은, 2013: 제2장).

새로운 사회·기술혁신을 확장하는 데 필요한 정당성을 확보하고 지식을 창출·확산하는 학습 활동은 새로운 사회·기술시스템을 지지하는 네트워크를 기반으로 전개되고 또 그 과정을 통해 네트워크가 확장된다. 즉 새로운 사회·기술혁신을 지원하는 공동체가 새로운 비전·기대·정책과 기술 지식과 상호작용하면서 공진화하게 된다.

4) 시스템전환의 실천: 전환관리와 전환실험

(1) 전환관리와 거버넌스

시스템전환을 위한 다층적 접근과 전략적 니치 관리의 실천방법론은 전환관리론이다. 전환관리론은 지속가능하지 않은 현재의 시스템을 지속가능한 시스템으로 전환하는 방법에 초점을 맞춘다.

전환관리론의 핵심은 거버넌스이다. 전환의 목표를 도출하고 그것을 달성하기 위한 실천 활동을 수행하는 과정에서 다양한 행위자들의 서로 다른 이해와 전망을 조정하고 학습하는 데 초점을 맞춘다. 이를 통해 국가나 기업과 같은 특정 행위자가 전환의 방향을 정하고 이끌어가는 방식이 아니라 다양한 행위자들이 참여하는 거버넌스를 통해 '숙의'와 '학습'을 하여 전환을 진행시킨다. 이 거버넌스에 참여하는 행위자들은 전환관리가 진행되면서 점점 확대된다(전환협의체 → 전환동맹 → 전환 이해 당사자 연합). 이해집단의 의견을 대표하는 소수 회원으로 구성된 선도 그룹에서 시작해서 전환실험을 직접 수행하는 혁신 주체까지 참여하게 된다. 마치 눈이 구르면서 커지는 방식으로 거버넌스 참여 행위자가 확대된다(사회혁신팀, 2014; Loorbach, 2007, Van den Bosch, 2010).

전환관리론은 의사 결정의 단계를 다음과 같이 네 개로 유형화한다.

- 전략적(strategic): 장기적 시각에서 사회문제 구조화, 대안적 미래비전 창출과 관련된 거시 환경 전망
- 전술적(tactical): 사회·기술시스템의 구성 요소인 제도, 규제, 물리적 하부구조, 금융 하부구조의 형성과 해체에 관련된 활동
- 운영적(operational): 단기적인 일상적 결정, 행동과 관련된 니치 수준의 활동
- 성찰적(reflexive): 여러 수준에서 전개되는 활동의 상황, 각 활동의 상호작용에 대한 평가·연구를 통하여 문제와 대안을 지속적으로 구조화·재해석

각 단계에서 구성되는 거버넌스와 활동은 다음과 같다. 전략적 단계에서는 전환에 대한 의지를 가지고 있는 주요 이해 당사자들로 구성된 '전환협의체(transition arenas)'를 구성한다. 여기서는 전환을 통해 해결할 문제를 구조화하고 비전을 형성한다. 전술적 단계에서는 전환협의체와 함께 새로운 행위자들을 포함한 전환동맹(transition coalitions)을 형성한다. 전환과 관련된 의제를 도출하고 전환경로를 모색한다. 또 전환에 대한 담론을 확산시킨다. 운영 단계에서는 프로젝트팀을 중심으로 전환실험의 기획과 실천이 이루어진다. 성찰 단계에서는 모니터링과 평가가 이루어진다.

전환관리의 주요 요소와 핵심 활동, 성과물은 다음과 같다(〈표 1-1〉 참조). 물론 전환관리가 이 과정을 처음부터 순서대로 밟는 것은 아니다. 어떤 경우는 일반 과제로 출발했다가 전환관리 관점이 도입되어 역으로 과정을 밟아나가는 경우도 많다.

표 1-1 전환관리의 주요 거버넌스: 농식품시스템전환

	Agro-Food System Transition	
주요 요소	활동	주요 성과물
1. 준비와 탐색	A. 전환관리 총괄관리팀 형성	· 전환관리 총괄관리팀(transition team) 형성
	B. 프로세스 디자인	· 전환의 진행 과정 및 시간표 작성 · 각 단계별로 필요한 분석 수단 개발 - 시스템 분석 수단 - 주요 행위자 분석 및 갈등 요인 분석 등
	C. 시스템 분석	· 전환대상 설정 - 농식품시스템(생산-유통-소비) · 시스템 분석 - 농식품시스템의 현황 분석 - 비전을 둘러싼 논쟁 분석(안전·안정적 식품 공급, 자원순환 등)
	D. 주요 행위자 분석	· 전체 과정의 주요 행위자 및 이해관계 분석
	E. 모니터링 체계 수립	· 전환 프로젝트 모니터링 체계 수립
2. 문제 구조화/비전 제시	A. 전환협의체 형성 (Transition Arena)	· **시스템전환에 대한 의지와 비전을 가지고 있는 선도 행위자로 구성된 네트워크 형성** - **총괄위원회로서의 전환협의체** - **연구자, 정책경험자, 현장 경험 많은 실무자, 과학기술 담당자, 총괄관리팀으로 구성**
	B. 문제 구조화	· 공동의 문제인식 형성과 변화 이슈 도출 - 농식품시스템 현황 분석 자료, 발전 전망 논쟁 자료를 바탕으로 문제 구체화 - 주요 변화 요소 도출
	C. 우선순위 선정	· 지속가능한 전환을 위한 가치 기준의 우선순위 형성
	D. 비전 형성	· 공유된 비전 형성
3. 백캐스팅/전환경로 형성/어젠다 설정	A. 참여적 백캐스팅과 전환경로의 정의*	· 비전 달성을 위한 백캐스팅과 전환경로(transition pathway) 제시 - 예: 로컬푸드(local food) 전환경로/도농 자원 순환 경로 등
	B. 어젠다 형성과 행동방향 제시	· **각 전환경로별로 주요 어젠다 형성 및 행동 방향 제시** - **전환경로별 플랫폼(분과위원회) 형성(전환을 위한 동맹세력)** - 주요 의제 및 시범 사업 내용 설정
4. 전환실험과 실행	A. 비전, 경로, 의제에 대한 서사 확산	· 대중의 인식 제고 및 참여 확대 - 전환비전-경로-의제-행동을 통해 나타나는 효과에 대한 서사(narrative) 정리 및 확산
	B. 이해 당사자 연합 형성 및 네트워크 확대	· **네트워크 확대 및 전환실험 포트폴리오 구성** - 전환실험 상세 설계
	C. 전환실험 수행, 정책과 프로젝트 수행	· 전환실험 수행
5. 모니터링과 평가	A. 방법과 프로세스에 대한 참여 평가*	· 방법론 변화 및 교훈 획득
	B. 비전과 전략 성찰	· 비전 조정과 전략 변화
	C. 인터뷰 모니터링	· 학습과 프로세스에 대한 성찰

참조: 굵은 글씨는 전환 거버넌스의 형성과 확대.
자료: 사회혁신팀(2014)에서 일부 수정.

(2) 전환실험

전환실험은 시스템전환을 위해 추진하는 산·학·연·관·시민사회가 참여하는 중단기 실행 사업이다. 구조적 문제가 있는 사회·기술시스템을 대체하는 새로운 기술과 제도를 개발하는 니치에서의 실험이다. 전환실험은 전통적인 연구개발 사업이나 실증 사업과는 시야와 관점이 다르다. 전환실험은 시스템전환의 흐름에서 자신의 기능을 정의한다. 따라서 대증적인 문제 해결이 아니라 장기적인 과제 해결에서 자신의 의의를 파악한다. 기술과 제도 개선 사업을 추진해도 단기적 차원의 문제 해결이 아니라 장기적인 전환 차원에서 접근하기 때문에 과제의 범위와 추진체제, 성과관리 방식이 달라진다.

전환실험은 시스템전환이라는 장기적·구조적 과정과 정책기획·집행과 관련된 중·단기적 행동을 연계하는 기능을 한다. 전환실험이 없다면 시스템전환론은 장기 변화를 지향하는 비전으로서만 존재할 수 있다. 전환실험을 통해 장기적인 전망 속에서 불확실성이 높은 새로운 사회·기술의 맹아를 실험하고 학습(learning-by-experiment)하게 된다(Van den Bosch, 2010).

전환실험은 새로운 사회·기술시스템의 맹아를 '심화', '확대', '확장'한다. 전환실험을 통해 기존 체제를 대체하는 새로운 사회·기술과 맥락(지역 차원에서의 재생가능에너지시스템 구현)에 대한 이해가 심화되고(deepening) 다른 영역으로 유사한 실험을 확대시키는(broadening) 노력을 하게 된다(농업에서 재생가능에너지시스템 활용). 더 나아가 주류 사회·기술체제와 연계시키는 확장(scaling-up) 활동이 진행된다(재생가능에너지를 활용한 전력의 공급).

표 1-2 전통적인 연구개발 프로젝트와 전환실험 프로젝트의 비교

	전통적인 연구개발 프로젝트	전환 실험
목적	· 문제에 대한 해결책 개발 · 새로운 시장 개발	· 지속가능한 발전이나 저탄소경제와 같은 사회적 도전 과제 해결에 기여
혁신과 성격과 목표	· 기존 제품이나 공정에 대한 혁신·적응·개선 · 혁신은 기존의 관행, 조직, 문화, 금융 제도, 법률제도 등('사회·기술체제')의 큰 변화를 필요로 하지 않음	· 혁신 목표가 급진적이며, 기존의 관행, 조직, 문화, 금융제도, 법률제도 등 (사회·기술체제)의 시스템 변화를 지향
시간	· 2~5년	· 니치 프로젝트 수행을 넘어서는 중장기적 시각

자료: 사회혁신팀 편역(2014).

2. 시스템 전환과 혁신 주체

시스템전환론은 현재 발전하고 있는 논의이기 때문에 다양한 주제들이 이슈가 될 수 있다. 여기서는 새로운 관점을 취하게 됨으로써 나타나는 혁신 주체의 특성과 활동에 관한 논의를 검토한다. 현재 문제의 개선이 아니라 지속가능한 시스템으로의 전환을 지향하기 때문에 등장하는 새로운 혁신 주체 및 기존 혁신 주체의 역할 변화를 다룰 것이다.

1) 시스템전환을 위한 혁신 주체 형성

시스템전환은 지배적인 사회·기술시스템과는 다른 구성을 가진 사회·기술니치에서 시작한다. 니치에서 전개되는 사회·기술혁신은 새로운 혁신 주체들을 기반으로 하는 경우가 많다. 기존 혁신 주체는 지배적인 사회·기술시스템을 지지하고 그것을 개선하는 혁신활동을 수행하는 경향이 있기 때문이다. 새로운 혁신 주체들은 기존에 당연하게 받아들여졌던 것을 의심하면서 새로운 사회·기술시스템을 모색하는 '이중회로 학습(double-loop learn-ing)'을 수행한다(Geels, 2002; 2004a).

예를 들어 이동과 관련된 사회·기술시스템을 살펴보자. 기존 시스템은 자동차를 통한 이동, 개인 소유자동차, 주유소 및 유지·보수 시스템, 보험제도, 자동차를 타고 가는 쇼핑, 주거와 분리된 직장, 자동차와 관련된 문화 등을 내용으로 하고 있다. 혁신 주체들은 자동차 연비를 높이거나, 연료를 절약하면서도 운전 시간을 줄일 수 있는 지능화된 도로정보시스템을 개발하는 시스템 개선형 혁신활동을 수행한다.

반면 이중회로 학습을 통해 다른 프레임에서 접근하는 관점은 직장과 주거가 같은 지역에 있어 이동의 필요성이 줄어드는 시스템, 자동차를 소유하는 것이 아니라 공유하면서 필요한 사람들이 사용하는 방안 등을 지향한다. 이런 측면에서 이동과 관련된 사회·기술시스템전환은 기존 자동차 업체나 교통 관련 혁신 주체와는 다른 관점을 지닌 주체들이 꿈꾸는 활동이 된다.

(1) 시민사회

새로운 시스템을 전망하는 주체로서 가장 먼저 언급되는 것은 사회문제 현장에서 살며 문제의식을 가지고 있는 시민사회 조직이나 지역공동체, 사회적 경제 조직들이다. 지역사회의 문제를 해결하거나 대안적 시스템을 모색하는 시민사회 조직은 지역 차원에서 소규모의 사회·기술니치를 형성하는 활동을 수행하게 된다. 지역화폐, 로컬푸드, 에너지 자립마을, 사회적 경제를 통한 커뮤니티 비즈니스 활성화 등이 그러한 사례가 될 수 있다(Seyfang and Smith, 2007; 이정필·한재각. 2014).

이들은 새로운 생활방식을 지향한다. 시민사회가 가지고 있는 가치지향성과 현장 맥락에 기반을 둔 지식을 활용해서 새로운 사회·기술혁신을 모색하고 지역 차원에서 현실화한다. 기존 시스템이 상상할 수 없는 다양성을 바탕으로 새로운 실험을 수행하는 것이다.

이들은 새로운 시스템을 암묵적으로 전제하지만 국지적 차원의 혁신을 지향하는 경우가 많다. 지역 차원의 문제를 해결하고 그것을 확대·확장하여 시스템 전체의 전환을 지향하는 활동은 상대적으로 부족하다. 또 과학기술을 활용하는 경우에도 생활에 친숙한 적정기술에 의존하는 경우가 많다. 따라서 새로운 사회·기술혁신이 특정 지역에 한정되는 측면이 있다(김종선 외, 2014).

시민사회 조직의 사회·기술혁신이 확장되기 위해서는 다른 지역의 다양한 실험과 연계될 필요가 있다. 이를 통해 새로운 지식을 확보하고 정당성을 제고할 수 있다. 또 다른 주체들과 네트워크를 형성하여 학습과 정당성 확보 활동을 촉진할 수 있다.

또 적정기술만이 아니라 과학기술 전문 조직이 지니고 있는 기술을 이해하고 활용하는 것도 필요하다. 시민사회 조직은 지역 차원에서 모든 것을 해결하려는 '내생주의적 경향'이 있다. 문제 해결을 위한 기술도 시민사회와 친숙하고 충분히 다룰 수 있는 것을 선호한다. 그러나 중요한 것은 기술의 기원과 친숙성이 아니라 그것을 활용한 문제 해결이다. 외부에서 기술을 도입하더라도 구현 과정에서 참여 시스템을 구축하여 전문가 조직과 협력을 이끌어내면 좀 더 효과적으로 문제를 해결할 수 있다. 기술과 자원의 내생성보다는 그것을 조합해서 문제를 해결할 때 지역사회가 주도권을 확보하는 것이 중요한 것이다. '기술'과 기술을 활용하여 문제를 해결하는 '혁신능력'을 구분해서 접근해야 하며 여기서 중요한 것은 내생적 기술이 아니라 지

역의 혁신능력이다(송위진, 2002; 2009). 또 전문 조직과의 협력을 통한 사회·
기술혁신은 특정 지역에 한정된 대안을 넘어 보편적인 대안을 개발하는 데
에도 도움이 될 수 있다. 시민사회 조직, 사회적 경제 조직이 국지적 문제 해
결만이 아니라 시스템전환 차원에서 전망을 갖는 것이 필요하다.

(2) 기업

시스템전환의 주체로서 기업의 역할은 중요하다. 혁신을 위한 다양한 자
원과 지식을 가지고 있기 때문이다. 그러나 기업들은 기존 사회·기술시스
템 내의 혁신에 주목하는 경우가 많다. 사업의 불확실성이 낮기 때문이다.
그렇지만 이중회로 학습을 수행하는 기업들은 시스템전환을 이끄는 혁신
주체가 될 수 있다. 사회적 가치와 경제적 가치를 동시에 추구하는 '공유가
치 창출형' 기업으로서 새로운 소비자와 시장을 형성하는 파괴적 혁신
(disruptive innovation)을 추구하는 기업들은 시스템전환을 위한 니치를 형성
할 수 있다(제2장 참조).

기업 주도의 시스템전환 사례로서 '지붕 전환(roof transition)'을 들 수 있다.
네덜란드의 기업 ESHA는 건물의 지붕을 지속가능성의 개념을 가지고 재구
성하여 빗물을 흡수하고 단열효과를 높여 에너지 효율성을 높이는 사업을
추진했다. ESHA는 이를 위해 기술 개발뿐만 아니라 Earth Recovery Open
Platform(EROP)을 구성해서 다양한 혁신 주체들을 조직했다. 이들은 다양한
가능성을 검토하면서 건조환경(built environment)의 전환을 위한 활동을 수행하
고 있다. 전환의 관점에서 지붕 개념을 재구성하여 지속가능성을 높이고 새로
운 비즈니스 기회와 생태계를 형성하는 니치를 확장하고 있다(제2장 참조).

기존 기업들도 전환을 위한 혁신활동을 수행할 수 있다. 그러나 이들은
기존 사회·기술시스템의 유지·발전에 이해관계가 있기 때문에 자연스럽게

전환을 위한 혁신활동을 수행하지는 않는다. 때문에 시민사회와 국가적 차원에서 공익적 관점에 입각한 새로운 프레임을 형성해서 기업들의 관점과 행태를 바꾸는 것이 필요하다. 길스와 페나(Geels and Penna, 2015)는 미국 자동차 산업의 진화 과정을 검토하면서 미국 자동차 업체가 환경적 관점을 채택한 것은 자체적인 노력보다는 정부와 시민사회의 압력 때문이었다는 점을 지적하고 있다. 제도적 환경의 변화를 통해 기존 주체들이 새로운 사회·기술니치를 모색하도록 이끄는 것이 필요하다는 것이다(Geels and Penna, 2015). 시민사회와 사용자의 전환에 대한 전망과 의지는 기존 주체들의 혁신활동 방향을 변화시킬 수 있기 때문에 중요하다.

(3) 공공 부문

미래 지향적인 정부 부처도 전환을 위한 니치를 형성·확대하는 중요한 주체가 될 수 있다. 현재 시스템으로는 지속가능하지 않다는 전망에서 전환을 위한 실험을 추진하고 그것을 확장·확산시키려는 정책을 취하는 부처는 전환을 주도하는 주체가 된다. 에너지전환을 주도했던 네덜란드의 경제부, 벨기에 플랑드르 지방정부가 예가 될 수 있다(박미영 외, 2014; 이은경, 2014).

공공연구기관도 새로운 시스템을 지향하는 주체가 될 수 있다. 공익적 관점에서 국가의 미래 사회·기술시스템을 재구성하는 연구 활동을 수행할 수 있기 때문이다. 벨기에 플랑드르 지역의 비토(VITO) 같은 연구소는 시스템전환의 관점에서 연구개발사업을 추진하면서 연구소 운영 방식을 변화시키고 있다. 또 네덜란드의 드리프트(DRIFT)와 같이 전환을 위한 이론을 개발하고 실천 프로그램을 개발·운영·교육하는 조직들도 전환을 위한 중요한 주체가 될 수 있다(VITO, 2012).

그렇지만 공공 부문은 정치적 바람을 많이 타기 때문에 정권 변화나 정치·경제 환경 변화에 따라 부침을 겪을 수 있다. 장기적인 전망보다도 단기적 성과를 중시하는 정권이 들어서거나 경제 불황이 심화되어 장기적인 논의가 어려워지는 상황에서는 시스템전환 프로그램 추진이 어려워지고 기존 프로그램도 중지되는 경우가 많다. 10년 이상 추진되어왔던 네덜란드의 에너지전환 프로그램이 중단된 것도 금융 위기와 정권 교체와 같은 정치적 요인이 크다(정병걸, 2014).

이런 문제를 해결하기 위해서는 시민사회, 기업, 공공 부문이 사업 추진 과정에서 다양한 네트워크를 형성하고 정치적 영향력을 키워 전환을 지향하는 프로그램이 지속될 수 있는 기반을 구축하는 것이 필요하다. 정권이 바뀌어도 정치적 부담 때문에 그것을 변화시키기 어려운 프로그램을 개발해야 한다.

2) 사용자 행동의 변화

시스템전환론은 기존 혁신이론과는 달리 수요 측면에 관심을 기울이며 사용자의 행동(practice)변화를 중요시한다. 음식품, 주거, 보건·의료, 이동, 에너지 사용과 관련된 사용자나 시민사회의 행동 변화가 없으면 재생에너지 기술, 로컬푸드, 에너지절약형 주거 공간과 같은 지속가능한 기술이 공급되어도 의도한 성과를 거둘 수 없기 때문이다. 에너지 절약형 시스템이 구축되어도 편의를 위해 에너지를 과다 사용하는 소비행동이 지속되면 전환은 이루어질 수 없다(Shove and Walker, 2007).

전환을 위해서는 생활방식(life style)의 변화를 이끌어낼 수 있는 기술 개발과 제도 개선이 중요하다. 난방, 위생, 식생활, 세척, 이동 등 의식주와 관련된 기존 방식과 문화를 변화시킬 수 있는 기술과 제도가 구현되어야만 시

그림 1-4 SusLab NW Europe 운영 방법론

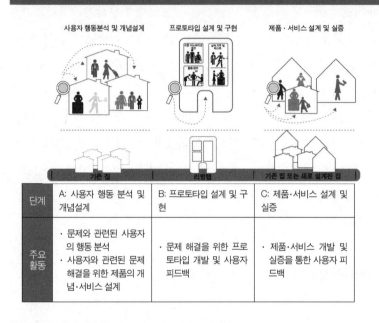

자료: SusLab Northwest Europe(2014).

스템전환이 이루어질 수 있다는 것이다. 따라서 사용자의 행동을 어떻게 변화시킬 것인지, 개발된 기술이 행동 변화와 어떻게 연계될 것인지에 대한 논의가 필요하다. 기상, 식사, 출근, 근무, 퇴근, 문화 활동과 같은 생활이 진행되는 과정에서 필요한 ① 하부구조와 인공물, ② 각 인공물의 의미와 문화적 상징, ③ 관련 지식과 숙련의 변화를 가져오는 기술과 제도의 변화가 수반되어야 한다(Shove and Walker, 2007).

사용자의 행동 변화를 고려한 니치의 형성·발전 수단으로 전환랩(transition lab)에 대한 논의가 활성화되고 있다. 전환랩은 시스템전환의 관점에서 운영되는 리빙랩이다. 리빙랩은 연구자와 사용자가 협력하여 지식과 기술을 창출하는 공간으로서, 사용자가 생활하고 있는 양로원, 학교, 거리, 지역을 실험을 위한 공간으로 설정하여 사용자들의 행동 변화와 문제 해결을 수행한다. 리빙랩은 사용자 주도형 혁신모델을 구현한 것으로 민간-공공-시민사회가 파트너십을 형성하여 혁신활동을 수행하는 장소이다. 전환랩은 시스템전환의 전망하에서 새로운 사회·기술시스템을 기획·실증하고 사용자의 행동 변화를 이끌어내고 문제를 해결한다. 유럽에서 이루어지고 있는 MUSIC 프로젝트[2], SusLabs Northwest Europe 프로젝트들이 전환랩의 사례라고 할 수 있다(성지은 외, 2013b).

SusLab은 사용자들의 행동 변화를 이끌어내기 위해 우선 사용자들의 행동 분석에 상당한 주의를 기울인다. 사용자들의 동의를 얻어 집안에 센서를 배치하여 행동 패턴을 분석하고 참여관찰을 통해 각 행동의 이유와 의미를 파악한다. 이를 바탕으로 에너지 소비 행동을 변화시키는 방향을 도출하고 이것을 가능하게 하는 인공물의 프로토타입을 개발하여 생활공간에 장착한다. 그리고 사용자들이 그것을 어떻게 활용하고 행동을 바꾸는가를 검토한다. 여기서 파악된 정보를 바탕으로 프로토타입을 개선하여 실증하는 활동을 한다(SusLab Northwest Europe, 2014).

---

2 MUSIC 프로젝트는 기후변화에 대응하여 지속가능한 도시를 구축하기 위해 유럽 도시와 연구기관이 공동으로 진행하고 있는 프로젝트다. 동 프로젝트는 Urban Transition Lab 개념을 도입하여 시스템전환을 지향하고 있다. 이산화탄소 배출 감축, 재생가능한 에너지 사용 확대와 효율성 증가를 목적으로 하는 동 프로젝트에는 스코틀랜드의 애버딘, 프랑스의 몽트뢰유, 벨기에의 겐트, 독일의 루트비히스부르크, 네덜란드의 로테르담이 도시로서 참여하고 있다. 이에 대해서는 4장을 참조할 것.

3) 실험촉진자로서의 정부

장기적인 전망을 갖는 정부는 시스템전환의 방향을 제시하고 새로운 사회·기술니치를 육성하고 활성화하는 역할을 수행할 수 있다. 그러나 이 때 정부가 주도하여 전환의 방향과 사업을 기획하는 하향식 접근은 실패하기 쉽다. 사회문제는 다양한 이해관계가 엇갈리고 있고 복잡하기 때문에 전문가와 관료가 중심이 되는 전략기획적 접근은 의도하지 않은 결과를 초래할 수 있다.

문제 자체가 불확실하고 이해관계가 복잡한 경우에는 여러 이해 당사자들이 숙의를 통해 대안을 모색하는 장을 형성하는 것이 중요하다. 전문가들뿐만 아니라 다양한 이해 당사자들이 참여하여 공동의 비전을 형성하고 방향을 설정하며 전환의 필요성과 실험들을 논의하는 거버넌스를 형성하여 의견을 결집하는 것이 정부의 핵심 역할이라고 할 수 있다(성지은·송위진, 2010).

이러한 거버넌스적 접근을 바탕으로 정책실험(전환실험)들이 이루어질 수 있다. 전략기획적 관점에서 본다면 정책실험은 정당성을 확보하기 힘들다. 환경 분석을 체계적으로 하고 최선의 대안을 선택해 정책을 집행하는 것이 당연한 것이기 때문이다. 정책실험을 논한다는 것은 정책 분석을 제대로 하지 못했다는 것을 의미한다. 그러나 문제가 복잡하고 이해관계가 엇갈릴 때에는 합리적인 정책 분석보다는 다양한 의견들을 모으고 그것을 실험하고 피드백하는 진화적 접근이 더욱 효과적이다.

네덜란드의 에너지전환 정책 거버넌스가 다양한 이해 당사자들이 참여하는 플랫폼과 공통의 비전을 형성하고 전환실험을 수행한 것은 이런 상황을 반영한 것이다. 시스템전환을 위한 방향을 구체화하고 그것을 실현하기 위한 다양한 실험을 하는 정부는 '실험촉진형 정부(experimental government)'

표 1-3 네덜란드 '에너지전환'의 거버넌스

수준	정책결정 기구	정책의 내용
전략적 수준	· 에너지전환 태스크포스(TFE) - 산·학·연·시민사회 대표 참여 · 관련 부처 간 사무국(IPE) - 관련 6개 부처 참여	에너지전환의 장기 비전, 계획 작성
전술적 수준	· 분야별 '플랫폼(Platform)' - 산·학·연·시민사회 대표 참여	분야별 전략적 비전 작성 전환경로 제시 전환실험 선정
운영 수준	· 관리기구: SenterNovem · 전환실험 수행: 기업컨소시엄	전환실험 관리 및 지원

자료: Loorbach(2007: 270), 송위진·성지은(2013: 49).

라 할 수 있다(Bakhshi et al., 2014).[3]

정책정합성(policy coherence) 또는 정책통합(policy integration)이 중요한 이슈가 된다. 시스템전환은 기술 개발과 함께 다양한 분야의 제도 변화와 결부되어 있기 때문이다. 기술 관련 부처뿐만 아니라 환경·에너지 관련 부처, 재정 관련 부처가 같은 지향점을 가지면서 정책을 추진하는 것이 요구된다. 네덜란드가 에너지전환 정책을 추진하면서 범부처 연계 조직을 형성한 것도 이런 상황을 반영한 것이라고 할 수 있다(성지은·송위진, 2010; Loorbach, 2007).

---

3 이는 제한된 능력과 조정 능력을 가지고 있음에도 불구하고 하향식 정책을 추진하는 정부도 아니고, 모든 것을 민간에 맡기며 최소한의 활동만을 하는 정부도 아닌, 전환의 전망을 가지고 민간부문의 다양한 노력들을 조직화하고 실험을 통한 다양한 대안들을 도출·구현해가는 정부다. 이는 정부가 주도하여 발전 방향과 대안을 제시하여 발전을 이끌어가는 발전국가(developmental state)와 대비되는 개념으로서, 지속가능한 전환과 같은 비전에 입각한 플랫폼을 형성해서 다양한 혁신 주체들의 창의적인 실험을 촉진하는 것을 강조하는 개념이다(Bakhshi, Freeman, and Potts, 2014).

3. 시스템전환과 혁신정책

시스템전환론의 관점에 서면 기술 지식의 공급 및 상용화에 초점을 맞추어왔던 혁신정책은 다른 모습을 보이게 된다. 현행의 산업 육성과 우수한 연구개발성과 창출, 산학연 주체를 중심으로 한 혁신, 기술 획득 및 개발형 혁신정책과 다른 접근이 요구되는 것이다.

다음에서는 전환형 혁신정책의 특성을 사회문제 해결형 혁신정책, 참여형 혁신정책, 시스템혁신형 정책으로 파악하고 그에 대한 논의를 전개한다.

1) 사회문제 해결형 혁신정책

지속가능한 시스템으로의 전환을 전제로 하고 있는 시스템전환론의 정책은 사회문제 해결형 혁신정책(challenge-driven innovation policy)의 성격을 띠게 된다. 에너지, 환경, 보건·복지, 의료, 농식품, 주거, 교통 등 우리 사회를 구성하는 사회적 활동의 문제점을 지적하고 그것을 지속가능하게 만들기 위한 시스템혁신을 주장한다. 이 때문에 산업 육성과 연구의 수월성을 향상시키는 정책은 사회문제 해결 정책과 연동된다. 전통적으로 혁신정책이 산업경쟁력 강화와 탁월한 원천기술 개발 등을 중심으로 논의 체계를 구성해왔다면 시스템전환론은 다른 프레임에서 접근한다. 즉 사회·기술혁신을 추진하는 과정에서 산업을 육성하고 연구의 수월성을 확보하는 것이다(정병걸, 2014).

이런 접근은 기존의 산업혁신정책과 연구정책의 중요성을 소홀히 하는 것으로 읽힐 수도 있지만 오히려 성숙 단계에 도달한 기존 정책들을 새로운 시각에서 접근할 수 있는 계기를 제공한다. 사회문제를 해결하고 지속가능성을 높이는 것은 경제적 성과를 무시하는 것이 아니며 사회적·환경적·경제적 목표를 동시에 달성하고자 하는 것이기 때문이다.

기존 산업혁신정책은 기술 및 산업분류별로 혁신패턴을 염두에 두고 혁신정책을 짜왔다. 그러나 시스템전환의 관점에서 문제 해결 중심으로 접근하면 그와 관련된 새로운 기술 및 산업군집을 형성하여 새로운 산업 분류를 제시할 수 있다. 기후변화와 같은 사회적 도전 과제를 해결하기 위해 다양한 기술과 산업을 융합하는 기후변화 대응 기술과 산업을 조직화하는 것이 그러한 것이 될 수 있다. 이는 혁신 수요와 다양한 기술군·산업군을 연계시키는 것이며 소위 융합형 혁신과 관련된 작업이 될 수 있다. 서로 분리되어 왔던 기술들과 산업들이 문제 해결 중심으로 재조직화면서 새로운 혁신의 계기를 마련하고 수요와 연계되는 것이다. 이러한 작업을 통해 시스템전환과 관련된 신산업의 창출이 가능해지면서 경제의 활력을 높이고 새로운 고용기회를 창출할 수 있다.

연구정책에 대해서도 유사한 논의가 가능하다. 그동안 창의적 연구를 위한 융합연구가 강조되어왔지만 각 분야가 개별적으로 논의를 전개하고 그것을 취합하는 형태의 연구가 진행되어왔다. 그러나 전환과 문제 해결 중심의 연구정책은 문제를 정의하고 구체화하며 그것을 해결하기 위한 융합연구를 견인하면서 실질적 융합을 이끌어낼 수 있다. 그리고 사회·기술혁신이 요구되기 때문에 융합연구는 과학과 공학 분야 간의 융합을 넘어 인문사회과학과 이공학의 융합으로까지 진전될 수 있다. 지속가능한 농식품체제를 구축하기 위한 기초·응용연구와 인문사회과학 융합연구를 조직화할 수 있는 것이다.

한편 전환의 관점에서 우리 사회의 중요한 문제를 해결하기 위한 혁신정책은 그 지향성 때문에 과학기술혁신과 관련된 분과정책을 넘어서게 된다. 모든 사회 영역과 관계를 맺으면서 그것을 혁신하는 정책이 되기 때문에 혁신정책은 국가발전 전략 수준의 위상을 갖게 된다(성지은·송위진, 2010).

2) 참여형 혁신정책

시스템전환론은 수요 영역과 사용자가 중요한 주체가 되는 사회·기술시스템을 전제로 하고 있다. 따라서 전환과정에서 산학연 혁신 주체들뿐만 아니라 사용자의 참여가 중요하며 기술공급 영역만이 아니라 기술수요와 관련된 제도·정책·문화도 중요한 변수가 된다.

이런 이유 때문에 시스템전환론에서는 거버넌스, 참여가 중요한 이슈가 된다. 과학기술계나 기업 중심의 시스템전환과 사회·기술혁신, 전문 조직 주도의 분석·기획·집행·평가가 아니라 사용자와 시민사회가 참여하는 다양한 주체들의 숙의(deliberation)와 학습 과정이 중요하다. 이를 통해 기술만이 아니라 제도와 정책, 사용자의 행동 변화가 이루어질 수 있다(송위진·성지은, 2014).

이런 관점은 지역혁신에 대해서도 새로운 관점을 제시한다. 전환의 관점에 서면 지역사회의 문제를 해결하고 새로운 지역시스템으로 전환하기 위해 전문 조직과 지역사회가 공동으로 사업을 기획하고 추진하는 것이 지역혁신정책의 핵심이 된다. 이는 경제 성장과 외부 기업·투자유치 중심으로 지역혁신을 보는 틀을 뛰어넘어, 지역사회의 사회적·경제적·환경적 문제 해결을 위해 지역사회가 주체가 되어 참여하는 전환과정을 염두에 둔 논의인 것이다(성지은 외, 2014a; 김종선 외, 2015).

한편 사용자와 시민사회는 분권화되어 있고 상대적으로 보유한 지식 기반이 약하다. 이들의 참여를 촉진하기 위해서는 이런 약점을 보완하여 사회·기술혁신 과정에 참여할 수 있는 능력을 지원해주는 것이 필요하다. 이를 위해 사용자들의 니즈를 조직화하고 관련 지식을 체계화하여 전문 조직과 상호작용할 수 있는 조직이 요구된다. 중간 지원 조직은 관련 분야에 대한 전문성을 가지고 있으면서 사용자들과 시민사회, 전문 조직을 연계할 수 있는 활동을 수행할 수 있다. 환자 조직이 자신들의 요구를 구체화하고 임상시험과 연구개발에 필요한 현장 지식을 제공하는 것이나 지역의 중간 조직이 지역사회의 요구를 조직화하고 지역의 맥락적 지식을 제공하는 것이 그런 활동이 될 수 있다(김종선 외, 2015).

한편 참여형 혁신정책은 정책 과정에만 참여하는 것이 아니다. 시민사회나 사용자가 기술 개발 과정에 참여하는 것까지 포함한다. 전환을 위한 기술의 현장 적용을 직접적으로 경험하면서 그것의 개선점을 지적하고 새로운 대안을 제시하는 활동이 요구된다. 어떤 의미에서 혁신의 민주화, 기술의 민주화가 이루어지는 것이다.

3) 시스템혁신형 정책

시스템전환은 기술만이 아니라 그 기술을 산출하는 시스템, 그 기술을 활용하여 사회문제를 해결하고 활용하는 시스템의 변화를 필요로 한다. 기술개발 그 자체보다는 그 기술의 개발·획득·사용이 이루어지는 시스템혁신(system innovation)이 요구되는 것이다. 새로운 기술의 생태계를 형성하고 관련 사용자의 행동 변화나 새로운 사용자 형성을 지향한다. 재생에너지에 기반을 둔 에너지전환은 기술 개발만으로 되는 것이 아니라 새로운 혁신 주체와 네트워크, 재생에너지에 대한 발전차액지원제도, 사용자들의 에너지 절약형 행태 변화 등이 결합되어야만 한다. 새로운 사회·기술시스템혁신이 요구되는 것이다. 이는 기술 획득 중심의 혁신정책, 기술만 개발되면 경제·사회문제를 해결할 수 있다는 '기술 솔루션 주의(technological solutionism)'

(Mozorov, 2013)와는 차별화된 접근을 하고 있는 것이다.

이 때문에 혁신정책은 기술 개발만이 아니라 새로운 혁신 주체 육성을 위한 자금·인력지원, 기술 사용 관련 규제의 변화, 기술 사용을 활성화하기 위한 인프라 구축 등 다양한 영역에 걸치게 된다. 그리고 기술혁신 과정에서 각 분야에서 진행되는 정책이 연계·통합되어야 한다(성지은·송위진, 2010).

한편 시스템혁신은 새로운 궤적의 기술 변화뿐만 아니라 기술혁신 관련 거버넌스(제도와 문화)의 변화를 가져온다. 이는 매우 복잡하고 이해관계의 조정을 가져오기 때문에 의사 결정을 위한 또 다른 거버넌스를 필요로 한다. 기술혁신 관련 거버넌스의 변화를 다루기 위한 거버넌스(메타 거버넌스)가 요구되는 것이다. 이 메타 거버넌스는 기술 변화뿐만 아니라 사회 변화를 종합적으로 다루기 때문에 매우 복잡한 숙의 과정을 거치게 된다. 이런 메타 거버넌스는 시스템혁신정책에서 새롭게 요구되는 거버넌스 구조라고 할 수 있다(Kuhlmann and Rip, 2014).

4) 장·단기 통합형 정책

시스템전환론은 20~30년의 기간을 고려하여 전환을 논의한다. 전환은 한 번의 큰 정책으로 이루어지는 것이 아니라 새로운 사회·기술니치가 성장·확장되는 지속적 과정을 통해 이루어지는 것이라고 보기 때문이다. 따라서 시스템전환 정책은 장기 정책의 성격을 지니게 된다.

그러나 사회·기술니치를 형성·발전시키기 때문에 현재 추진하는 프로젝트 추진에 관심을 갖게 된다. 물론 이 프로젝트는 시스템전환의 전망에서 그 의미가 주어지는 전환실험의 성격을 지니고 있다. 장기적 전망에서 단기 프로젝트를 기획하게 되는 것이다(사회혁신팀, 2014).

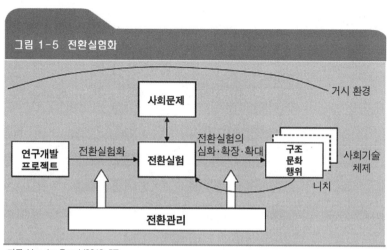

그림 1-5 전환실험화

사회문제

연구개발 프로젝트 —전환실험화→ 전환실험 전환실험의 심화·확장·확대 구조 문화 행위

거시 환경

사회기술 체제

니치

전환관리

자료: Van den Bosch(2010: 57).

그리고 시스템전환의 전망 없이 추진되는 일반 프로젝트의 경우도 시스템전환에 도움이 될 수 있도록 '전환실험화(transitioning)'하는 전략도 추진하고 있다. 단기적이고 대중적인 목표를 실현하기 위해 시행되는 프로젝트를 전환실험화 하는 과정을 거쳐 새로운 비전과 네트워크를 형성하는 프로젝트로 변화시키는 것이다. 이를 통해 대중적 프로젝트도 시스템전환 프로그램의 일환으로 통합될 수 있다(Van den Bosch, 2010; 송위진·성지은, 2014).

현재 추진되고 있는 사회문제 해결형 연구개발사업, 시민 참여형 모델을 구축하는 리빙랩 사업, 디지털 기술을 활용한 사회혁신을 추구하는 디지털 사회혁신은 단기적 관점에서 출발했다. 그러나 이들 사업 대부분은 지속가능한 사회를 암묵적으로 지향하기 때문에 전환실험으로 해석될 수 있다. 시스템전환의 관점과 그것을 구현하기 위한 네트워크를 구축하면 이들 사업은 전환실험화되어 시스템전환을 위한 활동으로 변화하게 된다(송위진·성지은, 2014).

4. 맺음말

시스템전환론은 혁신정책을 새로운 프레임에서 접근한다. 산학연을 중심으로 한 혁신체제를 넘어 사용자와 수요 부문까지 포괄한 사회·기술시스템을 분석과 정책의 대상으로 삼고, 전환을 주장하기 때문에 참여하는 주체들과 정책의 시간대가 대폭 확장된다.

이는 기존에 단기 문제 대응형 접근, 공급 중심적 접근을 해왔던 혁신정책을 새로운 관점에서 재해석하는 계기를 제공한다. 앞으로 어떤 사회·기술시스템을 구현하려고 하는지, 현재 추진하고 있는 정책과 기술혁신은 장기 전환과정에서 어떤 의미가 있는지, 사용자들은 사회·기술혁신을 어떻게 수용하고 그 과정에 참여할 것인지 등을 다시 생각하게 만든다. 이런 의미에서 시스템전환론은 성찰적인(reflexive) 논의라고 할 수 있다.

사회·기술시스템전환론은 아직은 초기 단계에 있기 때문에 정책에서 구체적으로 활용할 수 있는 논의와 프로그램 개발이 필요하다. 그러나 장기정책과 단기정책, 시스템전환과 니치에서의 사회·기술혁신을 체계적으로 연계할 수 있는 논의를 집중적으로 발전시킨다면 철학과 관점을 가지고 혁신정책을 추진할 수 있는 새로운 기회를 제공해줄 것이다. 비전과 전망을 가지고 혁신정책을 추진하는 틀이 마련될 수 있다.

주체와 영역에 따른 시스템전환의 특성

System Transition: Theory and Practice

02

사회·기술시스템전환과 기업 혁신활동

황혜란

기후변화, 자원 고갈, 양극화, 고령화 등 글로벌 수준에서 거대한 도전이 나타나면서 새로운 자본주의의 작동 방식(Hart, 2007; Meyer, 2011), 사회혁신 (Mulgan, 2011), 지속가능한 경제체제(Jackson, 2009) 등 사회·경제 환경의 전환을 예감하는 논의들이 부상하고 있다. 사회·기술시스템전환론(Socio- technical Transition) 또한 과학기술과 혁신 영역에서 이와 같은 문제의식을 공유하면서 등장한 논의이다. 우리가 접하는 사회문제가 현재 사회·기술시스템의 구조적 한계에서 유래한다고 보고, 이를 해결하기 위해서 지속가능한 기술과 활동 방식, 하부구조, 시장으로 구성된 새로운 사회·기술시스템으로의 전환을 주장하고 있다(송위진, 2013).

현재 사회·기술시스템은 에너지 집약형 생산방식, 저렴한 재료 및 대량소비를 근간으로 하는 대량생산시스템을 특징으로 하고 있다. 이러한 고에너지 투입의 대량생산시스템은 환경문제, 에너지 고갈, 식품안전 등의 문제를 초래해왔다. 대량생산시스템의 성장 잠재력이 고갈되면서 양극화를 비롯한 사회·경제적 위기 상황이 야기되고 있다. 지속가능한 사회·기술시스템으로의 전환은 대량생산시스템을 대체할 새로운 기술·경제 패러다임의 모색과도 맥락을 같이 한다(황혜란, 2013). 즉 새로운 사회·기술시스템으로의 전환에 대한 논의는 환경, 에너지, 식품 등 공공 영역에서 과학기술의 사회적 책임을 강조하는 규범적 논의이기도 하지만 새로운 경제체제를 열어갈 새로운 에너지원의 모색과 새로운 기술적·경제적 기회의 탐색과도 연결된다는 점을 염두에 둘 필요가 있다.

그렇기 때문에 지속가능한 사회·기술시스템으로의 전환에서 기업의 역할은 중요하다. 기업은 자본주의 경제체제하에서 자원과 역량을 보유하고 경제활동을 영위하는 주된 주체로서 새로운 사회·기술시스템이 요청하는 기술 및 사업적 기회를 탐색하는 니치 단위로 기능할 수 있다.

최근 지속가능한 사회·기술시스템전환과정에서 중요한 역할을 담당하는 기업 활동들이 보고되면서, 기업의 역할과 목표를 재정립하고 기업 혁신활동의 조직 방식 및 기업과 사회 내의 다양한 이해 관계자 간 관계를 재해석할 필요성이 높아지고 있다. 시스템전환과정은 개별 주체의 노력을 넘어 다양한 가치연쇄 내 혁신 파트너와 이해 관계자 집단들의 집합적 학습이 중요하기 때문에 주체들의 공진화 관점에서 기업의 전환 활동을 파악하는 것이 필요하다. 또한 기존의 이윤 추구 중심의 기업관을 넘어 사회적 가치를 추구하는 사회적 주체로서의 기업관을 정립할 필요성이 있다.

이 글은 지속가능한 시스템전환에 있어 기업의 역할에 주목하고, '전환지향적 기업(transition-oriented firms)' 개념을 제시함으로써 기존의 경제적 관점에서만 고려되어온 기업의 개념을 사회적 맥락에서 재해석해보고자 한다.

이제까지 지속가능성과 연관된 기업의 역할은 개별 기업의 사회적 책임 관점에서 주로 논의가 진행되어왔다. 그러나 시스템전환을 염두에 둔다면 개별 기업의 경영과 전략 차원을 넘어 사회·경제 시스템의 변화를 추동하는 사회적 존재로서의 '전환지향적 기업'에 대한 새로운 개념 정립이 필요하다.

'전환지향적 기업'은 이윤 추구의 동기를 가지고 경쟁 환경에 적응하는 기업이라는 틀을 넘어 사회적 책무에 기반을 두고 새로운 사회·기술시스템 형성에 기여함으로써 경쟁 환경을 만들어나가는 기업이라는 측면에서 새로운 기업이론을 요청한다. 이 글은 이러한 '전환지향적 기업'의 비즈니스 동기는 무엇이며, 어떠한 기업 활동을 통해 사회·기술시스템의 전환을 추동해나가는지를 탐구하여 새로운 기업관을 정립하는 데 기여하고자 한다.

1. 지속가능성과 기업에 대한 새로운 이해

1) 기업의 사회적·환경적 책무

기업의 사회적·환경적 책무에 대한 논의는 산업의 그린화(greening) 논의와 함께 진행되어왔다(〈표 2-1〉). 1970년대와 1980년대는 환경오염 문제가 이슈화되면서 각종 환경 규제가 도입되기 시작한 시기로, 경제학자 중심의 논의가 진행되면서 환경 관련 혁신이 주로 비용 관점에서 파악되었다. 기업 측에서는 환경 규제 준수 정도의 전략적 함의를 가졌다고 할 수 있다. 사회적 책무 활동은 기업 경영자의 재량이나 외부 압력에 대한 대응의 관점에서 이루어지고 기업 이윤창출 행위와는 유리되어 진행되기 때문에 비용으로 인식된다.

표 2-1 '산업의 그린화'에 대한 인식의 흐름

	1970~1980년대	1990년대	1990년대 말~현재
주요 학문 분과	경제학	비즈니스와 경영	조직이론, 혁신연구, 진화경제학, 신제도학파
초점	환경혁신은 비용을 증가시킴	환경혁신은 경쟁우위를 창출	환경혁신은 정치적 갈등, 공공 논쟁, 경제적 고려, 기술능력 등에 의해 영향 받는 장기 과정
전략적 함의	규제에 대한 저항적 준수	전향적 그린 전략	다차원적 전략 게임
분석 단위	기업	산업	조직 영역

자료: Penna & Geels(2012).

1990년대에 들어오면서 녹색산업네트워크(GIN: Greening of Industry Net-work)[4]를 중심으로 논의가 개진되었다. 이 시기에는 환경혁신을 장기적 차원의 기술전환과 경쟁우위 창출의 관점에서 파악하기 시작했다. 기업의 사회적 책임론(CSR)이 대표적인 논의로 이는 1970년대 말부터 도입된 '이해 관계자론'을 이론적 기반으로 하고 있다. 즉 기업은 다양한 이해 관계자에 대한 의무가 있는데 경제적 가치를 창출하는 활동을 넘어 고용과 안전한 제품 생산 등을 통한 '사회적 책무', '환경적 지속가능성에 대한 책무' 등 삼중 회계기준(Triple Bottom Line)으로 기업의 성과를 평가해야 한다는 것이다. 이 관

---

4 GIN(Greening of Industry Network)은 학자, 교육계, 산업계, 시민사회 및 정부조직 등의 전문가들이 모여 산업 발전, 환경 및 사회 등에 관해 논의하고 대안을 제시하여 지속가능한 미래를 건설하고자 하는 국제적인 네트워크로서 지속가능성 관련 주요 어젠다 발굴과 국제적인 포럼 개최 등을 통해 지속가능한 사회에 대한 지식의 개발과 확산에 기여하는 국제적인 네트워크이다. http://www.greeningofindustry.org/about-the-network-gin-mainmenu-63.html

점은 다양한 이해 관계자의 요구를 다루는 경영적 접근을 취하고 있으며 환경영향평가, 이해 관계자 경영, 이슈 관리 등을 주요하게 다룬다.

기업의 사회적 책임 관점은 최근 하버드 비즈니스 스쿨의 마이클 포터 교수와 사회적 영향 컨설팅 기업인 FSG Inc. 공동창업자 마크 크레이머에 의해 기업의 공유가치 창출(CSV: Creating Shared Value) 관점으로 발전하고 있다. 공유가치 창출 개념은 '경제적·사회적 조건을 개선시키면서 동시에 비즈니스 핵심 경쟁력을 강화하는 일련의 기업 정책 및 경영 활동'을 의미하며, 환경경영시스템과 청정생산공정, 자원사용 감소 등의 노력이 비용 절감과 기업의 경쟁우위 창출로 이어질 수 있기 때문에 전향적인 그린 전략을 추구할 필요가 있다는 것이다(Porter & Van der Linde, 1995).

CSV는 기업의 이윤극대화를 위한 전략 내에 사회적, 환경적 가치를 통합하는 개념이다. 기업과 지역공동체의 공동가치 창출이 기업의 경쟁우위 확보에 기여하는 내적 연계 고리를 가지고 있다. CSV는 기업의 비즈니스 가치 창출 활동과 연계되기 때문에 새로운 수요에 대응하는 제품개발능력, 기업 간 관계, 조달, 운송 등 가치사슬 상의 혁신활동과 밀접한 관계를 가진다. 1990년대의 2세대의 그린화 논의가 기존 시장모델하에서의 기업과 가치사슬 관점으로 이해되었던 것에서 더 나아가 비즈니스와 전체 사회·경제적 맥락 간의 관계로 확대되었다고 볼 수 있다.

2) 지속가능성과 비즈니스 모델

비즈니스 모델은 기업이 어떻게 시장에 제공할 제품이나 서비스를 설계하는지, 그것의 생산을 위한 비용 구조를 어떻게 구성하는지, 가치제안(value proposition) 관점에서 다른 기업과 어떻게 차별화되는지, 가치 네트워크 내에서 다른 기업과 자사의 가치연쇄를 어떻게 통합시키는지와 연관되어 있다(Rasmussen, 2007). 이 때, 같은 제품이라도 가치를 창출하고 이윤을 획득하는 메커니즘이 다를 수 있다(신중경 외, 2013).

비즈니스 모델은 대체로 다음의 네 가지 요소로 구성된다. 첫째, 해당 기업이 제품과 서비스를 통해 고객에게 제공하는 실질적인 가치제안(VP: value proposition)이다. 둘째, 고객의 요구를 만족시키고 장기적 이윤을 창출할 수 있도록 하는 고객과의 관계 형성 및 유지(CR: customer relationship)이다. 셋째, 가치를 창출하고 고객과의 우호적인 관계를 유지하는 데 필요한 파트너 네트워크와 사업 인프라(BI: Business Infrastructure)이다. 마지막으로, 이상의 세 가지 구성요소를 통해 창출되는 재정 측면(FA: Financial Aspect)이다.

비즈니스 모델은 지속가능성 가치를 어떻게 담지할 수 있을까? 첫째, 가치제안 측면에서 비즈니스 활동의 목적을 사회적 가치와의 통합적 관점에서 재해석할 필요가 있다. 경제적 가치 외에 환경적 가치와 사회적 가치를 수용하고, 이를 활동의 범주 내에서 재해석한다. 둘째, 고객과의 관계 측면에서는 기업과 고객 양자가 가치의 교환을 매개로 관계를 맺는다는 관점을 정립할 필요가 있다. 특히 지속가능성을 지향하는 소비패턴의 변화를 제품과 서비스 개발, 소비자 인터페이스에 반영할 필요가 있다. 셋째, 가치연쇄 내의 공급-수요 파트너 및 사회적 이해 관계자들과의 파트너십을 통해 비용의 감소, 내·외부 환경적 위험의 감소 등을 달성할 수 있다. 마지막으로 비즈니스 모델 내 다양한 이해 관계자들 사이에 비용과 이익을 적절히 분배할 수 있는 금융모델 개발도 매우 중요하다(Boons & Ledeke-Freund, 2013).

2. 지속가능성과 비즈니스 모델 혁신

지속가능성을 위한 비즈니스 모델 혁신의 유형은 크게 세 가지로 정리할 수 있다(Boons & Ludeke-Freund, 2013; Bocken et al., 2014). 첫째, 기술혁신에 초점을 맞춘 비즈니스 모델 혁신, 둘째, 조직혁신을 중심으로 한 비즈니스 모델 혁신, 마지막으로 사회적 혁신에 초점을 맞춘 비즈니스 모델 혁신이 그것이다. 아래 기업 사례에서 나타나듯이 실제 기업 활동에 있어 각각의 비즈니스 모델 혁신의 범주는 중첩되어 나타난다. 주요한 기업 사례를 중심으로 각각의 지속가능성을 위한 비즈니스 모델 유형을 정리해보겠다.

1) 기술혁신 중심의 지속가능성 비즈니스 모델 혁신

지속가능성을 지향하는 신기술을 중심으로 한 비즈니스 모델의 사례는 환경세제 개발 업체인 에코버(Ecover)를 들 수 있다. 피터 말레즈가 1979년 설립한 에코버는 해양 환경에 해로운 화학적 잔여물의 함유량을 현저하게 감소시키면서도 기존의 세제만큼 세정력이 뛰어난 세척제를 개발했다. 석유에서 추출한 성분 대신 유전적 변형이 없는 자연 효소를 이용하여 우수한 효능을 가진 성분을 개발했다. 에코버 세제 제품의 95%는 생물학적으로 분해되고, 독성 역시 다른 대기업 제품에 비해 40분의 1 정도로 약하다. 에코버는 지속가능성이라는 새로운 가치를 구현할 뿐 아니라 비약적인 매출 신장과 수익 성과를 창출하고 있다. 2000년 초반부터 에코버는 매년 12% 이상의 매출 증가율을 보이고 있으며, 2003년 기준 매출 4000만 달러에 순익 360만 달러에 이르는 놀라운 수익을 거두었다(Darnil & Le Roux, 2005).

기술혁신 중심의 또 다른 사례는 메타볼릭스(Metabolics)이다. 환경오염의 주범 중 하나인 플라스틱에 대한 고정관념은 공해 없는 플라스틱은 화학적으로 불가능하다는 인식이다. 플라스틱의 생산 과정에서 엄청난 양의 온실가스를 방출할 뿐 아니라 재생되지 않는 플라스틱은 토양과 바다를 오염시키고 있기 때문이다. MIT에서 유전학과 분자생물학을 전공한 올리버 피플스(Oliver Peoples)는 플라스틱 제조 방법을 혁신하여 바이오 플라스틱[5]을 개발했다. 그는 1992년 메타볼릭스를 설립하고 바이오 플라스틱 개발과 생산에 박차를 가하고 있다. 바이오 플라스틱은 일반 플라스틱과 마찬가지로 내구성, 탄력, 편리함을 지녔지만 환경에 미치는 영향은 완전히 다르다. 이 플라스틱은 토양의 미생물과 접촉하면 완전히 생분해되어 30일 이내로 토양과 하천에 흡수된다. 또한 전통적인 석유화학기술과 달리 효소로 만들어지기 때문에 주변의 열과 낮은 압력으로 생산이 가능하다. 더구나 이 박테리아를 키우는 식물성 물질은 온실가스인 이산화탄소 가스를 흡수하면서 성장한다(Darnil & Le Roux, 2005). 바이오 플라스틱의 경제적 가치에 대한 기대는 매우 높아, 다우나 카길, 듀퐁 같은 화학산업계 거대 기업들의 관심의 대상이 되고 있다.

2) 조직혁신 중심의 지속가능성 비즈니스 모델 혁신

두 번째는 조직혁신의 측면이다. 비즈니스 모델의 혁신은 기술혁신을 넘어 비즈니스 활동에서의 조직 및 문화적 변화를 포괄한다. 지속가능성을 위한 금융시장이나 조세 시스템과 같은 구조적 요인과 더불어 커뮤니티의 정신, 이해

---

5 바이오 플라스틱은 플라스틱을 구성하는 분자인 폴리머 생산에 특정 효소의 유전자를 변형시킨 폴리하이드록시알카노에이트를 도입했다. 미생물 효소를 통해 플라스틱을 만들어내는 바이오 제조 기술은 세계 화학계에 혁명으로 인식될 만큼 파괴적 혁신의 하나이다.

그림 2-1 인터페이스의 비즈니스 모델 혁신

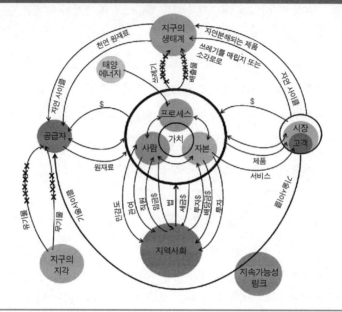

자료: Anderson(1998).

관계자 참여 등의 문화적 측면도 비즈니스 모델 혁신에 매우 중요하다.

지속가능성 비즈니스 모델의 조직적 차원의 중요성을 보여주는 사례로
는 인터페이스(Interface Inc.)의 서비스 중심의 비즈니스 모델 혁신이 대표적
이다. 카펫 제조업체인 인터페이스는 기존 기술을 새로운 유통이나 응용 방
식과 결합시킨 비즈니스 모델 혁신의 사례이다. 인터페이스는 산업용 카펫
의 제조와 판매회사에서 지속가능성에 초점을 맞춘 산업용 바닥재 제조와
임대, 유지·보수까지를 포괄하는 서비스 중심의 비즈니스 모델 혁신[6]을 단
행했다. 재활용과 재생, 재사용에 기반을 둔 지속가능한 비즈니스 모델 혁

신을 통해 현재 인터페이스는 29개국 제조 시설과 110개국 판매망을 갖추어, 1990년대 중반 이후 지금까지 평균 10억 달러의 매출을 올리는 비약적인 성장을 경험했다.

인터페이스의 비즈니스모델 혁신은 〈그림 2-1〉에 나타나는 바와 같이 고객과 공급자를 포함한 시장관계뿐 아니라 지구생태계, 지역사회와의 상호작용을 포함한 시스템 수준에서의 관계망의 재구성을 시도하고 있음을 알 수 있다.

인터페이스는 카펫 제조와 판매의 전 사이클에서 지속가능성, 복원성 (restorative)을 지향하고 있다. 공급 체인을 포함한 전체 제조와 유통 과정에서 발생하는 환경 파괴를 배상한다. 또한 재생가능한 원재료 개발 및 사용, 지속가능한 신제품 및 공정 개발 등 근원적으로 문제를 해결하는 방식에 초점을 맞추고 있다. 인터페이스는 비즈니스 구조를 재구성하고 전사적 규모의 경영에 지속가능성 비즈니스 모델을 적용하여 인센티브, 평가, 회계 관행까지를 지속가능성이라는 가치하에 재편했다.

3) 사회혁신 중심의 지속가능성 비즈니스 모델 혁신

지속가능성을 위한 비즈니스 모델의 사회 혁신에 초점을 맞춘 논의들은 특히 개발도상국의 사례에 주목하고 있다. 호주 밴디고 은행(Bandigo Bank) 사례, 인도의 선구적 소액금융(micro-financing) 기업인 그라민 은행(Grameen

---

6 카펫의 제조와 판매를 넘어 카펫 임대, 유지·보수 중심의 서비스-임대 모델인 에버그린 리스(Ever green lease)모델로 전환했다는 점에서 지속가능성 비즈니스 모델 혁신의 중요한 사례이다. 에버 그린 리스 모델은 카펫을 임대할 뿐 아니라 정기적으로 유지·보수해주고 오래되어 닳거나 파손된 부분만 골라 새로운 모듈로 교체해준다. 즉 서비스 중심의 비즈니스 모델로의 전환을 통해 지속가 능한 바닥재라는 새로운 고객가치를 제안하고 자원 소비도 대폭 감소시켰다.

Bank)의 그라민 통신 사례나 사막을 개간해서 유기농법으로 면화를 생산하는 이집트 세켐 그룹(Sekem Group) 등은 최근 저소득층 시장(BOP: Bottom of Pyramid)이나 사회적 기업의 맥락에서 거론되는 사례들이다. 사회혁신은 사회문제의 해결이나 사회적 목적에의 기여에 관련되기 때문에 가치 창출의 초점이 다르다. 즉 고용의 증진이나 제품 및 서비스의 접근 용이성, 지속가능성 등 사회적 가치의 창출이 주된 목표가 된다.

밴디고 은행은 지역 주민 250여 명이 출자하여 만든 지역 커뮤니티 기반 금융시스템혁신의 사례이다. 호주 빅토리아 시에 위치한 밴디고 은행은 소매금융과 자산관리 서비스, 산업대출, 무담보대출, 신탁관리, 투자상품 등 광범위한 금융서비스를 제공하고 있다. 밴디고 은행은 지역 사회 구성원들이 주주로 참여하여 수익을 공유하며, 수익금의 50% 중 20%는 출자자들에게 배당되고, 나머지 80%는 커뮤니티 활동 지원에 재투자한다. 지역공동체를 위한 금융시스템이라는 밴디고 은행의 비즈니스 모델 혁신을 통해 지역경제의 활성화와 더불어 지속가능성을 위한 기업 활동, 지역문화예술 활동 등 커뮤니티의 공유가치를 위한 재정적 기반을 형성할 수 있게 되었다.

그라민 통신의 '그린텔레폰레이디스(Green Telephone Ladies)'는 사회혁신 사업 모델의 좋은 예시 중 하나이다. 잘 알려진 바와 같이 그라민 은행(Grameen Bank)은 담보가 없어 상업 은행에서 대출이 안 되는 사람들에게 소액대출을 제공한다. 그린텔레폰레이디스는 그라민 은행의 소액 대출을 활용하여 휴대폰 기기와 통화시간을 구매해서, 휴대폰 없이 전화 통화를 하고자 하는 사람들에게 휴대폰 통화 시간을 판매하는 비즈니스 모델이다. 이로인해 전화 서비스를 이용하지 못했던 1260만 명의 방글라데시 촌락 주민들이 이동통신 서비스의 혜택을 받을 수 있었다. 이 비즈니스 모델의 성공으로 그라민 통신은 방글라데시 이동통신 시장에서 2위 기업의 지위에 오르기도 했다. 이 모델의 초기 성공에도 불구하고, 방글라데시 촌락 주민들이 점차적으로 휴대폰을 쉽게 구매할 수 있게 되면서 시장은 상당히 축소되었다. 그럼에도 불구하고, 그린텔레폰레이디스사업은 개발도상국에서 사회혁신 모델의 동태성에 대한 가치 있는 통찰력을 제공했다(Yunus et al., 2010).

세켐 그룹은 1977년 이브라힘 아볼레시(Ibrahim Abouleish)에 의해 지속가능한 성장을 위해 토양과 사람, 사회의 발전을 촉진하는 것을 목표로 시작되었다. 현재 1만 헥타르 넓이의 농장에서 친환경 농업을 하는, 850개 생산물 공동관리 농장, 8개의 지주회사를 거느린 그룹으로 성장했다. 세켐은 친환경 농산품과 생필품을 생산, 가공, 수출하고 있을 뿐 아니라 지역공동체의 성장도 함께 추구하고 있다. 특히 세켐은 경제적 이윤 추구를 넘어 경제, 문화와 인권을 성장의 세 축으로 설정하고 지속가능한 지역공동체의 성장을 지향하고 있다. 세켐 공동체 내에는 유치원, 학교, 종합병원, 성인교육시설, 연구시설, 극장 등이 세워지고 2009년에는 대학교까지 설립되었다. 세켐 그룹의 투자재원은 GLS(윤리, 생태지향적 원칙하에 운영되는 독일의 신용협동조합), 트리오도스(인간, 환경, 문화 부문의 투자를 지향하는 네덜란드 은행), DEG(개발도상국과 민간 기업에 투자하는 독일의 기업은행) 등과 같은 은행으로부터 조달하고 있다(Löpke, G., 2009).

이상의 논의를 요약하면, 〈표 2-2〉와 같이 기술 중심의 비즈니스 모델 혁신에는 제조 과정과 제품 재설계 등과 같은 전통적 기술혁신 요소들이 포함된다. 주로 재료 및 에너지 효율의 극대화, 폐기물로부터의 가치 창출, 재사용과 자연 처리로의 대체 등과 같은 혁신활동이 여기에 해당된다.

조직 중심의 비즈니스 모델 혁신에는 기업의 자원관리책임서약(resource stewardship), 하이브리드 비즈니스, 협동조합과 같은 대안적 소유 방식, 사회 문제 해결을 위한 협력 조직의 설계 등 조직혁신 요소를 변화시키는 혁신활동들이 포함된다. 비즈니스 모델의 재설계를 통해 기존 모델의 가치제안을

표 2-2 지속가능한 비즈니스 모델 혁신의 유형과 특징

유형	기술혁신	조직혁신	사회혁신
혁신의 초점 및 특징	제조 및 제품 재설계 급진적 혁신	조직 혁신, 제품-서비스 통합 모델, 기업조직목표 재정립	사회적 목표 및 환경적 가치 재정립, 확산 솔루션
혁신활동의 내용	재료 및 에너지 효율의 극대화, 폐기물 가치 창출, 재사용 및 자연처리 공정	소유보다 임대, 공유 등 사용기능 재정립, 자급자족, 제품-서비스 통합시스템(PSS), 자원관리책임 서약	협동조합, 사회적기업, 크라우드소싱, BOP 솔루션
혁신 네트워크의 특성	산업 내 가치연쇄	생산-사용 가치연쇄, 기업 내 조직혁신	사회-기업 네트워크, 지역화

대체할 수 있는 제품-서비스 통합 시스템(PSS: product-service system)[7] 등도 조직혁신에 해당되는 활동이다.

마지막으로, 사회혁신 중심의 비즈니스 모델 혁신은 기업 활동을 사회적 목표 및 환경적 가치를 중심으로 재정립하는 활동을 의미한다. 협동조합, 사회적 기업 등 사회적 목표의 달성을 기업의 핵심가치로 삼고 크라우드소싱이나 인내 자본 등 새로운 자본 조달 형식을 활용하는 것도 특징이다. 또한 저소득층의 기술 및 서비스에의 접근성에 초점을 맞추는 저소득층 시장(BOP) 경영 활동도 이 범주에 포함될 수 있다.

---

7 '제품-서비스 시스템(PSS: Product-Service System)'은 소비 방식을 유형의 제품 기반에서 서비스 기반으로 전환하는 개념이다. 차량을 시간 단위로 빌려 쓰는 카셰어링(Car-sharing)이나 앞서 인터페이스사의 사무용 카펫 임대 및 유지보수 서비스와 같이 상품을 구매하여 소유하는 대신 임대 서비스를 이용하는 것이다. 이러한 상품의 공유를 통해 자원의 절약과 제품의 재활용이 가능한 지속가능경제가 가능해진다. 즉 물질 기반의 경제를 서비스 기반의 비물질적 소비로 전환하여 자원 고갈 대비, 환경오염 위험 축소 등 지속가능성을 추구할 수 있다.

3. 사회·기술시스템전환과 전환지향적 기업

1) 사회·기술시스템전환과정에서 전환지향적 기업의 역할

지속가능성을 위한 기업 활동과 비즈니스 모델 혁신에 대한 공감대가 확산되고 있음에도 불구하고 실제 사회·기술시스템전환은 매우 지난한 과정이다. 지속가능한 시스템으로의 전환은 경제·사회시스템, 지역 시스템 내에서 기업, 조직 및 개인의 관계를 급격히 변화시키는 시스템혁신으로 이루어진다. 때문에 개별 기업 수준에서 달성하기에는 한계가 있다(Rotman et al., 2001). 또한 시스템전환은 다양한 가치연쇄 내 파트너와 이해 관계자 집단들의 집합적 학습이 중요하기 때문에 주체들의 공진화 관점에서 기업의 전환활동을 파악하는 것이 필요하다.

사회·기술시스템전환 이론에서는 새로운 시스템으로 변화하는 모멘텀을 창출하기 위한 실천적 개념으로 '전환관리' 개념을 도입하고 있다. 전환관리는 ① 지속가능성 관점에서 해결되어야 하는 문제의 정의·구조화, ② 장기적 비전과 목표의 형성, ③ 시스템혁신을 위한 실험과 프로그램의 실행, ④ 실험 및 프로그램, 전환과정에 대한 모니터링 및 평가로 이어지는 순환적 과정이다(Loorbach, 2007; 김병윤, 2008). 특히 기업은 시스템 변화를 위한 기술적·조직적 능력과 자원을 가지고 있기 때문에 시스템전환 거버넌스에서 주도적 역할을 담당할 수 있는 '전환관리'의 핵심 주체가 될 수 있다.

네덜란드의 지붕 전환 프로젝트(Roof-transition project)는 어떻게 기업이 사회·기술시스템전환 관리에 기여함으로써 새로운 비즈니스 기회를 창출하고 다양한 사회적 주체들과 공진화할 수 있는지를 보여주는 대표적 사례이다.

아이코팰(ICOPAL) 그룹 산하의 ESHA 그룹은 지붕에 쓰이는 역청(bitumen)

제품 생산자이다. 전통적으로 역청 제품은 지붕 커버로만 활용되었으나, ESHA 그룹은 역청 제품의 기술혁신을 통해 도시생태기능을 부가했다. ESHA는 건물 지붕에 생태적 가치를 부가한 그린 지붕을 개발함으로써 빗물을 흡수하고 단열 효과를 높여 에너지 효율성을 제고하는 효과를 거두었다. 여기에 그치지 않고 ESHA의 CEO는 2006년 지붕 전환(Roof Transition)의 아이디어를 제출하고 2007년 ESHA의 활동을 사회적으로 확대시키는 새로운 전략을 수립했다. ESHA는 기술 개발자, 마케터, 정책전문가, 독물학자(toxicologist)들과 함께 지붕 전환에 관련된 비전의 형성과 새로운 패러다임을 개발했다. 또한 네덜란드 국립응용과학기술연구소인 TNO와 함께 전통적 지붕을 지속가능한 솔루션으로 대체했을 경우 감축되는 이산화탄소 배출량을 산출했다. 이렇게 형성된 비전은 네덜란드의 모든 지붕을 점진적으로 변화시키고 있으며 에너지 효율성을 증진시키고 있다.

이상과 같은 산업 부문에서의 구조적 변화와 함께 ESHA의 CEO는 2007년 중반 지구회복오픈플랫폼(EROP: Earth Recovery Open Platform)을 구성했다. 이 플랫폼은 각 영역에서의 혁신 주체들 간의 개방형 토론을 이끌어내는 기반으로 작용했다. 이 플랫폼에는 건설기업, 설계사, 도시계획자, 정책전문가, 물관리자 및 에너지 기업들이 포함되어 활동했다. 이러한 '전환 플랫폼' 안에서 주체들은 새로운 가능성에 대해 토론하고 그들이 지속가능성에 어떻게 기여할 수 있는지를 논의했다. 이 플랫폼의 주된 참여자는 ESHA 외에 지방자치단체, 지역수자원위원회와 같은 공공 부문과 지식공급자[TNO, 바헤닝언(Wageningen) 대학], 다수의 기업들, 환경 NGOs와 사회과학자 및 정부조직 등으로 구성되어 있다.

전환관리의 비전 형성 작업과 함께 ESHA는 비즈니스 기회를 탐색하고 확대해나갔다. 2008년 ESHA는 세계 최초로 100% 역청 재활용 시설을 설치하고 새로운 지붕 설비를 개발했다. ESHA의 성공은 다수의 혁신, 새로운 규제와 규범, 신기술, 신설계 및 제조 수단과 실행, 새로운 금융시스템의 합작품이라고 할 수 있다. 광범위한 다방면의 네트워크 형성과 사회 변화를 위한 공동 어젠다에 대한 투자 활동은 비즈니스 기회로 연결되었다. EROP 플랫폼에서는 지붕 전환을 구현하기 위한 지역 차원의 공동개발 실험이 진행 중이다. 로테르담 시의 그린 지붕 개발 프로젝트, 스히폴(Schiphol) 공항, 네이메헌(Nijmegen)과 흐로닝언(Groningen) 등지에서의 실험 등 다수의 실험이 진행 중이다. EROP 플랫폼은 에너지 생산, 빗물 흡수, 열 축적, 단열 등의 기능을 가진 지붕에 대한 대안들을 개발하고 2008년 여름에 '지속가능하게 개발된' 지붕개발기업을 설립했다(Loorbach et al., 2010).

요약하면 지붕 전환에 핵심적인 역할을 한 ESHA 그룹은 한편으로는 전환을 위한 플랫폼을 형성하고 다양한 부문과의 네트워킹을 통해 전환 이슈와 비전을 만들어나갔다. 동시에 전통적인 지붕의 기능을 지속가능성이라는 비전하에 재구성함으로써 새로운 비즈니스 기회를 창출했다. ESHA 그룹의 사례는 기업이 주도하여 다양한 혁신 주체의 참여와 확산을 위한 지속가능성 플랫폼을 형성하고 비즈니스 성과로 연결했다는 점에서 중요한 의미를 갖는다. 위의 사례에서 살펴본 바와 같이 비즈니스 전환관리에서 특히 중요한 활동은 다음의 네 가지로 요약 가능하다(Loorbach & Wijsman, 2013). 첫째, 전략적 비전화(strategic envisioning)이다. 어떠한 사회적 이슈 혹은 전환에 기여할 것인가를 선택하고 전환에 관련된 도전과 미래 시나리오 등에 기반을 둔 비전화 작업을 수행한다. 둘째, 전술적 네트워킹(strategic networking)이다. 전환에는 이해 관계자 관계, 법, 금융, 규제, 고객 행위 등의 복잡한 변화가 필요하므로 이를 위해 다양한 수준의 주체들과의 네트워킹 작업이 중요하다. 셋째, 운용상의 혁신(operational innovation)이다. 전환을 위한 실험과 파일럿 실험, 아이콘의 창출 등 운용 과정에서의 혁신활동이 필요하다. 넷째, 성찰적 모니터링과 평가(reflexible monitoring and evaluation)이다. 사회적 도전과 기업의 역할에 대한 기업 간 토론과 전환 관리 과정에서 발생하는 문제에 대한 공동의 토론과 해결 방법의 모색에 초점을 맞춘 성찰적 모니터링을 통해 높은 불확실성에 대처할 수 있다.

2) 전환지향적 기업 활동의 애로 요인

앞서 지적한 바와 같이 사회·기술시스템전환은 개별 기업 수준을 넘어서 일어나기 때문에 전환지향적 기업이 봉착하는 장애 요인은 행위(역량) 차원, 조직 차원, 시스템 차원에서 각각 나타날 수 있다.

행위 차원에서 나타나는 전환의 장애 요인은 새로운 가치에 대한 거부, 전환 활동에 필요한 역량과 경험의 부족, 문제에 대한 서로 다른 인식 등을 들 수 있다. 특히 새로운 기술 시스템으로의 전환과정에서 발생하는 기술적 역량의 부족은 혁신이론에서 제시된 역돌출부(reverse salient) 차원에서 이해가 가능하다. 즉 시스템 차원의 기술 개발로 인해 시스템을 구성하는 부문의 기술 개발이 더디게 진행될 경우, 전체 시스템의 전환이 어려워질 수 있다는 것이다. 또한 지속가능성을 지향하기 위해 해결해야 할 문제에 대한 인식 차이도 행위 차원에서 고려해야 하는 전환의 장애 요소이다. 특정 상황을 문제로 인식하는 것은 개인의 경제적·사회적 배경에 따라 달라질 수 있으며, 전환 관리에서 다루는 문제는 시스템적 속성과 복잡성을 띤다. 전환관리 이론에서는 이러한 문제 정의의 복잡성을 해결하기 위해 다양한 주체들이 참여하여 문제를 서로 제출하고 조정하는 과정을 강조하며 이 과정이 문제의 본질을 더 잘 이해하는 방식임을 지적하고 있다(김병윤, 2008).

조직적 차원에서 고려할 수 있는 전환의 장애 요인은 우선 기업 내 서로 다른 기능 간의 수평성 부족이다. 지속가능성이라는 새로운 가치를 전사적으로 구현하기 위해서는 기업 내 기능 단위 간 소통과 합의, 긴밀한 상호작용이 필요하다. 이것이 부족할 경우 기업 조직적 차원에서 지속가능성을 위한 기업 활동이 이뤄지기 어렵다. 다음으로는 기존 시스템에 정착된 조직적 관행에의 고착(lock-in) 현상이다. 특히 기존 사회·기술시스템 내에서 지배적인 지위를 차지하고 있는 기업일수록 이러한 고착 현상은 쉽게 발견된다. 지배 기업의 고착 현상은 경제적 이윤 동기와 밀접히 연관되어 있고, 구조화된 가치연쇄 내에서 나타나기 때문에 쉽게 변화하기 힘들다.

한편 개별 기업을 넘어선 시스템 수준에서의 전환 장애 요인은 다음의 다섯 가지로 정리할 수 있다(Smith et al., 2005; OECD, 2012). 첫째, 시장동인의 부족이다. 이는 흔히 규제의 부재, 낮은 수준의 환경 조세(eco-taxes), 소비자 보조금의 부족, 그린 제품에 대한 공공조달의 부족 등과 같이 지속가능성을 위한 정부 활동과 개입의 부족에 기인한다. 둘째, 초기 투자를 위한 자본의 부족이다. 이는 지속가능성을 위한 자본시장이 충분히 성숙하지 못해 지속가능성 활동에 따른 위험을 과도하게 인지하거나 투자에 따른 잠재적 경제이익을 과소평가하는 데서 온다. 셋째, 새로운 비즈니스 모델을 기존 시스템에 적용하는 데 따르는 어려움이다. 새로운 비즈니스 모델이 적용, 확산되는 데 필요한 비즈니스 인프라의 미발달은 전환의 중요한 장애 요인으로 작용한다. 넷째, 기업이 새로운 생태적 혁신(eco-innovation)을 달성하도록 하는 데 장애가 되는 규제 장벽이다. 마지막으로 생태적 혁신에 대한 소비자의 준비 부족이다. 자동차 구입 시, 소비자가 가지고 있는 크고 비싸고 편리한 '자동차'에 대한 선호는 전기차나 카셰어링 등의 대안적 모델의 확산에 커다란 장애 요인으로 작용한다.

이상의 지속가능성 구현을 위한 시스템 수준의 장애 요인은 기업이나 정부가 단독으로 대응하기 어려운 성격을 지니고 있기 때문에 기업, 정부, 시민단체 등 이해 당사자 간의 정치적 과정[8]과 문제 해결을 위한 합의적 거버넌스 설계가 반드시 필요하다. 개별 기업이 지속가능성을 기업의 가치로 재정향(re-orientation)한다 해도 전반적인 사회·기술시스템의 전환과 함께 진행되지 않는다면 기업 활동 변화는 한계에 부딪힐 수밖에 없기 때문이다.

4. 정책적 함의

사회·기술시스템전환과정은 기업 활동에 있어 중요한 도전으로 작용하게 된다. 지속가능성 가치를 고려한 소비패턴의 변화, 사회적 목표를 지향하는 지역커뮤니티 기반의 사회적 혁신과 같은 새로운 비즈니스 모델의 등장, 새로운 에너지원과 커뮤니케이션 방식의 변화에 따른 시스템혁신의 군집적 출현 등은 기업 활동의 범위와 조직의 변화를 요청하는 중요한 환경조건이다.

시스템 수준의 지속가능성 추진을 위해 기업 단위에서는 비즈니스 모델의 혁신을 통하여 기술 및 사회 혁신과의 접점을 찾아야 한다. 가치제안, 고객 및 가치연쇄 내 파트너와의 관계 또한 지속가능성 가치의 교환 관점에서 재정립하여 제품과 서비스 개발에 반영해야 한다. 이러한 활동을 통해 기업의 비용과 이익 분배 구조, 회계 시스템 또한 지속가능성 가치를 담지할 수

---

8 최근 페나와 길스(Penna & Geels, 2012)의 연구는 산업의 그린화로의 전환과정을 산업계, 시민사회, 정부 등 다양한 이해 관계자 간 다차원적 갈등과 변증법적 수명주기에 의해 설명하고 있다.

있는 새로운 모델로 변화시켜나갈 필요가 있다.

한편, 지속가능한 시스템으로의 전환은 경제·사회 영역, 지역과 같은 시스템 내의 기업, 조직 및 개인 관계를 급격히 변화시킨다는 점에서 장기적인 차원의 접근이 필요하다. 또한 다차원의 시스템혁신이 이루어지기 때문에 개별 기업 단위를 넘어 다른 사회적 주체들과의 공진화 관점에서 기업의 전환활동을 파악하는 것이 필요하다. 따라서 개별 기업 차원에서의 지속가능성을 위한 비즈니스 모델 혁신을 넘어 전체적인 사회-경제적 문맥 내에서 전환을 이끌어내는 전환지향적 기업의 역할이 중요하다. 전환지향적 기업은 전환을 위한 비전을 만들고, 이러한 비전을 공유할 수 있는 다양한 사회적 주체들과 함께 플랫폼을 형성하여 시스템전환을 이슈화할 수 있다. 이를 통해 새로운 비즈니스 기회의 창출과 더불어 지속가능성을 담지한 새로운 시스템을 전 사회적으로 확산시키는 데 중심적 역할을 담당할 수 있다.

전환지향적 기업이 지속가능한 사회·기술시스템으로의 전환과정에서 직면할 수 있는 장애 요인은 기술(인지), 조직, 시스템적 차원에서 구분할 수 있다. 기술적(인지적) 장애 요인은 기술능력의 불균형, 문제정의에 대한 인지적 불일치 등이다. 조직적 차원의 장애 요인은 기업 내 기능 단위 간의 수평성의 부족과 기존 관행에의 고착이 대표적이다. 이러한 어려움은 혁신 과정에 참여하는 이해 당사자 간의 집합적 혁신 과정에서 문제설정, 새로운 비즈니스 모델, 문제 해결 방안, 확산 과정 등을 설계하며 해소될 수 있는 가능성이 크다. 지속가능성이라는 새로운 가치의 구현은 기존 시스템 내에서 경제적 효율성을 추구할 때와는 달리 사회정치적 과정으로서의 특성이 크게 작용하기 때문이다.

한편 시스템 차원에서 전환지향적 기업이 봉착할 수 있는 애로 요인은 시장 수요의 부족, 높은 위험도에 따른 초기 투자의 미흡, 새로운 인프라의 부족, 규제장벽, 소비자의 인식 고착 등으로 정리될 수 있다. 이러한 시스템 차원의 애로 요인은 다음과 같은 정책적 지원에 의해 해소될 수 있다. 첫째, 친환경 제품에 대한 보조금 지급으로 시장 규모를 확대하거나 환경 규제 설정을 통해 기존 제품군의 지속가능한 혁신을 유도할 수 있다. 둘째, 초기 투자 미흡은 크라우드펀딩이나 장기 투자를 위한 인내자본 형성과 같은 새로운 금융시스템 형성을 통해 보완될 수 있다. 셋째, 새로운 에너지시스템을 위한 인프라 건설을 통해 기업의 신재생 에너지 기술혁신과 제품의 테스트 베드를 지원할 수 있다. 넷째, 에코 혁신을 촉진하는 규제의 설정이나 에코 혁신을 저해하는 규제의 철폐와 같이 지속가능성 가치를 반영한 규제 제도의 운용을 통해 전환지향적 기업 활동을 촉진할 수 있다. 마지막으로, 지속가능한 소비로의 인식 전환을 위한 새로운 모델 제시 및 교육 프로그램 도입 등이 병행될 수 있다.

이상의 지속가능한 시스템 구현 노력은 정부나 기업의 개별 주체가 단독으로 추진하기 어려우며 기업과 이해 당사자, 정부가 공동으로 학습하고 해결 방안을 형성하는 합의적 거버넌스를 기반으로 해 수행되어야 한다. 지속가능성을 지향하는 기업의 혁신활동에 대해 시스템전환론이 제시하는 통찰 중 하나는 과정적 관점이다. 전환관리는 기업이나 정부와 같은 특정 주체의 계획과 지도에 의해 이루어지는 것이 아니라, 우발적 상황 변화와 상향(bottom-up)혁신, 비전화, 집합적 어젠다 수립 과정을 포함한 '유도된 진화(guided evolution)' 과정이라는 것이다. 따라서 '전환지향적 기업'의 활동은 새로운 사회·기술시스템의 형성, 즉 새로운 경쟁 환경을 만들어내는 사회적 공진화 관점에서 이해되고 확장될 필요가 있다.

03

시스템전환 실험의 장으로서 리빙랩

성지은·박인용

한국의 국가연구개발시스템은 변화를 요구받고 있다. 선진국을 빠르게 따라잡기 위해 요소 투입 및 기술 공급자 중심 시각을 유지한 기존 과학기술정책은 성장 이후 추격 목표를 상실함에 따라 효과성에 한계를 드러내게 되었다. 또 과학기술혁신정책의 목표와 역할이 경제성장을 넘어 양극화 해소, 지속가능발전, 삶의 질 제고 등 사회문제 해결 및 사회혁신을 포괄하는 것으로 확대되고 있다(송위진 외, 2006; 성지은, 2008; 성지은·송위진, 2010; 성지은 외, 2013a; 황혜란 외, 2012).

이에 따라 기술이 활용·확산되는 현장이나 사회, 그리고 사용자에 대한 이해 및 고려가 점차 중요해지고 있다. 기존 연구개발시스템의 한계를 넘어서기 위해서는 과학 기반의 혁신활동을 수행하는 R&D와 실천 기반의 혁신활동을 수행하는 사회 및 현장의 적극적인 연계·통합이 필요하다(성지은 외,

2012b; 2015a).

이런 상황에서 우리나라에서도 사용자가 혁신활동에 능동적으로 참여하는 '사용자 주도형 혁신' 모델로서 리빙랩에 대한 관심이 커지고 있다. 리빙랩은 기존의 하향식 정책 추진 방식이 아닌 정부-민간-시민 간의 파트너십(Public-Private-People Partnerships, 4Ps)을 강조하는 거버넌스를 기반으로 작동한다. 또한 기술 공급자 위주의 선형적 혁신모델이 아닌 사용자 주도형 혁신모델, 과학기술·사회의 통합모델 등 과학기술혁신에 요구되는 새로운 가치의 실험 모델이라는 의의를 지니고 있다(Westerlund and Leminen, 2011).

현재 리빙랩은 유럽을 중심으로 추진되고 있으며 특정한 공간(지역)에서 최종 사용자의 참여를 전제로 사용자 행동·경험과 암묵적 지식을 혁신에 활용하는 새로운 틀로서 인식되고 있다. 우리나라에서도 새로운 정책추진 방식, 혁신모델, 사회혁신 전략으로서 리빙랩을 해석하고 한국의 상황에 맞게 수정·보완하여 도입하고자 시도하고 있다(김규남 외, 2014; 성지은 외, 2015a).

그런데 최근에는 사용자 참여형 기술·서비스 개발 활동에 그치지 않고 '지속가능한 사회·기술시스템'으로 전환을 위한 실험공간으로서 리빙랩의 의미가 확장되고 있다. 즉 현재의 문제를 해결하는 대증적 정책대안을 넘어 새로운 사회·기술시스템을 구현하는 수단인 '전환랩(Transition Lab)'으로 진화하고 있는 것이다(Schliwa, 2013).

이 장에서는 리빙랩을 통해 지속가능한 사회·기술시스템전환을 시도한 사례와 그 과정을 살펴보고, 시사점과 적용 가능성을 탐색하고자 한다. 사례로는 지속가능한 에너지전환랩으로서 SusLab NWE(Sustainable Labs North West Europe) 사업, 지속가능한 농촌 시스템전환을 위한 리빙랩으로 C@R(Collaboration at Rural) 프로그램, 대만의 리빙랩을 분석할 것이다. 이 사업들은 공통적으로 지속가능한 시스템전환을 위한 니치로서 리빙랩을 접근하고 있다.

1. 시스템전환과 리빙랩

리빙랩(Living Lab)의 개념은 '살아 있는 실험실' 또는 '일상생활 실험실', '우리 마을 실험실', '사용자 참여형 혁신공간' 등으로 다양하게 정의된다. 양로원, 학교, 도시 등 특정 공간 및 지역을 기반으로 공공연구 부문, 민간 기업, 시민사회가 협력하여 혁신활동을 수행하는 일종의 '혁신 플랫폼'이라 고 할 수 있다(Pallot, 2009). 피노 외(Pino et al., 2013)는 리빙랩의 개념을 기술 플랫폼 또는 사용자 커뮤니티이자, 환경·사용자 중심의 실제 생활 실험을 위한 방법론, 구체적인 영역에서 다양한 이해 관계자가 상호작용하는 시스 템 등으로 포괄하여 정의한다.

리빙랩은 전통적인 '연구 실험실'이나 기존의 '테스트베드' 사업과는 다르 다. 사용자를 혁신의 대상이 아닌 혁신활동의 주체로 보고 있으며, 폐쇄된 실 험실에서 벗어나 실제 생활 현장에서의 실험·실증을 강조한다(성지은 외, 2014a). 이에 따라 리빙랩 활동은 사용자의 경험과 통찰력이 중요한 에너지, 주거, 교통, 교육, 건강 등 일상생활 분야에서 이루어지고 있다. 실제 사용자 가 생활 현장을 기반으로 하는 실험·학습을 주도적으로 수행하며, 이를 통해 기술혁신의 불확실성과 위험을 줄이고 기존 지역개발 및 혁신활동의 한계를 극복하는 효과를 기대할 수 있다(성지은 외, 2014b; 2014c; 송위진·성지은, 2013).

최근에는 리빙랩의 의미가 거버넌스, 지속가능성 제고를 위한 수단으로 확장되고 있으며, 나아가 '지속가능한 사회·기술시스템'으로 전환하기 위한 실험 공간으로 작동된다. 리빙랩은 궁극적으로 시스템 내의 행위자와 상호 작용이 재구성되는 시스템전환을 지향한다. 전환과정에서 리빙랩은 새로 운 사회·기술시스템을 구성하고 실험하는 공간(arena)이라는 의의를 지니 며, 사용자를 포함한 다양한 주체가 참여하는 실험 성과를 전체 사회·기술시스템으로 확산하는 플랫폼으로서 기능한다(Loorbach and Rotmans, 2010; Stå hlbröst, 2012; Schliwa, 2013).

리빙랩에 대한 선행 연구에서는 혁신 과정에서 사용자의 역할을 강조하고 있다. 리빙랩은 기존 혁신모델에서 간과했던 사용자의 참여를 강화하여 R&D와 수요자의 격차를 좁히기 위한 하나의 프레임워크로서 주목받고 있다(De Moor et al., 2010). 특히 ICT에서 이러한 경향이 부각되는데, 위정현·김 진서(2011)와 이미영·박남준(2013)은 사용자 참여 수단으로서 툴킷(Toolkit)이 진입장벽을 낮춰 성과 창출에 기여한다고 보고 있다.

최근에는 리빙랩의 역할을 지역 및 산업 혁신과 연계하는 연구가 이루어지고 있다. 검보 외(Gumbo et al., 2012)는 지역개발을 위한 플랫폼으로 리빙랩이 도입되고, 지역 간 네트워크, 지역산업 강화와 함께 사용자의 혁신역량 확보를 위한 교육이 진행되고 있음을 지적하고 있다. 울퍼트 외(Wolfert et al., 2010)는 농업을 발전시키는 데 ICT를 활용하는 리빙랩을 살펴보고 있다. 리빙랩의 특성으로 지역의 이슈 대응(개발, 산업고도화) 목표와 사용자 참여 강화, 그리고 주체 간 연결의 수단으로 ICT 활용 등이 강조되고 있는 것이다. 또한 리빙랩이 지니고 있는 개방성·현장성이 기술 개발의 성과 활용·확산에도 유용하다는 것도 지적되고 있다(Bergvall-Kareborn and Ståhlbröst, 2009).

그러나 이들 선행연구는 협의적 측면에서 리빙랩 활동을 조망하고 시스템전환의 관점까지 논의가 연계되지 못하고 있다. 최근 리빙랩은 좁은 의미의 혁신 전략 및 모델을 넘어 새로운 사회·기술시스템의 맹아를 실험·확대·확장할 수 있는 니치이자 전환을 위한 실험 공간으로서 그 논의가 확장되고 있다.

이에 이 장은 시스템전환의 니치이자 실험의 장으로서 리빙랩의 추진 체계와 프로세스를 살펴보고, 그 과정에서 시도되고 있는 사용자 참여, 정책

연계 및 통합, 시스템전환 관리 노력 등을 탐색한다. 세 사례 모두 리빙랩을 지역환경 개선 또는 문제 해결을 위한 전환실험의 장으로 인식하며, 목표 달성을 위해 초기 단계에 사용자를 리빙랩에 참여시키기 위한 방법론을 고민한다는 공통점을 지닌다. 또한 사용자에 대한 이해와 전환실험의 장으로서 지역적 배경을 함께 분석하여 이에 부합하는 접근 전략 및 실험을 설계한다. 세 사례를 대상으로 리빙랩의 기능과 사용자 참여, 과학기술·ICT 정책과의 연계성을 분석하고, 전환기를 맞고 있는 우리나라 상황에서 적용 가능한 시사점을 도출한다.

2. 리빙랩 사례 분석

1) 에너지전환 리빙랩: SusLab NWE

(1) 추진 배경과 내용

SusLab NWE(Sustainable Labs North West Europe)는 유럽 서북 지역의 리빙랩 인프라 구축을 위한 프로젝트로, '지속가능한 주거 공간(sustainable home)' 시스템 구현을 목표로 한다. 이 프로젝트는 EU로부터 재정적·행정적 지원을 받았으며, 리빙랩 방식으로 진행되었다.

이 사업에는 스웨덴·독일·영국·네덜란드 4개국, 7개 연구기관과 4개 지원기관이 참여했다.[1] 건축, 산업디자인, 컴퓨터 공학, 사회학, 심리학, 정책

---

1 델프트 기술 대학(Delft University of Technology)은 SusLab NWE 프로젝트의 리더 역할을 하고 있다. 부퍼탈 연구소(Wuppertal Institute)는 지역적·국가적·세계적 환경문제와 지속가능 개발을 위한 독일의 정부 산하 연구소로 기술정책과 기술 응용을 주로 연구하고 있으며, SusLab NWE 프

그림 3-1 사용자 참여를 위한 자기 보고 키트

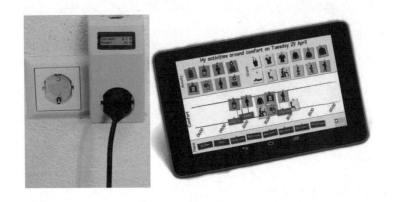

자료: Keyson(2014).

학 등 다학제 연구를 통해 주민의 녹색생활을 현실화하고자 했다.

이 프로젝트는 주민 및 지역에 대한 조사·분석 → 프로토타입 설계 및 개발 → 실증의 세 단계로 진행되었다. SusLab에서는 이러한 활동을 지원하고 사용자의 활동을 촉진하기 위해 자기보고 툴킷(Toolkit)을 제공했다(〈그림 3-1〉 참조). 이러한 툴킷을 통해 건물에서의 에너지 사용 행태와 프로토타입의 사용자 수용성이 측정 및 분석되었다.

로젝트의 두뇌 기능을 담당하고 있다. 혁신도시 루르(InnovationCity Ruhr)는 보트롭 시에 위치한 프로젝트성 컨설팅 회사로, 루르 지역의 에너지전환 및 건축물 재개조에 관련된 125건의 프로젝트 매니저 역할을 담당하고 있다(Keyson, 2014).

(2) SusLab NWE의 주요 사례: 독일 보트롭 SusLab NWE 프로젝트

① 리빙랩 개요 및 배경

독일은 SusLab NWE 프로젝트 참가국 중 가장 활발하게 활동한 국가이다. 독일은 주거 공간 전환을 위한 스마트홈 랩(Smarthome Lab)과 도시 단위의 전환 리빙랩인 보트롭(Bottrop) 시에 대한 연구를 동시에 진행했다. 보트롭 시 리빙랩은 SusLab 프로젝트 중에서 사용자 참여가 가장 활성화된 사례이다.

독일에서의 지역 에너지전환 시도는 중서부의 루르(Ruhr) 지역을 중심으로 전개되고 있는데, 이를 주도하는 주체는 루르 지역 기관의 연합체인 루르 이니셔티브 그룹(Ruhr Initiative Group, 이하 RIG)이다. RIG는 루르 지방의 환경기술, 도시 인프라 개발 프로젝트를 수행하는 컨소시엄으로, 선도 실험을 수행하고 그것을 루르 지방 전역으로 확산하는 프로젝트인 이노베이션시티 루르(InnovationCity Rhur)를 시행했다(Liedtke et al., 2013). 보트롭 시는 이 프로젝트의 선도 실험 지역으로 선정되었고, 에너지 소비 효율화와 신재생에너지 확대를 위해 공간을 새롭게 개조하는 리빙랩을 시도했다.

② 구조 및 사용자 참여

보트롭 리빙랩의 가장 두드러지는 특징은 프로젝트 초기부터 시민들의 참여가 이루어졌다는 것이다. 보트롭 시는 프로젝트 수주 단계부터 2만 2000명에 이르는 시민들이 활발하게 참여했다. 참여 의사를 밝히는 서명에 그치지 않고 시민들이 자신들의 소유 부동산을 친환경적 재개조(retrofit) 대상에 포함시키겠다는 의사를 밝히는 등 적극적인 양상이 나타났다. 프로젝트 선정 이후에도 다양한 리빙랩 실험에 참여하고 교육 프로그램, 에너지 컨설팅 서비스 등을 통해 다양한 참여 채널을 만들어나갔다. 이러한 적극적

표 3-1 보트롭 SusLab 프로젝트의 마스터플랜 구성

프로젝트 분야	주요 활동 내용
녹색생활 (Living)	- 주거지역 주택/아파트의 냉난방시스템 재개조 - 보트롭 전체 가구의 60%를 재개조 프로젝트에 참여하도록 유도 - 도시 내 약 1만 2500개 건물에 거주하며, 생활양식에 맞춤화된 녹색제품 사용
녹색업무 (Working)	- 비거주 건물(업체, 공공 기관)을 대상으로 하는 재개조 프로젝트 가동 - 수요관리 시스템 도입 등을 통한 냉난방, 전력 분야의 재개조 - 건물 옥상에 태양광(PV) 장치 설치
에너지 (Energy)	- 소규모 스마트그리드 구축 - 분산형 에너지공급과 에너지저장 기술, 스마트그리드 도입
교통 (Mobility)	- 에너지 효율적 교통수단: 전기자동차/전기버스 운행 확대 - 도시계획적 접근에 의한 교통량 조절정책 도입(시내도로 운영 정책 등)
도시계획 (City)	- 빗물을 도로 청소용으로 활용 - 시민 피드백을 바탕으로 녹색공간 창출 및 디자인 참여 공간 조성

자료: Keyson(2014).

참여를 바탕으로 보트롭 시는 2013년 한 해 동안 건물의 7.82%를 개보수하여 독일 전체 평균보다 일곱 배 높은 성과를 거뒀다.

활발한 시민 참여는 리빙랩 마스터플랜 기획에서도 이루어졌다. 보트롭의 리빙랩 프로젝트는 지역 구성원의 컨소시엄인 이노베이션시티 매니지먼트 Gmbh(InnovationCity Management Gmbh, 이하 Gmbh)를 통해 관리되는데, 이 기관의 2013년 예산 중 40%를 마스터플랜 기획에 사용했다(Liedtke et al., 2014). 마스터플랜은 친환경 에너지에 대한 기술적·행정적 혁신을 도출하기 위해 생활, 업무, 에너지, 교통, 도시 다섯 분야에서의 활동 목표와 내용을 제시하고 있다(〈표 3-1〉 참조).

마스터플랜은 정책·기술 전문가와 시민의 네트워크를 기반으로 한 상향식으로 구성되었다. 시민 참여 워크숍을 통해 프로젝트 방향과 콘텐츠, 친환경적 개발에 관한 아이디어를 수집했고, 300개의 마스터플랜 제안서를 접수해 이를 개발계획으로 구체화했다. 또한 프로젝트 관리기구인 Gmbh는 지역 주민들과 네트워크를 형성하고 18개월 동안 지역사회 연구를 수행했다. 시민들의 아이디어, 니즈, 생활패턴을 파악하여 이를 프로젝트의 기획·조정에 활용했으며, 그 결과는 참여 구성원에게 공개하여 공감대 형성에 활용했다. 이러한 활동은 건축가, 컨설턴트, 지역 주민이 참여하는 네트워크를 통해 기술과 정책 모두를 아우르는 혁신을 이끌어냈다.

③ 리빙랩에서의 개발 프로세스

이 프로젝트에서는 도시 재개발과 시민 삶의 질 향상을 위한 사회·기술 시스템뿐만 아니라 사용자 참여 방법까지 함께 개발되었다. 방법론 개발은 과학자문위원회에서 수행되었는데, '지역조사 → 프로토타입 개발 → 필드 테스트' 세 단계로 과정을 구분하여 최종 사용자를 참여시키는 틀을 제시했다(Baedeker et al., 2014).

첫 번째인 지역조사 단계에서는 거주 지역의 에너지소비 현황과 패턴, 에너지절약 수요를 분석하기 위해 지역 주민 인터뷰와 에너지 사용 실태 분석이 병행되었다. 700가구에 대한 사전 조사와 함께, 히트맵(Heatmap), MIPS[2] 기법을 적용하여 가정의 에너지 소비 패턴을 분석했으며, 주민 생활에 영향을 미치는 사회적 요소(가족, 커뮤니티, 교육 등)를 검토했다.

프로토타입 개발 단계에서는 소비자가 직접 친환경 에너지 기술을 사용

---

2 MIPS(Material Input Per Service unit)는 서비스 단위의 기능 대비 자원 사용량을 측정하여 환경효율을 계산하는 방식이다. 보트롭 사례에서는 12가구를 대상으로 시행하여 일곱 가지 난방 소비 패턴을 분석했다(Daniel Kim·성지은, 2015).

하며 샘플 제품을 테스트하는 개발 프로세스가 적용되었다. 사용자의 실험 참여와 함께 사용자·개발자 공동 워크숍을 개최하여 소비-생산-디자인을 융합시키는 작업이 이루어졌다.

개발된 제품의 필드 테스트 단계에서는 프로토타입을 지역 전체를 대상으로 평가하고 시장 진입을 준비했다. 개발된 제품 인터뷰를 진행하고, 그로부터 나온 평가를 제품 개선에 적용함으로써 의도하지 않았던 부정적 효과를 최소화하고자 했다.

2) 농업·농촌 시스템전환 리빙랩: C@R

(1) 추진 배경과 내용

Collaboration at Rural(이하 C@R) 프로그램[3]은 농어촌을 비롯한 유럽의 저개발 지역에서, 다양한 구성원(특히 지역 주민)의 참여를 통해 '지속가능한 지역개발'을 구현하는 EU 차원의 프로젝트이다. 타 대륙과 마찬가지로 유럽의 농어촌도 인구 감소와 인프라·투자·서비스 부족이 맞물려 지역의 정주 여건이 악화되는 문제를 겪고 있다. C@R 프로그램은 이러한 문제를 해결하기 위해 지역 주민·정부·생산자·유통서비스 업체 등 다양한 구성원이 참여하는 개발 방법론을 실험했다. 지역개발 과정에서 구성원의 참여 및 협력이 가능한 협업 환경을 조성하고, 지역 사용자의 니즈와 혁신역량의 결합을 시도하여 기존 개발 활동이 지녔던 한계를 극복하고자 했다(성지은 외, 2014c).

C@R 프로그램은 사용자 참여혁신 프로세스를 지역에 안착시키기 위한

---

3 C@R 프로그램의 구체적인 내용은 성과보고서인 「Living Lab for Rural Development: Results from C@R Integrated Project」를 참고했음을 밝힌다(Navarro et al., 2010; Schaffers et al., 2010).

표 3-2 C@R 리빙랩 추진 방법론

방법론	실행 과정 및 평가
주기적인(Cyclic) 개발	· 3개월 주기의 혁신과 평가 설정 · 리빙랩 운영의 핵심 성공 요인 중 하나
실행 연구 (Action Research)	· 이론보다는 실천을 통한 현장 개선에 관심을 가지는 연구 방법 · 실제에 대하여 참여자들이 어떤 의미를 부여하는지 기술하고 이해하는 해석적인 과정을 거침
다학제적 개발 그룹	· 문제를 다각적으로 해결하기 위한 다학제적·초학제적 팀 역할 강조. 다양한 혁신 주체를 문제 해결 팀에 참여시킴
사용자와 행위자 참여	· 사용자를 위원회에 참여시키거나 권한을 부여
민첩한 개발과 사용자 실험	· 상호작용을 가능하게 하는 소프트웨어 개발
네트워킹 시너지 창출	· 리빙랩을 통해 역량, 자원, 결과 공유
모니터링과 평가	· 과정 모니터링과 실행을 통한 학습
구체적인 방법과 기법	· 리빙랩 과정을 촉진하게 하는 방법 및 기법

자료: Schaffers et al.(2010).

혁신모델로 리빙랩을 도입했다. 자연환경·인구구조·산업 등의 지역 여건을 반영하고, 주민의 경험을 최대한 활용하기 위한 것이었다. 사업 참여 기관은 29개로, 기업, 학교, 연구기관, 국제기구 등을 망라했다. 이들은 리빙랩이 위치한 지역 주민과 연계하여 지역 맥락과 주민 수요에 맞는 개발 의제를 발굴하고 주민과의 협업을 통해 문제 해결에 필요한 기술·서비스를 개발했다. 예산 규모는 EU 지원(865만 유로)을 포함한 총 1500만 유로였으며 2006년 9월부터 3년간 운영되었다(성지은 외, 2014c).

C@R 프로그램에서 진행된 리빙랩은 '농촌 인큐베이터', '커뮤니티', '거버 넌스', '어업'의 네 가지 유형이 있으며, 총 일곱 개 지역에서 리빙랩 실험이 이루어졌다(Schaffers et al., 2010). C@R 리빙랩 활동은 크게 사전 기획 → 소규 모 개발 → 실증 → 성과 확산의 네 단계로 구분할 수 있다(Schaffers et al., 2008; 2009; 2010).

C@R 리빙랩에서 활용된 방법론은 크게 혁신환경 구축에 중점을 둔 전략 적 측면과 혁신활동에 초점을 맞춘 활동적 측면으로 나눌 수 있다. 전략적 방법론은 네트워크 구축을 위해 혁신 주체들의 리빙랩 접근성을 강화하고, 자원·역량·활동의 공유를 통해 협업을 확산시켜 리빙랩과 혁신 주체의 공 진화를 목표로 했다. 활동적 방법론은 ICT 등의 기술을 지역개발 활동에 접 목시켜 개발 성과의 활용도를 높이기 위한 목적으로 활용되었다. 여기서는 개발자·사용자, 과학기술·사회, 공급·수요 결합 방법론이 함께 실증되었다 (Schaffers et al., 2010).

(2) 주요 사례: 스페인 쿠디예로 리빙랩

① 리빙랩 개요 및 배경

쿠디예로 리빙랩(Cudillero Living Lab)은 C@R 프로그램 중 어촌 지역에 특 화된 것으로, 지역 주력 산업인 어업의 혁신을 통해 지역의 환경적·경제 적 여건 개선을 도모했다. 스페인 북부 작은 어촌인 쿠디예로는 지리적 제 약으로 인해 어업이 소형 어선·연안 중심으로 발달했으며, 어업 활동에 수반되는 품질관리, 시장, 물류 부문이 체계화되지 못했다. 이를 극복하기 위해 수확부터 시장 유통까지 어업시스템 전반에 걸쳐 해결책을 탐색했다 (Valenzuela et al., 2012).

이를 위해 어선 선주, 어시장, 해상 감시, 물류 및 운송 등 어업 분야에서 활동하는 모든 이해 관계자를 리빙랩 과정에 참여시키고 지역·산업의 니즈와 경험을 수집했다. 또한 개발 과정에서 사용자와 개발자가 끊임없이 소통하면서 기술의 사회적 안착은 물론, 지역 전반으로 성과가 확산되는 체계를 구축했다.

② 구조 및 사용자 참여

쿠디예로 리빙랩 참여자들은 지역 어업의 가치사슬을 중심으로 구성되었다. 개발 산물의 직접 사용자인 어민과 어시장 상인, 해상 감시원, 유통업 종사자 등이 참여했다. C@R 프로그램 관련자와 쿠디예로 지자체는 지역의 니즈 발굴, 프로토타입 개발과 확산을 행정적·재정적으로 지원했다(C@R Consortium, 2007; Valenzuela et al., 2012).

이 과정에서 사용자 조직화가 이루어지고 매개자 등을 통해 사용자의 실질적 참여가 이루어지도록 했다. 우선 개개인 수준에서 리빙랩 참여가 어려운 최종 사용자(어민, 해상 감시원 등)에 대해 중간 조직인 어민조합을 구성하여 지자체, 개발자와 비슷한 수준의 참여가 가능하도록 했다. 또 개발 프로세스에 매개자를 두어 개발자와 사용자 사이의 연계 및 원활한 피드백 작업을 이끌었다.

③ 리빙랩에서의 개발 프로세스

쿠디예로 리빙랩은 지역 주민의 수요 포착에서 실용화에 이르기까지 총 다섯 단계로 진행되었다. 각 단계마다 사용자 및 지역공동체가 적극적으로 참여하도록 방법론을 설계했다(Valenzuela et al., 2012).

첫 번째 수요 포착 단계에서는 쿠디예로 지역의 특성과 어업 현황, 어업 가치사슬 관련자 등을 분석했다. 사용자이자 이해 관계자인 해상 감시원,

어민, 정책 결정자 등의 니즈를 포착하기 위해 스토리텔링, 인터뷰, 집단토론 등 다양한 방법론이 활용되었다.

두 번째 단계는 핵심 사용자를 선별하는 과정으로, 개발 활동에 깊게 관여할 수 있는 주요 행위자를 추려내어 수요를 구체화했다. 회의, 워크숍 등을 통해 정부와 이해 관계자와 만나 핵심 이해 관계자를 가려내고 이들이 바라는 바를 정리했다. 관련 핵심 주체로서 어민, 어업감시원, 어민 조합, 항만 관련자, 보건 당국, 소비자가 선정되었으며, 이들을 대상으로 개발 시나리오와 적용 가능한 사례를 도출했다.

세 번째 단계에서는 기술 개발 활동을 위한 시나리오와 가용 기술을 도출했다. 어업 사슬의 전 단계, 즉 어획 단계에서부터 수산물이 소비자에게 전달되기까지의 전 과정을 대상으로 했으며, 어선·해상 감시·항만·수산시장의 사용자들의 요구를 충족시키기 위한 기술 개발 방향이 마련되었다. 개발 방향은 수산물의 품질관리와 어선의 정보 접근성 강화라는 두 가지 차원에서 진행되었으며, 각 차원에 맞춰 개발 시나리오를 도출했다.

실증 단계에서는 프로토타입의 실험을 통해 사용자의 니즈에 부합되는 기술을 구현했다. 행정당국, 어민조합, C@R프로그램 파트너, 해상 감시원 등의 참여자들은 다양한 방법을 활용하여 지속적인 개선 활동을 이어나갔다.

마지막 단계인 프로토타입의 실용화는 실험 범위를 지역 또는 최종 사용자 전반으로 확장했다. 프로토타입 개발 및 테스트, 그 피드백을 통한 새로운 개발 활동이 반복적으로 진행되면서 실험 범위가 지역 전체로 확산되었다. 그리고 정책결정자는 실증 실험의 결과를 쿠디예로의 지역 개선 활동에 활용했다.

3) 산업혁신과 사회혁신이 통합된 리빙랩: 대만 리빙랩

(1) 추진 배경과 내용

대만은 한국과 유사한 동아시아 발전 국가로서 수출과 제조업 중시, 정부 주도의 ICT전략산업 육성정책 등을 통해 빠른 경제성장을 이루어왔다. 그러나 2000년대 후반 들어 정치적 불안, 내수시장 침체 등의 이유로 위기를 맞으면서 이를 극복하기 위한 새로운 돌파구가 필요하게 되었다. 이에 대만은 리빙랩을 새로운 혁신모델 및 방법론으로 도입하고 고령화, 안전, 환경, 정보격차 등의 문제 해결을 위한 ICT 활용을 강조하는 방향으로 정책패러다임을 전환시켰다.

특히 대만은 스마트 기술을 새로운 성장의 축으로 인식하고, 이를 실증하고 확산하기 위한 플랫폼이자 핵심 방법론으로 리빙랩을 도입했다. 이를 통해 시민들의 삶의 질 제고와 신산업 창출을 동시에 추구했는데, 이는 기존 대만의 산업육성정책의 성공 경험과 그 과정에서 형성된 ICT 인프라를 소프트웨어 및 서비스 개발·활용으로 이어지게 한 것이다. 또한 지역 기반의 다양한 실험 및 플랫폼 설계를 통해 지역을 새로운 기회 창출의 교두보로 활용하면서 그 과정에서 주민들의 생활 문제를 해결하는 혁신을 구현하고자 했다(Kang, 2012; Wang, 2014).

(2) 스마트기술 육성과 i236 사업 리빙랩

대만 정부는 2000년대 중반부터 스마트기술을 육성하기 위한 정책을 수립했다. 그중 i236 프로그램 수립을 통해 스마트기술과 서비스 융합을 위한 리빙랩이 도입될 수 있는 기반을 마련했다. 이 프로그램은 2009년 국가과학위원회와 경제부가 함께 만들었으며, 스마트기술을 생활 영역에 접목시

표 3-3 i236 프로그램에서 설계된 리빙랩 실험

지역	서비스 타입	사용자	서비스 단계
쑹산	스마트 의료	약 320가구	POS - 스마트 노인 홈케어 서비스
	스마트 관광	5개 서비스 모델	POB - 디지털 표지판 서비스
		약 1100명	POS - 무선 SNS
가오슝	인텔리전트 단지	약 7만 명 B2B2C 모델 구축	POB - 블루칼라 종사자 보건서비스
		이민자 약 3000명	POS - 이민자 중국어교육 서비스
이란	스마트 공공서비스	Hot Springs Mktg 캠페인	POS - 스마트 내비게이션 서비스

주: POS(Proof-of-Service, 서비스 실증), POB(Proof-of-Business, 비즈니스 실증).
자료: Wang(2014).

켜 ① 새로운 서비스 및 산업 창출과 함께, ② 시민의 생활수준 개선을 동시에 시도했다(Lee et al., 2011; Wang, 2014). 전자는 전통적인 R&D 프로세스에서 개발 이후의 단계까지 산학연 협력을 확장하여 사회서비스의 고도화를 강조한 것이며, 후자는 사용자를 개발 프로세스에 끌어들여 사회문제를 해결하고 산업 성장의 원천으로 활용한 것이다.

i236의 개발 체계는 ICT 기술과 생활의 접목을 '공간(2)-네트워크(3)-응용 분야(6)'로 나누고, 각 분야를 연계하는 구조이다. 2개 공간은 스마트 마을(smart town), 인텔리전트 파크(intelligent park)로, 여기에 플랫폼을 구축하여 스마트 기술을 실증하는 공간으로 활용한다. 3개 네트워크 기술은 센서 네트워크, 광대역 통신망, 디지털 TV로, 이들 기술은 지역·시민 등을 연결하는 수단이다. 6개 응용 분야는 보안 및 재난관리, 보건의료, 에너지, 교통, 편의 생활, 농업 및 레저로, 사용자가 생활에서 직면하는 문제이다.

리빙랩은 여기서 서비스 실증(PoS: Proof-of-Service), 비즈니스 실증(PoB:

Proof-of-Business)을 위한 실험 공간으로 작동되었다. i236 프로그램의 세부 사업으로 설치된 여섯 개 리빙랩(〈표 3-3〉 참조)을 비롯하여 대만의 주요 도시에서 리빙랩 구축과 실험이 진행 중이다. 리빙랩은 대부분 산업 클러스터 또는 일정 수준 이상의 인구·인프라가 갖춰진 주거지역 인근에 구축되어 있다. ICT 산업계의 새로운 R&D에 대한 수요, 실생활 개선에 대한 시민들의 서비스·ICT 수요를 아이디어 원천으로 활용하기 용이하기 때문이다. 이를 기반으로 설립된 대만의 리빙랩은 ICT와 다양한 사회·서비스 부문이 결합된 실험을 현실 공간에서 구현했다.

(3) 고령화 대응 쑤안롄 리빙랩

① 리빙랩 개요 및 배경

쑤안롄(Suan-Lien) 리빙랩은 과학기술·ICT를 대만의 고령화 문제에 접목시켜 노인이 필요로 하는 의료·복지 서비스를 개발하는 데 목적이 있다. 대만의 저출산·고령화는 우리나라와 마찬가지로 사회 지속성을 저해하는 심각한 문제로 파악되고 있다. 특히 빠른 고령화 속도로 인해 대만은 2017년 고령사회, 2025년 초고령 사회로 진입할 것으로 추정된다(Chen, 2012). 이는 노동집약적 산업의 경쟁력 약화와 함께 인구구조의 변화를 초래하며, 특히 급증하는 노인인구를 대상으로 하는 보건의료, 복지서비스 확충을 필요로 한다.

이러한 배경에서 iNSIGHT[4] 연구소와 쑤안롄 돌봄센터(Suan-Lien Care Center)의 합작으로 고령층을 위한 보건의료 서비스를 개발하는 쑤안롄 리빙

---

4 the Center of iNnovation and Synergy for IntelliGent Home and living Technology, 대만 국립 타이완 대학에 설립된 부설연구소로 타이완 시 소재 기업과의 연계를 통해 지역 사회(가정, 고령층 등)의 수요에 맞춘 개발 활동을 수행한다.

랩이 2009년 설립되었다. iNSIGHT는 타이완 대학 부설 생활·스마트기술 연구소로, 사용자 경험, 서비스 디자인, 혁신 주체 간 협업을 위한 새로운 혁신모델을 개발해왔다. 또한, 쑤안렌 돌봄센터는 병간호가 필요한 고령층이 입주해 있어 의료보조, 간호에 대한 니즈가 형성되어 있었다. 이 돌봄센터에서 고령층에 특화된 제품·서비스 개발을 수행하는 리빙랩을 시도함으로써, 다학제 연구·사용자 참여를 통한 서비스혁신과 보건의료·간호 등 실버산업의 발전을 이루고자 했다.

② 구조 및 사용자 참여

쑤안렌 리빙랩은 실생활 실험의 장으로 쑤안렌 돌봄센터(이하 SL 돌봄센터)를 선정했다. SL 돌봄센터는 의료서비스가 필요한 어르신의 병간호를 지원하기 위한 시설로, 쑤안렌 교회의 도움을 받아 1990년에 설립되었다. SL 돌봄센터에서는 간호, 정신건강 관리 등 입주 노인을 위한 의료서비스와 입주민 간의 의사소통, 가족 및 방문객에 대한 호텔 서비스 등을 제공한다. 이와 함께 센터 인근 공동체를 위한 학습 프로그램을 제공하는 등 지역사회에서 의료서비스 제공과 소통의 장 역할을 하고 있다.

쑤안렌 리빙랩에서는 돌봄센터 입주민을 핵심 사용자로 설정하고, 돌봄센터 구성원과 리빙랩 연구진이 협업에 참여했다. 돌봄센터 노인들은 실험 초기부터 피드백 단계에 이르기까지 연구진과 지속적으로 소통하면서 개발성과가 자신들의 니즈에 부합할 수 있도록 조정하는 역할을 맡았다. 대학, 산업계, 공공연구기관 등의 연구주체는 iNSIGHT 연구센터에 결집하여 협업을 수행했다. 이 연구센터는 사용자 조사·분석 연구와 참여 기반의 실증 테스트 등 개발 활동에서 핵심 역할을 담당하면서, 산업계와 협업시스템을 구축하고 개발 성과를 확산시키는 기반이 되었다.

③ 리빙랩에서의 개발 프로세스

쑤안롄 리빙랩에서의 개발 활동은 이해(Understanding), 규약형성(Protocol), 실행(Operation)의 단계로 진행되었다. 이 과정은 실험·실증의 범위가 확장되는 상향식의 방식으로 진행되며, 실험이 확장되면서 목표와 비전이 구체화되는 특징을 보이고 있다. 연구진과 사용자(주민)의 상호 신뢰를 리빙랩 활동의 핵심 요소로 보고 있으며, 주체 간의 친밀도를 높이기 위한 방법론을 일상생활과 개발 활동의 양 측면에서 각각 활용했다.

첫 번째 이해 단계에서는 연구진과 센터 입주민의 상호 이해를 증진하고 리빙랩의 기반을 확보한다. 사용자의 행동을 이해하고 개발 성과의 사용자 활용도를 높이기 위한 활동이 이루어진다. 파일럿 프로젝트는 고령층이 겪는 기억력 감퇴, 신체기능 저하 등에 대응하기 위한 사전연구 형태로 추진되었다. 이와 함께 연구진과 입주민 간의 만남의 장을 마련하고 주민들에게 건강 관련 강의를 제공했다. 이 단계는 돌봄센터 입주민과 친밀도를 확보하고 향후 리빙랩 실험을 진행하면서 실험에 대한 이해와 수용도를 높이는 것을 목표로 했다.

두 번째 규약형성 단계에서는 이전 단계에서 형성된 연구진-입주민 간의 유대관계를 바탕으로 리빙랩 구축에 중점을 두었다. 이 단계에서는 '제안→조사→파일럿연구'를 거치며 실험·실증이 이루어지는 표준 프로세스를 구축하게 되었다.

세 번째는 이전 과정에서의 확보된 이해와 표준 프로세스를 활용하여 실제 기술을 개발하는 과정이다. 이 과정에서의 핵심은 프로토타입의 성능과 사용자 체감 효용을 측정하는 테스트에 있다. 리빙랩에서는 제품·서비스의 실용성과 사용자 참여 시나리오의 두 측면에서 모두 테스트를 거쳤다. 이를 통해 사용자 니즈에 부합하는 기술 개발이 가능하며, 개발 제품의 활용 방안을 더욱 구체적으로 제시할 수 있다. 더 나아가 사용자 행동을 장기간 분석함으로써 극복해야 할 한계점도 함께 제시하고 있다(Kang, 2012).

3. 사례 종합 및 정책적 시사점

1) 사례 종합

이 연구에서 살펴본 세 사례는 전환실험이 이뤄지는 장(arena)으로서 리빙랩을 인식하고, 사용자의 참여를 통해 개발 프로세스의 역동성을 높이는 데 중점을 두었다. SusLab NWE 프로젝트는 '지속가능한 에너지체제'로의 전환을 목표로 삼았고, 전환의 니치이자 실험의 장인 리빙랩에서 시민사회·기업·연구기관 등 다양한 주체의 협업 활동을 전개했다(Keyson, 2014). C@R 프로그램 역시 농업·농촌 시스템전환을 위해 리빙랩 기반의 지역사회·주민 참여형 개발 활동을 추진했다(Schaffers et al., 2010; Valenzuela et al., 2012). 대만은 ICT산업의 새로운 패러다임을 모색하는 과정에서 사회적 요소와 결합한 새로운 실험을 수행하는 장으로 리빙랩을 활용했으며, 연구진과 주민 간의 커뮤니케이션을 기반으로 참여적 실험을 진행했다.

세 사례는 사용자 참여, 현실 공간에서의 실험 두 가지 차원에서 모두 비슷한 성격을 보인다. 실험 전 과정에서 사용자 참여를 유도하기 위한 다양한 방법론을 도입하고, 실증 과정에서 지역사회·주민의 체감성을 강조했다. 또 이전 리빙랩 관련 연구에서 강조된 '일회성 실험을 지양하는 노력이 이루어졌다(Schaffers et al., 2010). 사용자가 중심이 되는 새로운 개발 프로세스를 정착시키고, 이 과정이 반복되면서 축적된 경험을 활용해서 지역의 경

표 3-4 리빙랩 사례 비교

수준	SusLab NWE 보트롭(Bottrop)	C@R 프로그램 쿠디예로(Cudillero)	대만 리빙랩 쑤안롄(Suan-Lien)
배경	'지속가능한 에너지체제' 조성을 위한 다국가 프로젝트	유럽 저개발지역의 생활 개선을 위한 EU 프로그램	국가 ICT 산업의 신성장 분야 육성
리빙랩 성격	전환 프로젝트의 실험 주체 및 대상	사용자 참여형 개발의 지역사회 착근 프로세스	ICT기반 신제품·서비스 실증의 장
전환 성격	지역사회의 에너지시스템전환	ICT 결합을 통한 농어촌 지역의 생활패턴 변화	ICT 개발의 패러다임 변화
핵심 사용자	지역사회 주민, 프로젝트 관리 컨소시엄	지역의 모든 이해 관계자	리빙랩 기반 지역 주민, 산·학협력 연구개발진
사용자 지향 접근법	-시민들의 주택 개보수 참여를 위해 에너지컨설팅 서비스, 시민 참여 포럼 등의 참여수단 제공 -교육 프로그램, 로컬에너지 공급시스템 등을 통해 사용자의 인식 제고 -사용자의 행동패턴 분석, 실질적 참여 유도에 초점을 맞춰 자체 연구방법론 개발	-지역의 경제적·지리적 환경에 부합하는 개발 계획과 참여주체 설계 -사용자의 수요를 포착하기 위해 커뮤니케이션 중심의 다양한 방법론 활용 -개발프로세스에 중간 조직을 두어 사용자 중심의 정보 교환 촉진	-연구진과 사용자(센터 입주민) 간 신뢰 형성에 초점 -사용자 패턴을 일상생활과 리빙랩 활동의 두 차원에서 각각 파악하여 파일럿 프로젝트와의 연계성 제고
개발 프로세스	-지역 기반 조사→사용자 참여실험→실험확대 및 상용화 -전문가·시민 네트워크 기반의 상향식 기획	-수요 포착→핵심사용자 선별→개발시나리오작성→실증개발→사업화 단계로 프로토타입 확산 -각 단계에서 사용자(공동체)의 참여가 포함되도록 프로세스 설계	-사용자 이해→규약형성→프로세스 운영의 단계로 진행 -프로토타입의 성능과 사용자 체감 효용을 모두 측정할 수 있도록 실증 활동 진행
주요 성과	주거생활 부문의 에너지 개선에 관한 제품 개발 및 적용, 도시재생 정책 고도화	지역산업 경쟁력 개선, 생활 장애요소 해결을 위한 유무형 솔루션 보급	고령층 기억력 질환 행동치료 서비스 개발

제적·기술적·문화적 구조를 재편하는 전환실험이 전개되었다.

그러나 세 사례는 리빙랩의 성격, 사용자 특성과 접근법, 개발 프로세스 등 절차적 측면에서 차이를 보이고 있다. SusLab과 C@R는 지역에너지와 농업·농촌의 시스템전환을 위한 다국가 프로그램의 형태로 추진되었다.

SusLab은 리빙랩을 전환실험이 수행되는 지역이자 프로젝트로 인식했고, C@R는 사용자 중심의 개발 프로세스가 착근되는 지역사회로서 리빙랩의 성격이 규정되었다. 반면 대만의 리빙랩은 국가가 ICT 산업의 방향을 새로이 모색하는 과정에서 부각된 측면이 강하다.

또한, 사용자 참여를 위한 방법론과 프로세스 측면에서도 차이가 있다. 방법론적 차이는 앞에서 설명한 리빙랩 성격의 차이, 그리고 리빙랩의 규모와 연관이 있다. 먼저 SusLab의 파일럿 프로젝트가 진행되었던 보트롭 시의 경우 참여를 희망한 주민만 2만 2000명, 건축물은 1만 4500채에 이른다. 리빙랩에 참여하는 다수의 사용자가 지적·기술적 역량을 확보해야 하기 때문에 참여 기업·연구기관 간 파트너십, 관리회사는 기본적인 커뮤니케이션 외에 에너지컨설팅, 포럼, 교육, 로컬에너지시스템 등을 소비자에게 제공했다. 이를 통해 사용자는 에너지 사용 패턴에 대한 지식과 프로젝트에 관련된 내용을 학습할 수 있었다. 또한 지역 관리 기관과의 네트워크를 통한 상향식 기획, 사용자 환경 이해와 기술적 분석을 결합한 연구방법론을 통해 사회적·경제적·기술적 요소가 종합적으로 고려되었다.

C@R 프로그램의 일곱 개 대상 지역 중 하나인 쿠디예로는 어촌이라는 특수성을 고려하여 지리적·상업적 환경에 맞게 개발계획과 참여자, 개발 구조 등을 설계한 것이 특징이다. 분산된 지리적 환경과 소형 어선 중심의 어업을 고려하여 개발자들은 다양한 주체들 사이의 커뮤니케이션 활성화와 공동의 이해 형성을 핵심 요소로 파악했다. 따라서 사용자 참여 과정은 스토리텔링, 인터뷰, 워크숍 등 주체들 간의 커뮤니케이션 중심으로 구성되었으며, ICT를 통해 사용자들의 커뮤니케이션 방식을 개선하는 데 초점이 맞추어져 있다.

위의 두 사례와는 달리 대만의 쑤안롄 리빙랩은 특별한 상위 프로그램이 없이 리빙랩으로 설정된 돌봄센터 내에서 리빙랩이 진행되었다. 돌봄센터로 한정된 리빙랩은 규모가 작기 때문에 운영이 상대적으로는 쉬우나 그만큼 연구진과 주민의 강한 신뢰관계를 필요로 한다. 그렇기 때문에 개발 프로세스 초기 단계부터 사용자의 이해가 중요한 과제로 설정되었다.

2) 정책적 시사점

이 연구에서는 에너지전환, 농업·농촌 시스템전환, ICT 패러다임 전환이라는 각각의 목표를 위해 과학기술·ICT를 어떻게 연계·활용하고 있으며, 그 과정에서 사용자 중심의 혁신활동이 어떤 방식으로 진행되고 있는가를 살펴보았다. 앞선 논의를 기반으로 다음과 같은 시사점을 도출할 수 있다.

첫째, 국가 전반의 사회·기술시스템전환을 위한 전략적 니치(strategic niche)이자 구체적인 실험의 장으로 리빙랩을 고려할 필요가 있다. 리빙랩은 새로운 시스템의 맹아가 실험되고 배양될 수 있는 다양한 실험으로서 이것이 성공하면 보다 큰 실험으로 확대해나갈 수 있다. 앞서 살펴본 사례에서 주목할 점은 리빙랩 활동을 통해 관련 주체 간의 공통의 비전을 형성하고 전환에 대한 공감대를 이끌어냈다는 것이다. 그동안 한국에서는 정부 주도의 하향식으로 정책을 추진하면서 다양한 사회적 주체의 전환에 대한 비전 공유가 뒤따르지 못했다. 혁신주도형 경제, 녹색성장, 창조경제 등과 같은 시스템전환의 장기 비전을 제시했으나, 사회 주체의 참여를 통해 전환에 대한 공감 형성이 제대로 이루어지지 못했다(성지은, 2009). 리빙랩은 이런 문제점을 해결하는 데 큰 도움을 줄 수 있다.

둘째, 리빙랩은 그동안 서로 대립되거나 갈등관계에 있던 정책 요소·영역 간의 연계·통합을 이루는 수단이 될 수 있다. 리빙랩은 서로 유리되어 추진되어온 과학기술·ICT와 사회·환경·복지·노동 분야를 연계·통합할 수 있는 인터페이스 사업이다. 산업육성, 경제성장, 기술획득에 초점을 맞춰 발전해온 혁신정책을 삶의 질 향상, 복지혁신 등과 연계하는 계기를 마련할 수 있다. 특히 리빙랩은 그동안 과학기술·ICT와 연계가 약했던 사회적기업, 협동조합, 비영리조직 등 사회적 경제와의 협력을 이끌어내는 플랫폼이 될 수 있다(성지은 외, 2015a).

셋째, 기술 중심에서 사용자 및 수요 중심으로 혁신정책의 패러다임을 바꾸는 혁신모델이 될 수 있다. 기존 기술 획득 중심의 혁신활동과 정책을 넘어 수요자의 니즈와 문제 해결을 지향하는 방향으로 혁신정책의 패러다임 전환이 이루어지고 있는데, 리빙랩은 일반 시민의 창조성을 공식적인 혁신과정과 연계하는 플랫폼이 될 수 있다. 즉 리빙랩은 연구소나 대학과 같은 과학기술전문 조직을 중심으로 이루어지는 과학기반혁신(science-based innovation)과 현장이나 사용자를 중심으로 전개되는 실천기반혁신(practice-based innovation)을 통합할 수 있는 장이자 사업 모델이 될 수 있다. 사용자 입장에서 리빙랩은 일상생활에서 과학기술을 접하고 스스로 혁신활동을 수행함으로써 과학기술에 대한 이해와 활용을 키우는 계기가 될 수 있다. 연구자는 사용자 지향형 제품·서비스 개발에 초점을 둠으로써 기술의 활용·확산과 R&D 성과를 높일 수 있다. 정책적으로도 정부·민간 사이의 협력을 통해 정책의 정합성을 높이면서 정책 실패의 리스크를 줄일 수 있는 수단이 될 수 있다(성지은 외, 2015a).

넷째, 사용자 행동패턴 및 생활양식을 이해하는 체계적인 조사·연구의 계기를 마련할 수 있다. 이 장에서 살펴본 리빙랩 사례는 사업 초기부터 지역 주민 및 사용자의 참여를 강조하고 있으며, 사용자의 인식 및 행태, 생활양식에 관한 체계적인 조사·분석을 강조하고 있다. 그동안 우리나라는 추상적인 수준에서 문제를 인식·진단해왔기 때문에, 사용자 인식 및 행동 패턴에 관한 체계적인 조사·연구가 매우 부족한 상황이다. 또한 기존의 정책 기획·집행이 정부 주도에 의해 일방향적으로 진행되면서 정책 서비스를 활용하는 주체에 대한 인식이나 행동, 그리고 서비스 전달 체계에 대한 고려가 부족했다. 사용자가 직면하는 문제와 니즈를 파악하기 위한 수단이자 이들의 참여 방안을 끌어내는 방법론으로서 리빙랩을 활용할 수 있다(Daniel Kim·성지은, 2015).

다섯째, 새로운 지역혁신 모델로서 고려될 수 있다. 이 장에서 살펴본 사례 모두 지역사회 또는 주민이 겪고 있는 문제 해결에 초점을 두고 있으며, 주민의 참여를 통해 지역사회의 문제를 해결하는 지역 기반의 내생적 혁신 모델을 제시하고 있다. 지역에 위치한 사용자와 지역 내외의 관련 기관들이 참여하여 문제 해결을 시도하기 때문에 혁신활동의 성과가 그 지역에서 구현되는 효과가 있다. 이는 리빙랩이 지역사회와 밀착된 지역혁신정책의 효과적 수단이 될 수 있다는 것을 의미한다(성지은·송위진·박인용, 2014c). 중앙정부 주도의 획일적인 지역개발, 경제성장 중심의 산업혁신의 한계를 넘어 사회 주체(주민, 사용자 등) 주도형 혁신모델이자 지역·현장 기반형 혁신의 장으로서 리빙랩을 고려할 필요가 있다(성지은 외, 2016).

04

지역 기반 시스템전환

녹색 전환실험

성지은

네덜란드, 영국, 벨기에 등 많은 유럽 국가들은 기존 사회·기술시스템의 한계를 인식하고 에너지·주거·교통·식품 등 다양한 영역에서 지속가능한 사회·기술시스템으로의 전환을 시도하고 있다.

이 국가들은 공통적으로 소규모의 전환실험을 통해 성공의 가능성을 탐색하고 이를 확산시켜나가는 전략적 니치 전략을 취하고 있다. 또한 전환실험을 위한 공간이자 관리 주체로 도시·지역·마을의 역할을 강조한다(Cooke, 2009; 송위진 외, 2013b). 에너지·주거·교통 등 다양한 사회문제가 녹아 있는 실제 생활공간인 도시·지역·마을은 시스템전환실험에 적합한 공간이기 때문이다.

이 장에서는 도시·지역·마을에 기반을 둔 지속가능한 사회·기술시스템을 위한 전환실험 사례를 다룬다. 해외 사례로는 지속가능한 도시 전환을 시도한 MUSIC(Mitigation in Urban areas: Solutions for Innovative Cities) 프로젝트를, 국내 사례로는 저탄소 녹색마을과 서울시 햇빛발전 사업을 살펴본다. 각 사업의 개요, 전환실험 내용을 살펴보고 그 의의를 논의할 것이다. 이를 기반으로 정책적 함의를 도출한다.

1. 전환실험

시스템전환은 기존의 질서나 시스템을 넘어서는 근본적인 사회 변화를 내포하고 있다. 지속가능성과 같은 장기적인 비전과 사회 변화에 대한 종합적인 전망을 기반으로 이루어지는 정치적·경제적·문화적 과정이기 때문에 기존 시스템의 유지·개선과는 매우 다른 모습을 보인다(Rotmans et al., 2001; Bosch, 2010; 황혜란 외, 2012).

한편, 시스템전환은 정부를 비롯한 모든 주체가 오랜 시간 종합적인 노력을 기울여야 하는 인위적 변화의 산물이다. 전환과정은 계획하지 않은 결과를 산출하는 진화론적인 특성을 띠지만, 그 과정은 비전에 입각한 점진주의의 틀을 따른다. 비전에 입각한 전환을 유도하고 조정하는 데 정부는 중요한 행위자 중의 하나이며, 새로운 시스템 구현하기 위해 다양한 노력을 하게 된다. 정부는 전환을 위해 구체적인 기획·통제보다는 비전을 제시하고, 학습을 위한 실험의 장을 형성해야 한다(Elzen et al., 2004; Schienstock, 2004: 15~16; 성지은 외, 2012c).

전략적 니치 관리는 시스템전환의 중요한 수단이다. 전략적 니치 관리는 새로운 시스템의 맹아가 실험·배양될 수 있는 핵심 영역을 형성하고 이를 다른 분야로 확장시켜 전체 체제의 변화를 추동해나가는 거점 확대 전략을 취하고 있다. 제한된 범위에서 이루어지는 전환실험(transition experiments)과 시범 사업 등이 여기에 포함된다(Geels, 2004b; Brown et al., 2004; Loorbach & Rotmans, 2010; Bosch, 2010).

이 장에서 살펴볼 사례는 기후변화, 자원·에너지 고갈 등의 거시 환경 변화에 대응하여 지속가능한 사회·기술시스템으로의 전환을 목표로 도시·지역·마을 수준에서 이루어진 니치 수준의 전환실험[1]이다. 니치실험은 심화·확장·확대를 통해 사회에 착근되거나 주류의 관행으로 발전하면서 기존의 사회·기술시스템을 대체하게 된다.[2]

2. 외국의 전환실험: MUSIC 프로젝트

1) 전환실험의 배경과 사업의 목적

2010년 유럽에서 실시된 MUSIC(Mitigation in Urban areas: Solutions for

---

[1] 전환실험은 지속가능한 발전이나 저탄소 경제와 같은 중장기적인 목적을 위해 기존의 관행, 조직, 문화, 금융·법률 제도 등의 시스템 변화를 지향한다. 반면 전통적인 혁신 실험(정책)은 기존 제품·공정에 대한 혁신·적응·개선을 통해 문제 해결책을 찾고 새로운 시장을 개발시켜나가는 것이다. 이 경우에는 기존 관행, 조직 등의 큰 변화를 필요로 하지 않는다(Borsh, 2010; Sterrenberg et al., 2013).

[2] 니치 수준의 전환실험이 '일상적 상태'로 자리 잡기 위해서는 다음과 같은 요소가 중요하다. 첫째, 전환실험의 심화(deepening)이다. 이는 구체적 전환실험의 맥락에서 시스템혁신의 장애물이 되는 사회·기술체제의 구조적 요소들과 인식들에 관하여 학습하는 것이다. 둘째, 전환실험의 확장(broadening)이다. 이는 여러 전환실험들을 연결하고 상호 학습하여 다른 맥락에서 전환실험들을 반복하는 것이다. 셋째, 전환실험의 확대(scaling-up)이다. 이는 전환실험이 지배적인 사회·기술체제(지배적인 사고·행동·조직 방식과 하부구조)로서 뿌리 내리게 하는 것이다(Sterrenberg et al., 2013).

Innovative Cities) 프로젝트는 도시 차원에서 실시된 도시전환랩(UTL: urban transition lab) 사업이다. 이는 2020년까지 이산화탄소 배출 20% 감축이라는 EU의 목표를 달성하기 위해 도시가 그 핵심 역할을 담당해야 한다는 인식에 기반하고 있다.

MUSIC 프로젝트는 에너지 문제, 기후변화에 대응하기 위하여 이산화탄소 배출 감축, 재생 가능한 에너지 사용 확대와 효율성 증가를 통한 지속가능한 도시 구축을 목표로 한다. 목표 달성을 위한 재원은 Interreg IVB NWE 공공 프로그램에서 지원되었으며, 약 4년간 추진되었다(MUSIC, 2011).

유럽의 북서부 지역의 5개 도시와 2개의 연구기관이 파트너로 참여하고 있다. 애버딘, 몽트뢰유, 겐트, 루트비히스부르크, 로테르담 5개 도시별로 이산화탄소 배출 감축을 목표를 설정하고, 네덜란드전환연구소(DRIFT: Dutch Research Institute for Transitions, 이하 DRIFT)[3]와 헨리튜더(Henri Tudor)공공연구소가 이들의 전환실험을 지원했다.

MUSIC 프로젝트는 세 가지 유형의 혁신에 초점을 두고 진행되었다. 첫 번째는 이산화탄소 배출 감소를 위해 도시 내 이해 당사자들의 협력을 이끌어내는 혁신이다. 두 번째는 이산화탄소 배출 감축을 위한 GIS 데이터 사용에서의 혁신, 마지막으로 파일럿 프로젝트를 통해 공공건물에서의 이산화탄소 배출을 감소시키는 혁신으로 구성되었다(MUSIC, 2011).

---

3 네덜란드 전환연구소(DRIFT: Dutch Research Institute for Transitions)는 2004년 네덜란드 에라스뮈스 대학에 설립된 지속가능한 전환을 위한 연구기관이다. 전환이론을 개발하고 전환관리 방법론을 실천하여 개발해나가는 이론과 실천의 교차로에 있다. 환경 분야(예를 들어, 에너지, 물, 음식 및 교통)에서 사회경제적 변화와 지속 가능한 도시 및 지역개발 쪽으로 연구 초점이 확대되고 있다. 네덜란드를 비롯한 유럽·비유럽 국가에서 정부 등을 대상으로 사업을 조언하거나 교육을 맡고 있다.

2) 전환실험

(1) 주요 사업 내용

참여 도시들은 각 도시의 환경적 맥락을 고려하여 각자의 목표와 비전을 설정하는 지속가능한 도시 건설을 추진해나갔다. 네덜란드의 로테르담은 2025년까지 1990년의 이산화탄소 배출량 대비 50%를 감축하기로 했다. 이를 달성하기 위해 클린턴기후계획(Clinton Climate Initiative)의 일부로 로테르담기후계획(Rotterdam Climate Initiative)을 발표했다(Roorda, C. et al., 2012). 세부 사업은 공공건물 단지의 에너지 절약 사업과 녹색지붕 건설 사업 두 개로 나누어 진행되었다.

첫 번째 사업은 공공과 민간 영역의 파트너십을 통한 공공건물의 에너지 활용 효율화에 초점을 두고 진행되었다. 파일럿 테스트 지역으로 대표적인 에너지 소비 건물인 공공 수영 단지가 선정되었고, 에너지 절감 금액만큼 추가 수익을 받을 수 있도록 하여 지속적인 에너지 효율화 프로세스를 구축했다.

두 번째 사업은 재생가능한 에너지 생산용 스마트 지붕(smart roofs)의 확산을 목표로 했다. 공공건물 중심으로 설치된 스마트 지붕은 에너지 생산뿐만 아니라 장기적으로 사용 가능하기 때문에 지붕의 교체 횟수를 줄여 유지·보수 비용을 절감시켰다. 이를 통해 기존 지붕 대비 1/3로 유지 비용이 감소했다. 절약된 금액은 다른 곳에 스마트 지붕을 설치하는 데 투자되었다. 또한 스마트 지붕 설치는 정부투자자금을 회수하여 재투자하는 회전자금(revolving fund)을 바탕으로 진행되어 추가 비용을 절감할 수 있었다. 안정적인 자금조달 시스템은 스마트 지붕을 확산시키는 데 큰 도움을 주었다.

독일의 루트비히스부르크에서는 효율적인 에너지 관리에 초점을 둔 주택

구조개선 사업이 진행되었다. 파일럿 테스트 지역으로 선정된 그륀빌(Grün-bühl)과 존넨베르크(Sonnenberg)는 도시 내에서 상대적으로 실업률이 높고 주택소유자의 비율이 낮아 에너지 효율화를 위한 주택 개선 사업을 추진하는 데 어려움이 있었다. 이 문제에 대응하기 위해 새로운 커뮤니티 센터가 건립되었다. 센터는 주민들에게 에너지 절약 정보를 제공하고, 정부와 민간 단체, 시민들 사이의 교류 촉진과 협력이 이루어지는 장소가 되었다.

(2) 전환실험의 구조와 과정

다섯 개의 파트너 도시들은 각 도시의 환경적 맥락을 고려하여 지속가능한 도시 건설을 추진했다. 이 과정에서 DRIFT는 전환관리 지원을, 헨리튜더 공공연구소는 도시의 에너지 맵 구축과 에너지 데이터를 위한 정보 시스템을 지원했다(MUSIC, 2011).

MUSIC 프로젝트는 지속가능한 환경과 도시 건설을 위한 공동의 비전 형성, 정부를 비롯한 산·학·연의 협력, 도시 주민들의 참여 활성화의 틀에서 추진되었다.[4] 프로젝트는 '이산화탄소 배출 감축을 위한 장기 비전 설정 → 중·단기적 목표 설정을 위한 백캐스팅과 전환경로 설정 → 계획과 행동의 범위를 확장하기 위한 전환실험'의 단계로 진행되었다.

프로젝트 진행 과정에서 이산화탄소 배출 감축을 도시마다 달리 인식하고 있다는 사실이 확인되었다. 에너지 문제에 대응하기 위해 시작된 이산화탄소 배출 감축이 애버딘에서는 경제적 이슈로 인식되었고, 겐트에서는 생

---

4 참여 도시 간 지속가능한 비전과 전략, 행동 계획을 발전시킬 수 있도록 6개월에 한 번씩 에너지전환 컨퍼런스가 개최되었다. 2010년 11월의 첫 번째 컨퍼런스를 시작으로 2013년 11월까지 총 일곱 번의 회의가 이뤄졌으며 그 참여자들은 도시 내 공공 및 민간 부문, 시민 등 관련 당사자들로 구성되었다.

그림 4-1 MUSIC 프로젝트 참여 도시: 도시전환랩 접근을 통한 전환실험

자료: Frank N. et al.(2013).

태계 이슈로 파악된 것이다(Roorda, C. et al., 2012). 이러한 각 도시의 인식 차이는 전환과정 전반에 영향을 미쳤다.

　각 도시들은 에너지 문제와 기후변화에 대응하는 과정에서 각 지역에 맞는 전환실험을 시행했다. 에너지전환 계획과 도시 에너지 맵 제작을 그 내용으로 하고 있다. 도시 내의 특정 구역을 선정하여 파일럿 테스트를 진행했으며 테스트를 통해 구축된 에너지 정보들은 도시 에너지 맵으로 제작되어 도시 에너지전환을 위한 데이터로 축적되었다.

(3) 의의 및 평가

MUSIC 프로젝트는 글로벌 수준의 문제 해결을 위해서는 도시와 마을이라는 지역 수준에서의 전환이 필요하다는 인식을 기반으로 진행되었다. 참여 도시들은 특정 지역을 파일럿 테스트 지역으로 선정하여 전환실험을 수행했다. 또한 정책 과정에 시민들을 참여시키고 민간 부문과의 교류를 활성화하여 지속가능한 에너지시스템을 구축하고자 했다.

MUSIC 프로젝트의 의의와 시사점은 다음과 같다. 첫째, 에너지 효율화를 위한 공공 부문과 시민 영역 간의 새로운 협력 모델을 구축했다. 전환관리 과정에 지역 이해 당사자들을 참여시키고 이들에게 유인 요인을 제공함으로써 동반자적 관계를 구축했다. 이러한 과정을 통해 공공과 시민사회 영역 양자에서 에너지 효율성을 고려하는 인식이 형성되었다.

둘째, 프로젝트 진행 과정에서 소통 창구를 마련하여 기업과 주민들의 지속적인 의견 교류와 협력을 가능하게 했다. 참여 업체들 간의 협의의 장을 마련하고 주민 의견 수렴을 위한 새로운 커뮤니티 센터를 건립하여 프로젝트에 도움을 주었다.

셋째, 장기적이고 지속적인 관점에서 전환관리가 이루어질 수 있도록 했다. 로테르담에서 활용한 회전자금과 같은 안정적 자금조달 방식을 통해 에너지 절감 시스템의 확산이 이루어졌다. 루트비히스부르크에서는 커뮤니티 센터 건립을 통해 사회적·경제적으로 소외된 계층에 대한 접근성을 높여 전환 가능성을 높였다. 또한 GIS 에너지 맵은 지역 환경 정보를 제공하여 스마트 지붕의 가능성을 입증했으며 그것이 테스트 지역을 넘어 타 지역

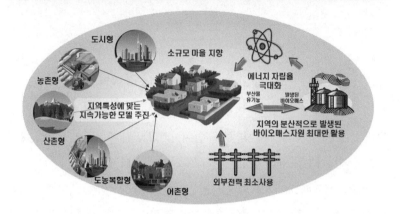

그림 4-2 저탄소 녹색마을의 지향점

자료: 한국환경공단(2010).

으로 확산되는 데 큰 도움을 주었다.

3. 우리나라의 전환실험

1) 저탄소 녹색마을

(1) 전환실험의 배경과 사업의 목적

2000년대 후반부터 전 세계에서 재생에너지를 필두로 하는 녹색경제가
등장하면서, 우리나라에서도 온실가스 감축의 원활한 이행과 새로운 에너
지 체계 구축을 목표로 '저탄소 녹색성장' 전략이 수립되었다. 2008년 10월

발표된 "녹색성장과 기후변화 대응을 위한 폐자원 및 바이오매스 에너지화 대책(안)"의 7대 추진 과제의 하나로 '저탄소 녹색마을 조성 사업'이 진행되었다. 저탄소 녹색마을 조성 사업은 마을에서 발생하는 음식물 쓰레기와 가축 분뇨, 농업 부산물 등의 폐기물을 이용하여 에너지를 생산하고 이를 마을 주민들이 활용하는 자원순환형 마을 조성을 목표로 한다.

사업은 녹색성장을 위한 에너지 자립형 지역공동체 형성을 비전으로 제시하고 있다. 재생에너지를 중심으로 웰빙 문화, 친환경 생태 교육 등 생활여건을 종합적으로 갖춘 살기 좋은 녹색마을 구현을 위해 2020년까지 마을의 에너지 자립도를 40~50% 수준까지 제고하도록 계획했다(교육과학기술부외, 2009). 해당 사업은 범부처 협력 사업으로서 농림수산식품부, 환경부, 행정안전부, 산림청 등이 공동으로 추진하며, 각 부처는 시범 사업 마을 유형별로 재원을 지원한다.

사업 초기 추진 전략은 크게 세 가지였다. 첫째, 지역공동체 형성을 통한 사업의 지속적 추진과 주민 참여를 통한 자치(self-governing) 시스템을 구축한다. 둘째, 성공모델 창출을 위한 시범 사업을 추진하여 마을 유형별 표준모델을 개발·보급한다. 셋째, 시범 사업 결과를 토대로 저탄소 녹색마을로의 확대 발전을 기본 방향으로 전국 600개 마을 조성 기반을 마련한다.

(2) 전환실험
① 주요 사업 내용
이 사업 실행을 위한 시범 사업은 네 개의 참여 부처가 주관했다. 마을 10개 조성을 목표로 했으며, 도시형(환경부), 농촌형(농식품부), 도농복합형(행안부), 산촌형(산림청) 등으로 지역 특성과 부처 성격에 따라 사업이 진행되었다. 이들 시범 마을의 사업비는 평균 50억 원 규모다.

그러나 저탄소 녹색마을 조성 사업은 사실상 실패라 할 만큼 원활하게 진행되지 못했다. 시범 마을 조성의 목표 규모를 달성하지 못함에 따라 정부는 2013년 신규 사업을 한 곳에서만 시행했으며, 사업 규모를 600개 마을에서 40개로 축소했다. 네 개 부처로 나뉘어 있던 주관 기관 역시 환경부로 일원화되었고 타 부처는 지원 및 협력으로 그 역할이 축소되었다. 다만 마을들의 다양한 특성을 고려하고 협력을 이끌어내기 위해 네 개 부처의 협조·지원 체계는 유지되고 있다.

② 전환실험의 구조와 과정

저탄소 녹색마을 조성 사업은 '세부 추진 방안 마련 → 마을 시범 사업 추진 → 전국 600개 마을 조성' 계획을 세웠다. 세부 계획들은 에너지 시설 설치와 주민 교육 강화를 통한 에너지 절약 의식 확대에 초점을 맞춰 진행했다.

저탄소 녹색마을 조성 사업은 마을 내 폐자원을 지역의 에너지 순환 고리에 연계하고 에너지를 생산함으로써 외부 에너지 의존도를 줄이려 했다. 이와 함께 낙농업·임업·생태체험단지 등 지역 산업을 관광자원으로 활용하여 지역의 경제적 활력을 증진시키는 효과를 기대했다.

사업의 특징을 구체적으로 살펴보면 다음과 같다. 첫째, 마을 주민, 지역 전문가 집단 등이 정책 결정에 적극적으로 참여할 수 있는 환경을 조성하려 했다. 정부는 시범 사업 지역 선정 과정에서 마을공동체를 검토 항목에 포함하여 주민의 단결과 화합을 통한 사업 추진을 기대했다. 시범 사업 평가지표에는 주민의 적극적인 참여, 주민공동체 구성 여부, 설명회 참여율 등이 포함되어 있다.

둘째, 마을 시스템의 성공적인 전환을 위한 새로운 에너지 기술, 주민의 생활 패턴, 마을의 환경적·경제적 측면을 종합적으로 고려하기 위해 노력했다. 주민들을 대상으로 한 에너지 절약·기후 변화 등에 대한 교육 프로그램을 진행했다. 주민들의 참여와 에너지 생활 패턴 변화를 유도함으로써 하드웨어(에너지시설)와 소프트웨어(주민 교육) 측면을 함께 고려했다.

③ 의의 및 평가

저탄소 녹색마을 조성 사업은 주민의 적극적인 참여를 토대로, 석유·핵에 의존한 에너지 생산시스템뿐만 아니라 지역경제·환경·주민생활 여건 등이 함께 개선되는 총체적인 시스템 변화를 목표로 했다. 이런 점에서 지속가능성이 높은 새로운 지역혁신 모델을 개발하기 위한 전환실험의 성격을 지닌다고 볼 수 있다. 정부는 이 과정에서 전환의 비전과 목표를 제시하고 마을 조성 자금 및 기술적·행정적 지원을 담당했다.

녹색마을 조성 사업이 계획대로 추진되지 못한 것은 시스템전환 관점에서 지역 특성, 주민 수요, 재생에너지 등 다양한 요소를 통합적으로 고려하지 못했기 때문이다. 사업의 비전과 방향은 지속가능성을 지향한 지역 기반 전환실험이라는 모습을 띠었으나 실제 운영은 과거의 방식으로 진행되었다.

그 내용을 살펴보면, 첫째, 짧은 기간 내에 정부 주도의 하향식(top-down)으로 추진되었다. 충분한 준비와 고려 없이 진행되었으며, 시범 사업 기간이 2년에 불과했다. 일부 마을은 사업을 서둘러 추진하는 과정에서 주민 의견을 취합하는 기간이 1개월에 불과한 경우도 있었다. 이렇게 정부 주도로 단기간에 진행된 사업은 시행 과정에서 주민 반발과 갈등을 불러왔으며, 그 결과 시범 사업 단계부터 수정 또는 무산 사례가 발생했다.

둘째, 시설과 물량 위주의 접근에 치우쳐 지역별 특성을 충분히 반영하지 못했다. 재생에너지 기술은 지역사회의 기후·환경·경제 여건 등 여러 조건에 따라 가동률이 좌우되는 복잡한 특성을 지닌다. 그러나 현재의 저탄소 녹색마을 사업 추진에 있어 이러한 점들이 충분히 고려되지 못했다. 즉, 여러 개의 시범 마을이 운영되고 있지만 각 지역의 경험을 종합적으로 축적하고 활용할 수 있는 기반은 취약했다(이정필, 2011).

2) 서울시 햇빛 발전

(1) 전환실험의 배경과 사업의 목적

서울시는 2012년 4월 26일 원전 하나 줄이기 종합 대책을 발표했다. 전력 대란 대비를 통한 에너지 자립 능력 제고와 후쿠시마 원전 사고 이후 안전하고 지속가능한 에너지 확보에 대한 수요 증대, 기후변화로 인한 온실가스 감축의 필요성이 이 대책의 밑바탕에 있다.

1990년대부터 재생에너지에 대한 세계적 비중 확대 추세 속에 상대적으로 열악한 한국의 현실[5]을 개선하기 위해 여섯 개 분야 78개 사업에서 에너지 생산 및 수요 감축을 위한 사업을 추진하고 있다.[6]

원전 하나 줄이기 종합 대책을 위한 10대 핵심 사업 중 하나인 햇빛도시 건설은 도시 전체가 햇빛발전소로 기능하는 것을 목표로 한다. 이를 달성하기 위해 공공과 민간 영역, 학교와 시민들의 참여를 통한 자발적이고 개방적인 전환과정을 촉진하는 계획을 세웠다. 해당 대책은 시민 햇빛발전소 설치와 전기 생산, 지역과 함께하는 나눔 발전소 건립, 25개소의 에너지 자립

---

5 2011년 기준으로 1차 에너지 대비 재생에너지 비중은 뉴질랜드 37.2%, 스웨덴 32.8%, 독일 11.3%, 미국 5.9%, 영국 4.7%이지만 한국은 2.8%로 OECD 기준 최하위를 차지했다(뉴스토마토, 2013. 10. 17).

6 에너지 수요 감축 및 생산 확대를 통해 원전 1기만큼의 에너지 소비량을 줄이고자 하는 것이다. 장기적 관점에서는 2011년도에 3% 수준이었던 전력 자급률을 2020년 20%까지 높이는 것을 목표로 삼고 있다(서울시, 2012. 04. 27).

마을 조성과 서울시 햇빛지도 제작·활용을 목표로 정했다.

(2) 전환실험

햇빛도시 조성 계획은 시민의 참여를 통한 햇빛발전소 건설과 서울 햇빛지도 제작,[7] 에너지 자립 마을 만들기로 구성되어 있다. 서울시는 지난 2012년 6월 22일 '도시 전체가 태양광 발전소인 햇빛도시 조성'의 구체적인 청사진을 발표했다. 서울 시내 공공·민간 시설에 태양광 발전 시설 설치 외에도 민간 주택에 대한 발전 시설 설치 보조금 지원과 공공시설 임대료 저감을 위한 조례 개정, 햇빛지도 제작, 각계 사회계층과 전략적 협력 체계 구축 전략을 명시하고 있다.

서울시의 햇빛발전사업은 기존의 하향식(top-down) 방식의 의사 결정 과정 한계를 넘어 상향식(bottom-up) 의사 결정 과정을 통해 시민들의 의지와 참여를 이끌어내고 있다. 장기적 관점에서의 '전력 자급률 증가'라는 목표와 함께 재생에너지로의 에너지전환을 위해 공공 부문과 민간, 시민들의 다양한 협력을 통한 전환실험을 추진하고 있는 것이다.[8]

시민 햇빛발전소 건설 사업 참여자들을 살펴보면, 크게 서울시민햇빛발전협동조합과 서울시, 서울시 교육청, 한국전력, 공공 기관으로 나누어진다. 협동조합은 시민 참여 캠페인과 시민 출자 운동 전개, 발전소 유지·관

---

7 서울 시내 건물과 주택 옥상의 태양광 시설 설치 여부를 시각화한 서울 햇빛지도는 2013년 3월부터 햇빛지도 홈페이지에서 운영되고 있다. 설치를 희망하는 지역의 투자 비용과 발전 용량, 수익성 분석 컨설팅을 제공하며, 햇빛발전소의 지속적인 확대와 홍보에 기여하고 있다.

8 에너지 자립 마을 건설을 위해서는 동작구 성대골(상도3, 4동 일대)과 금천구 시흥4동(신흥초등학교 인근 지역)등을 시범 마을로 선정하여 현재의 5% 수준까지 에너지 자립을 달성할 수 있도록 지원하고 있다. 에너지 자립 마을 추진은 최대한 아끼는 '절약실천활동', 새는 열과 에너지를 최소화하는 '에너지이용 효율화', '태양광 등 신재생에너지 생산' 총 세 단계로 마을별 특성에 맞춰 추진되고 있다. 이러한 사업들은 모두 시민 주도적 참여를 통해 진행된다는 공통점을 지닌다.

리와 같은 운영을, 서울시에서는 지원과 인허가를, 공공 기관들은 옥상 부지 임대를 제공하며, 한국전력은 구매 약정을 통해 전력을 매입한다. 이러한 명확한 역할 설정을 통해 상호 협력하는 체계가 구축되고 있다.

(3) 의의 및 평가

이 사업은 중앙 집중형 에너지시스템을 넘어 분산형·자립형 시스템으로의 전환을 시도하고 있다. 그동안 일반 시민들이 지붕이나 건물에 소규모로 설치해, 직접 에너지를 생산함으로써 에너지 차원의 풀뿌리 참여 민주주의를 구현하는 것이다. 이를 통해 에너지 생산과 소비를 가능한 가깝게 할 수 있고 종국에는 에너지로 인한 환경문제는 줄이면서 생태적 전환을 달성할 수 있다. 또한 전력 생산 과정에서의 직접적인 시민 참여 확대는 원전 확대를 막고 대형 발전소들의 입지 선정을 둘러싼 사회 갈등을 줄이는 데에 도움을 줄 수 있다. 특히 협동조합 설립을 통한 주민 참여는 공공과 기업 부문으로 한정되던 에너지 분야의 개방성을 확대하는 데 기여했다.

그러나 아래로부터 자발적으로 진행되는 햇빛발전소 사업이 성공하기 위해서는 공공과 민간, 시민단체들의 협력과 이를 유도할 수 있는 제도와 정책의 보완이 필요하다. 예를 들어 발전 시설의 지속적 유지·보수를 담당할 업체 선정 문제, 신재생에너지 공급의무화 제도(RPS)의 보완 필요성 등이 제기되고 있다. 또한 시민 햇빛발전소를 통해 생산된 전력은 한전과의 계통연계가 반드시 수반되어야 판매가 가능한데, 대부분의 햇빛발전소는 발전량이 적어 고액의 계통연계비용을 감당하지 못하고 있다. 이는 설치비 회수 및 조합원 배당, 출자원금 보전을 어렵게 하며 시민 햇빛발전소 확대에 걸림돌로 작용하고 있다.

표 4-1 사례의 요약

구분	국외	국내	
	MUSIC 프로젝트	저탄소 녹색마을	햇빛 발전
착수 시기	2010년 10월	2008년 10월	2012년 4월
주체	지방정부 + 민간 및 시민 참여	중앙정부 주도	지방정부 + 시민단체 주도
비전	에너지 문제, 기후변화에 대한 대응으로써 지속가능한 도시 구축	자원순환형 마을 조성 및 에너지 자립형 지역공동체 형성	기후변화 대응을 위한 지속가능한 신재생에너지 도시 구축
목표	2020년까지 이산화탄소 배출 20% 감축	2020년까지 마을의 에너지 자립도 40-50% 수준까지 제고	2020년까지 전력 자급률 20%까지 증가
추진 과정과 거버넌스	-도시 간 연계·협력, 지역 주체의 참여와 비전 공유를 강조 -에너지시스템과 같은 기술적 측면만이 아니라 거버넌스, 정책실험과 같은 사회적·정책적 측면을 중요하게 고려 -실험과 시범 사업을 바탕으로 시스템 전체의 변화를 이끌어가는 전략 제시	-국가 차원의 국정 의제로 진행되면서 환경부, 산림부 등 다부처 참여 -중앙정부 주도의 단기적·급진적 사업 추진 -정부 자금지원, 시범 사업 실시, 주민 교육 등 다양한 정책 수단 활용 -지역 주민들에 대한 사업 홍보와 참여 미흡	-기존의 관 주도 햇빛발전소 설치 및 관리에서 시민(조합) 중심의 설치 및 관리로 전환 -실생활에서 시작된 풀뿌리 운동 형태로, 국민들의 사고와 생활패턴 전환 강조 -시 정부 차원의 적극적인 지원
의의와 평가	-공공과 민간 간의 새로운 협력 모델 구축 -도시 간, 지역 주체 간 정보 및 의견 교류를 위한 네트워크 구축 -시스템전환의 관점에서 현장 지향적, 사용자 참여형 실험 강조	-지역별 특성 반영과 경험 축적 부족 -다양한 사회 주체의 참여와 전환에 대한 공감 부족으로 정책의 지속성 확보에 한계를 드러냄	-통합적 실천성 확보가 과제 -분산형 에너지시스템 구축, 사회적 경제 활성화에 기여 -사업 확산을 위한 제도적·정책적 측면에서의 보완 필요

4. 비교 분석과 시사점

지속가능성을 지향하는 사회·기술시스템으로의 전환을 위해 도시·지역 수준에서 다양한 시도가 이루어지고 있다. 지향 가치·비전·목표는 유사하나 실제 전환 내용 및 과정은 차이를 보이고 있다. 이는 각 국가 및 도시가 가진 제도적 특성과 사회적·경제적 맥락의 차이가 반영된 것으로 볼 수 있다. 그렇지만 국내외 사례 모두, 시스템전환이 성공하기 위해서는 위로부터의 적극적인 관심과 지원, 아래로부터의 인식 전환과 신뢰 구축, 실험·학습을 이끌어낼 수 있는 관련 주체 간의 개방적·협력적 거버넌스 구축이 중요함을 보여주고 있다.

현재 우리나라 지역에서 시도되고 있는 지속가능한 사회·기술시스템전환실험이 성공하기 위해서는 MUSIC 프로젝트에서 살펴볼 수 있듯이 충분한 사회적 공감대 형성과 함께 체계적인 전환관리가 필요하다. 이와 관련된 이슈를 정리하면 다음과 같다.

첫째, 전환의 주체이자 관리자로서 지역의 주도적 역할이다. 각 사례에서 볼 수 있듯이 이제 지역은 중앙정부의 결정 사항을 집행하는 단위가 아닌 지역 특성을 고려한 내생적인 발전을 기획·추진하는 주체로 거듭나고 있다. 중앙정부에서 지방정부로의 실질적인 권한 이양과 함께 지방정부의 자체적인 정책 설계 및 학습이 강조되고 있는 것이다. 저탄소 녹색마을 사업에서 볼 수 있듯이 지역의 특성과 주민의 수요를 고려하지 않은 중앙정부 주도의 하향식 사업은 실효성뿐만 아니라 시스템전환을 위한 장기적인 동력을 확보할 수가 없다. 이제 우리나라도 다양한 관점을 지닌 사회 및 혁신 주체들이 지역 전환을 위한 공통의 비전·전략을 형성하는 탐색·기획 공동체에 적극적으로 참여할 필요가 있다. 이와 함께 중앙과 지역을 연결할 수 있는 중간 조직의 역할을 강화해서, 정부 주도의 변화 움직임과 시민 주도의 다양한 풀뿌리 움직임을 통합하는 것이 필요하다.

둘째, 전환에 대한 합의 및 공감대 형성이다. 전환이 성공하기 위해서는 이에 대한 정당성 확보와 함께 사회 주체 간의 공감대 형성이 뒤따라야 한다. 정부와 국민의 인식 전환과 함께 사회적 합의와 공감대를 이끌어내지 못하면 이를 추진하기 위한 동력을 확보하기가 어렵다. 앞서 살펴본 MUSIC 프로젝트의 경우 지역 이해 당사자들을 참여시키고 적절한 인센티브를 제공함으로써 동반자적 관계를 구축했다는 점에 주목할 필요가 있다. 네덜란드 등 주요 선진국들은 지속가능한 사회·기술시스템으로의 전환을 시도하면서 이해 당사자들 간의 토론과 합의를 통해 주요 정책 방향과 과제를 결정했다. 정권 차원의 정책에 그치지 않기 위해서는 다양한 이해 관계자들이 참여하는 공통의 비전 형성과 참여 주체 간의 신뢰·협력 구축이 무엇보다 중요하다.

셋째, 거시적인 정책 의제 변화를 뛰어넘어 일하는 방식을 포함한 규제, 제도 등 규범적·문화적·인지적 체계까지 함께 변화될 때 시스템전환으로 이어질 수 있다. 현재 국내에서도 많은 지역들이 창조도시, 지속가능한 도시를 표방하며 다양한 변화를 시도하고 있으나 여전히 기존의 지역개발정책 틀에서 벗어나지 못하고 있다. 지속가능성을 지향하는 지역정책은 기존 정책과는 차별되는 방향성과 전략, 기획 방식, 추진 체계, 성과 관리를 요구한다. 이를 위해서는 무엇보다도 현재 지역 사회 문제에 대한 정확한 인식과 체계적인 조사가 필요하다. 현장 조사·분석을 강화하여 지역 주민의 삶의 질이나 복지와 관련된 사회적 수요를 파악하고, 이와 관련된 정책 의제를 발굴해나가야 한다. 이와 함께 지속가능성 등 전환의 가치가 지역정책 및 사업에 실제로 반영될 수 있도록 정책 기획·추진뿐만 아니라 일하는 방식 및 평가 체계까지도 변화가 필요하다.

넷째, 전환을 위한 비전 창출자이자 조정자로서 국가 차원에서의 노력이 강조된다. 지역 수준에서 다양한 전환실험이 시도되고 있지만 전환의 장기 비전·목표를 설정하여 이에 대한 합의를 형성하거나, 법제도 및 국민의 인식 틀을 개선하는 작업은 여전히 중앙정부의 핵심 과제이다. 나아가 중앙-지방정부 공동의 비전 형성 및 범부처적 실천 과제들의 통합적 기획을 시도함으로써 정책 간의 수직적·수평적·시간적 정합성을 확보하려는 노력이 필요하다. 정부 차원에서 첨예한 정치적·경제적 이해갈등을 조정하고, 위로부터의 변화 의지와 아래로부터의 다양한 변화 움직임을 장기적으로 일관성 있게 묶어내려는 노력이 필요하다.

05

에너지전환에서 공동체에너지와
에너지 시티즌십의 함의
영국의 사례

이정필·한재각

　기후변화와 석유 정점과 같은 에너지 위기로 인해 국제사회와 주요 국가들은 화석연료의 사용 감축(탄소 감축)과 재생에너지 이용 확대를 중심으로 하는 정책들을 추진하고 있다. 또한 거의 10년 간격으로 발생한, 미국의 쓰리마일, 구소련의 체르노빌, 일본의 후쿠시마 핵 사고로 인해서, 핵에너지의 이용을 줄이려는 노력도 여러 나라로 확산되고 있다. 이러한 '에너지전환'을 위한 노력들은 거의 40년 전에 제시된 '연성에너지경로(soft energy path)'(Lovins, 1976)를 추구하는 것이라 할 수 있다. 로빈스의 에너지전환 개념은 경성에너지인 화석연료와 핵 발전으로부터 연성에너지인 재생에너지로의 '에너지원'만의 전환만이 아니라, 이와 연결되고 따로 분리될 수 없는 정치적·경제적·사회적 요소들도 동시에 변화하고 재배열되는 사회·기술시스템의 전환이라는 점은 이미 1980년대 초반부터 인식되고 있었다(Morrison

& Lodwick, 1981). 최근 들어 이러한 에너지전환의 시스템적 성격을 적극적으로 포착하고 이론화하는 데 있어, 사회·기술시스템의 변화 동학과 관련 정책을 분석·연구하는 '전환연구(transition studies)'가 주목받고 있다(Geels, 2005; Loorbach, 2007; 송위진, 2009; STRN, 2010). 국내에서 에너지전환에 관한 많은 연구들이 진행되어왔지만(이필렬, 1991; 김종달, 2004; 존 번외, 2004; 윤순진, 2002; 이유진, 2008, 2010; 김현우 외, 2011), 몇몇 예외(송위진, 2009; 성지은·조예진, 2013)를 빼면, 전환연구의 관점을 도입하여 사회·기술시스템의 변화라는 측면에서 에너지전환의 동학을 적극적으로 분석하려는 시도는 아직은 드문 실정이다.

이 글은 전환연구의 관점에서 에너지전환을 논의하는 것이 유용하다는 전제에서 출발한다. 특히 전환연구 접근에서 중요하게 다루는 '전략적 니치' 개념이 에너지전환의 동학을 이해하는 이론적 틀로 적극적으로 활용될 수 있다고 제안한다. 이를 위해서 우리는 유럽, 특히 영국에서 최근에 활발히 논의되고 있는 '공동체에너지(community energy)', '에너지협동조합(energy co-operative)' 그리고 '에너지 시티즌십(energy citizenship)'에 집중할 것이다. 2000년대 들어 영국에서 저탄소 에너지전환 논의와 실천이 정부 및 시민사회 내에서 적극적으로 이루어지고 있고, 그런 흐름 속에서 이상의 개념과 실천들에 대한 이론적·실천적 논의가 활발해지고 있다(Hielscher, 2011; Alcock & Bird, 2013).[1] 영국 사례를 선택한 것은 국내 상황을 고려한 것이기도 한데, 한국과의 비교 가능성이 높기 때문이다. 모범적인 사례로 흔히 소개되는 독일이나 북유럽보다 에너지전환과 공동체에너지의 발전 수준이 우리와 비슷하

---

1 그러나 영국이 공동체에너지 등의 논의와 실천에 있어서 가장 앞선 국가라는 것을 의미하지는 않는다. 덴마크, 독일, 오스트리아에 비해 공동체에너지에 대한 관심이 더디게 나타났고, 정치적·경제적·사회적·문화적 장벽으로 아직까지 충분히 활성화되지 못하고 있다는 비판적인 평가도 존재한다(Walker, 2008; Nolden, 2013).

다고 볼 수 있다. 최근 국내에서도 에너지협동조합에 대한 관심이 뜨겁지만, 에너지전환이라는 큰 틀에서 에너지협동조합이 어떤 의미가 있고 어떤 역할을 수행하는지는 차분한 분석이 부족하다. 이런 점에서 영국의 에너지협동조합과 에너지 시티즌십에 대한 개념적 접근은 국내 에너지전환에 생산적인 시사점을 제공할 것으로 기대할 수 있다.

1. 전환연구, 공동체에너지, 에너지 시티즌십

1) 전환연구

전환연구는 시스템전환의 동학을 강조한다. 특히 니치의 형성·확장을 통해 기존 사회·기술레짐을 대체해나간다는 점진적, 진화적, 전략적 접근을 따른다.[2] 따라서 새로운 사회·기술시스템으로 향하는 니치의 영역을 확장해가기 위해 '전략적 니치 관리'가 중요하며, 시스템전환의 중요한 실천적 수단으로 고려된다. 전략적 니치 관리는 ① 새로운 사회·기술시스템에 대한 정당성 확보(비전과 기대 관리), ② 주체 및 네트워크 형성(거버넌스 형성), ③ 사회·기술시스템에 대한 학습(전환실험)이라는 일련의 활동으로 이뤄진다. 이 세 활동이 선순환하게 되면 새로운 사회·기술시스템으로 발전할 가능성이 있는데, ① 니치가 다른 지역으로 이전되어 복제되고, ② 니치가 양적으로 확대되고 스케일이 커지며, ③ 니치와 레짐 간의 상호작용으로 서로가

---

2 혁신 활동은 이 글이 다루는 '공동체에너지'와 같이 아래로부터의 실천에서 시작할 수도 있고, 2004년부터 네덜란드 정부가 참여적 거버넌스를 통해 추진한 '에너지전환'의 경우처럼 위로부터의 실험으로 나타나기도 한다.

수용·변형하는 번역 과정을 거쳐 기존 사회·기술시스템이 재구성될 때 시스템전환을 기대할 수 있다(송위진, 2013: 8~10; 성지은·조예진, 2013: 29; Seyfang & Smith, 2007).[3]

전환연구는 전략적 니치 관리를 강조하기 때문에 '지역'과 '공동체'에 대해서 깊은 관심을 가지고 있다. 즉, 에너지, 주거, 교통, 환경 등 다양한 사회문제가 발생하는 생활공간인 지역(도시, 시골, 마을)을 시스템전환실험을 위한 적합한 공간으로 인식하면서, 지역을 새로운 경로 창출을 위한 탐색의 장이자 정책 실험의 장으로 강조한다(성지은·조예진, 2013: 29; 송위진 외, 2013b).

지역에서 시민사회를 중심으로 전개되는 동학에 집중한 사회·기술시스템전환을 풀뿌리 혁신(grassroot innovation) 혹은 공동체 기반 혁신(community-based innovation)으로 묘사하며, 이런 혁신들이 시장 기반 혁신과 달리 사회적 경제와 사회운동적인 맥락에서 이루어진다는 점을 강조한다(Seyfang & Smith, 2007). 일부 연구자들은 풀뿌리 혁신은 지역 특수적이지만 다른 곳에서 폭넓게 적용 가능하고, 지역에 적합한 혁신이지만 그 결과가 공정하려면 사회적 약자의 권리를 적극적으로 고려해야 하며, 특정 문제 해결 방식이지만 사회의 구조적 변화를 추구해야 한다는 방향성을 제시하고 있다(Smith et al., 2014).

2) 공동체에너지

에너지시스템을 지속가능한 방향으로 전환하려면 중앙집중적인 에너지

---

3 한편 니치의 복제와 확대에는 일정한 사회적인 보편성이 필요하지만, 지역적 맥락의 다양성과 복잡성에 주목해 어떤 단일한 성공적인 접근을 강조하기보다는 새롭고 다양한 종류의 실험을 기획하고 실천해야 한다(Hargreaves et al., 2013). 다른 한편 전략적 니치 관리에도 불구하고, 기존 사회·기술시스템의 경로의존적 관성과 경직성 때문에 니치가 확대되지 못하거나 소멸하게 되는 경우도 많다(송위진, 2013: 10).

시스템을 지역분산형으로 변화시켜야 한다는 주장은 오래전부터 제기되어 왔다(Lovins, 1976; 이필렬, 1999; 로빈스 외, 2001; 세어, 2012). 이런 논의와 실천 과정에서 '지역에너지' 개념이 등장했으며, 한국의 에너지전환에 관한 논의 속에서도 자주 활용되고 있다(이유진, 2008, 2010; 이상헌 외, 2014). 일반적으로 논의되는 지역에너지는 지역에서 에너지 절약과 효율 향상을 기반으로 에너지정책을 수립하고, 직접 재생 가능한 에너지원을 이용하여 에너지를 생산하고 에너지 자립도를 높이는 것을 말한다(에너지기후정책연구소, 2012: 2~3). 지역에너지론자들에 의하면, 에너지의 생산과 소비가 같은 공간에서 이뤄짐으로써 중앙집중식 에너지시스템에서 발생하는 환경적, 사회적 외부효과를 최소화할 수 있으며, 지역사회의 에너지 문제가 지역 주민의 참여를 통해 결정됨으로써 에너지 의사 결정의 민주성을 높이고 지역 주민의 에너지에 대한 통제력을 높일 수 있다. 또한 경제적으로도 에너지의 생산 활동에 지역 주민이 고용되고 직접 생산자가 되기 때문에, 에너지의 생산에 투입된 비용과 그 편익이 지역사회 안에서 순환되어 장기적으로는 지역경제도 활성화시킬 수 있다.

여기서 집중적으로 살펴보고자 하는 공동체에너지는 지역에너지와 유사한 점이 있다. 공동체에너지 역시 지역에너지의 의미와 유사하게 환경적 효과뿐만 아니라 경제적 편익, 나아가 공동체 정신 회복이라는 사회적 효과까지 목표로 하는 지속가능한 에너지시스템을 지향한다. 계획에서 실행과 관리에 이르기까지 지역공동체 성원들이 참여하는 새로운 에너지시스템 구축 모델은 지역에서 활용할 수 있는 자원에 기반하고, 에너지 설비 등은 지역에서 소유하는 지향을 가지고 있다는 것이다(박진희, 2009: 161~162).[4] 그렇다

---

4 이외에도 분산형 에너지(distributed energy), 공동체 기반 에너지(community based energy), 공

면 굳이 공동체에너지를 지역에너지와 구분할 필요가 있을까? '지역'이라는 물리적 공간에서의 에너지 생산과 소비의 분산성에 상대적으로 초점을 맞추는 지역에너지 개념보다, 공동체에 의한 재생에너지 시설의 소유와 통제 그리고 에너지전환실험 과정에서의 새로운 주체/정체성의 형성을 적극적으로 포착하는 공동체에너지 개념이 유용할 수 있다. 이 점과 관련하여 워커와 드바인-라이트(Walker & Devine-Wright, 2008)가 제시하는 공동체에너지의 두 가지 차원을 살펴보자.

〈그림 5-1〉에서 '과정'의 차원은 재생에너지 개발 과정이 얼마나 개방적이며 주민 참여가 어떻게 이루어지는가에 관심을 두며, '결과'의 차원은 그 개발의 성과(이익)를 누가 어디에서 향유하는지에 대해서 관심을 가진다. 이를 고려했을 경우, 공동체에너지는 개발 과정이 개방적이고 참여적이며 개발의 이익이 지역 주민들에게 집합적으로 귀속되는 경우로 정의할 수 있다[그림의 우상(右上) 분면]. 즉, 지역공동체가 기획·추진·소유·운영에 적극적으로 참여해 그 성과를 전력 소비와 판매의 방식으로 지역 주민들이 집단적으로 향유하는 재생에너지 프로젝트를 생각해볼 수 있다. 이는 왼쪽 아래 면에 위치한, 주민이 배제된 채 대형 전력회사에 의해서 시행되어 다른 지역에 필요한 전력을 공급하는 대규모 재생에너지 프로젝트와 대비된다. 그러나 이상적인 공동체에너지 영역[즉, 우상(右上) 분면]에서도 공동체에너지에 대한 다양한 정의가 가능하다. 즉, 에너지협동조합, 사회적 기업, 공공 부문과의 파트너십/지역에너지공기업 등 다양한 법적·소유의 형태가 이론적으로 가능하고 또한 경험적으로 확인된다. A유형은 공동체 구성원의 참여, 소유

동체 재생가능에너지(community renewable energy), 공동체 소유 에너지(community owned energy)로 불리기도 하는데, 뉘앙스의 차이는 있지만 모두 연성에너지시스템을 지향하는 것으로, 지방적 스케일과 시민 참여의 공간으로서의 지역과 공동체에 주목하는 것이 공통적이다.

그림 5-1 공동체에너지의 두 가지 차원

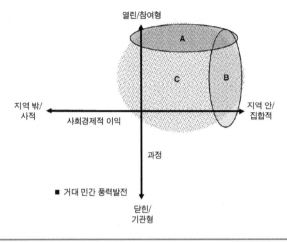

열린/참여형

A

C   B

지역 밖/   지역 안/
사적   사회경제적 이익   집합적

과정

■ 거대 민간 풍력발전

닫힌/
기관형

자료: Walker & Devine-Wright(2008: 498).

그리고 역량 형성이 강조되는데 에너지협동조합의 형태가 대표적이다. B 유형은 지방정부의 역할이 강조되는 것으로, 재생에너지 확대, 경제적 효과 등 성과와 그 배분에 초점을 맞춘다. 그리고 C유형은 공동체에너지의 다양성과 유연성을 강조해 보다 실용적이고 포괄적인 입장을 대변한다.[5]

---

5 영국에서는 다양한 행위자들 사이에 공동체에너지에 대한 이해와 판단이 다양하다. 구체적으로는 조직 구조, 법적 형태, 재정 구조, 파트너십과 네트워킹 활동, 자원 기반, 소유 형태, 발전 모델, 사업 계획, 공동체 구성원의 역할 등에서 인식의 차이를 보인다. 이런 점에서 영국에서 공동체에너지는 전반적으로 실용적, 전략적, 규범적인 의미에서 이해되고 있다. 그럼에도 공동체 개입의 정도, 지리적 범위, 소유 구조와 공동체의 편익의 형태에 대한 논의가 핵심 쟁점을 형성한다(Hielscher, 2011: 3~14).

3) 에너지 시티즌십

앞서 살펴본 것처럼, 공동체에너지는 에너지전환실험에서의 공동체의 참여, 소유, 이익의 향유를 강조하는데, 여기서 공동체 그리고 시민의 정체성/주체성의 차원이 주목받게 된다. 예를 들어, 영국 정부 및 일부 시민사회 진영에서 에너지전환과정에서의 시민의 행동 변화에 관심을 둔 실천이 전개되고 있다. 영국 하원 무역산업위원회는 공동체에너지를 통해 시민들에게 '에너지 소비자'에서 '에너지 생산자'로 변화할 것을 요구하고 있다(House of Commons Trade and Industry Committee, 2007). 그러나 시민들의 의식과 행동 변화를 요청하는 주장들은 대개 개인주의적, 행태주의적 관점에 기대고 있다는 비판을 받기도 한다. 한 개인이 자신의 행동을 완전히 통제할 수 있다고 가정하지만, 실제로는 제한적인 행동 변화만을 인정할 뿐이라는 지적이다. 실제 개인의 행동은 개인의 자율적 선택이라기보다는 사회·기술시스템 내의 상호작용에 의해 틀 지어진다(Hielscher, 2011: 38~39). 이런 비판은 에너지전환실험에 참여하는 공동체/시민들의 정체성이 변화해야 하지만, 그것이 어떻게 이루어지고 또 이루어져야 하는 것인지에 관한 질문을 제기한다. 이와 관련하여 전환연구의 연구자들은 사회·기술시스템의 발전 경로가 행위적·인지적 규범과 담론적 실천에 의해 영향을 받는다는 점을 지적한다(Seyfang & Smith, 2007: 588). 이런 점들을 고려해보면, 에너지와 관련된 시민성(citizenship)은 에너지전환 그리고 전략적 니치로서의 공동체에너지에 관한 논의에서 중요한 쟁점이 될 것이다. 몇 가지 예외(박진희, 2013; 홍덕화·이영희, 2014)를 제외하면, 아직까지 국내에서는 에너지전환에 관한 연구에서 에너지 시티즌십(energy citizenship)[6]에 관한 논의는 부족한 편이다.

에너지 시티즌십은 생태 시티즌십(ecological citizenship)과 과학기술 시티즌십(scientific technological citizenship)과 밀접한 관계를 갖는다(홍덕화·이영희, 2014). 먼저 생태 시티즌십은 생태적으로 건전하고 민주적인 새로운 유형의 시민성이며 반생태이거나 환경관리적 시티즌십의 한계를 극복하는 생태민주주의를 지향한다(박순열, 2010). 과학기술 시티즌십은 과학기술사회 혹은 위험사회를 배경으로 과학기술의 지식과 정보 공개와 접근, 관련 정책에 대한 시민의 참여와 통제를 의미하는 과학기술민주주의를 지향하는 시민성이다(이영희, 2011; 김환석, 2006; 최희경, 2013). 이러한 시민성들은 개념적으로 각각 생태운동과 과학기술민주화·적정기술운동의 역사적 흐름 속에서 정립되어 왔다. 공동체에너지와 에너지 시티즌십 역시 생태운동과 과학기술민주화 운동 등과 연계되어서 발전되어왔고, 생태/과학기술 시티즌십의 지향과 원칙을 공유하고 있다. 나아가 현재의 제한적인 민주주의를 에너지 영역으로 심화·확장하면서 에너지전환이라는 시대적 과제에 부합하는 새로운 시민성을 지향한다. 독일의 에너지 시티즌십을 분석한 박진희(2013)는 재생가능에너지 계획과 프로젝트에 대한 시민 참여가 기획, 결정, 운영, 재정 측면에서 강화될수록 사회적 수용성이 높아지고, 에너지전환에 효과적이라고 분석한다. 특히, 최근에 이루어진 함부르크와 베를린의 '재공영화/재지역화'(지역에너지공사)를 통한 지방자치단체의 에너지전환 운동과 주민투표 사례를 부각시키고 있다. 그 과정에서 적극적이고 능동적인 에너지 시티즌십이 형성되고 있다는 것이다.

그렇다면 에너지 시티즌십의 구체적인 모습은 무엇일까? 드바인-라이트 (Devine-Wright, 2007)는 로빈스의 경성/에너지경로라는 개념으로 에너지시스

---

6 시티즌십은 통상 시민권으로 번역하지만, 박순열(2010: 117)의 지적처럼, 권리에 국한되지 않고 보다 풍부한 의미를 갖는 시민성으로 사용하는 것이 바람직하다. 이 글에서는 시티즌십과 시민성을 맥락에 따라 혼용하되 같은 의미로 사용한다.

표 5-1 에너지시스템의 사회적 재현과 에너지시민

구분	경성에너지시스템	연성에너지시스템
기술	집중형, 대규모, 자동적, 연결하고 잊어버림(plug in and forget), 경성에너지, 기술적 접근	지역분산형, 소규모, 사용자 참여, 연성에너지, 사회적·기술적 접근
환경	탄화수소 기술 사용 지속(예: 청정석탄, 탄소포집저장), 신규 핵 발전 지지	재생가능에너지 사용, 폐기물 소각과 탄화수소와 같은 약한 녹색 에너지 자원 회피, 신규 핵 발전 반대
거버넌스	하향식 제도, 사기업 주도, 배제적 대의민주주의, 전문가 지식 중요	지방/지역의 제도적 역할을 보장하는 상향식 제도, 지역사회 협동조합과 민간협력 체계, 포괄적 참여민주주의, 시민지식 중요
인간 (에너지시민)	결핍 상태의 소비자, 무지하고 게으르고 수동적인 존재, 개인으로 고립되어 있고 자기 이해와 개인 효용을 극대화하고 이기적인 가치를 추구, 타율적 성향	적극적인 소비자·시민, 의식 있고 동기를 갖고 적극적인 참여적 존재, 사회에 속해 있고 생물권 등의 가치를 중시하는 이타적 성향

자료: Devine-Wright(2007: 79), 글의 의도에 맞게 일부 용어 수정.

템을 각기 재현하는 과정 속에서 대중들이 어떻게 가정되고 있는지를 분석하면서, 에너지 시티즌십을 논의하고 있다(〈표 5-1〉 참조). 그에 따르면, 중앙집중형 경성에너지시스템은 대중을 단말기에서 전기 스위치를 누르는 것을 제외하고는 시스템으로부터 격리된 수동적인 소비자로 표상하고 그에 맞는 역할을 부여한다. 반면 지역 분산형 연성에너지시스템은 대중을 에너지와 기후변화와 관련한 영역에서 능동적, 사회개혁적 행동의 필요성을 자각하고 그에 적합한 역량을 발휘하는 시민으로 재현하는데, 이런 시민들에게 과거와 다른 새로운 에너지 시티즌십을 요구한다. 그러한 에너지 시티즌십이 사회적으로 형성·발휘된다면, 시민들은 능동적으로 에너지 효율화/절약 행동에 나서며 심지어 재생에너지 생산에도 참여하고, 공론의 장에서 에너지 전환 정책을 지지하게 된다는 것이다(환경비용을 반영하는 에너지 가격 인상까지도

감내하게 된다). 이런 시티즌십은 궁극적으로 공동체에 대한 사회적·집합적 정체성을 강화하는 데도 기여한다. 이렇게 에너지 시티즌십의 개념을 활용하면, 에너지 소비자라는 정체성으로는 포착할 수 없는 에너지와 대중의 다양하고 역동적인 관계를 파악할 수 있다.

4) 요약과 토론

공동체에너지는 에너지전환실험에서 전략적 니치의 의미를 가지고 있다. 또한 공동체에너지 개념을 통해 기존의 시민 참여 프레임 속에 큰 관심을 받지 못했던 지역 차원의 에너지시스템의 공공적·사회적 소유와 운영에 대해 문제를 제기할 수 있으며, 이는 공동체에너지가 규제(국가)냐 경쟁(시장)이냐 하는 전통적인 이분법을 넘어설 수 있는 유의미한 토론거리를 제공할 것이라 생각한다. 드바인-라이트(Devine-Wright, 2007: 73)는 지역적으로 관리되는 공동체 소유 발전소는 중앙집중형 에너지시스템에서는 충분히 충족되지 않는 에너지 사용자들의 효능감과 만족감을 촉진하는 것뿐만 아니라 에너지시스템을 사회화하는 잠재력을 갖는다고 전망한다.[7] 하지만 그는 공동체에너지/에너지협동조합의 성장과 그를 통한 에너지 시티즌십에 대한 경험과 기대에도 불구하고, 대중의 능동적 역할이 고양되어 능동적인 에너지 시티즌십이 자동적으로 심화·확산될 것이라고 기대할 수 없다는 점도 지적하고 있다(Devine-Wright, 2007: 80).[8] 또한 지역공동체의 구성원이 단일한

---

7 그러나 현재 영국의 공동체에너지 논의가 자동적으로 '에너지시스템의 사회화'를 가지고 오지 못할 것이며, 사회 정의와 형평성에 대한 고려가 부족하기 때문에 더욱 비중 있게 다뤄야 한다는 비판도 제기된다(Alcock & Bird, 2013).

8 실제 주민들을 조사한 결과(Rogers et al., 2008)에 따르면, 공동체에너지에 참여한 주민들은 공동

정체성만을 가지는 것이 아니며, 지역은 독립된 물리적 장소만이 아니라 다른 층위의 스케일 – 지구적, 국가적, 지역 간 – 이 중첩되어 있는 다층적 공간이라는 점에서,[9] 공동체에너지가 너무 단순히 이해되어서도 안 될 것이다.

2. 영국 에너지시스템과 공동체에너지 전략

1) 영국 에너지시스템의 동학

영국의 에너지시스템의 현황을 전환연구의 다층적 관점으로 분석해보자. 영국에서 1949년 전력 부문이 국영화된 이후, 1950~1980년에는 – 그 중간에 비록 석유파동을 겪긴 했지만 – 복지국가를 지탱하는 석탄과 핵 발전 중심의 경성에너지시스템이 안정적으로 재생산되었다. 1970년대에 연성에너지경로를 주장한 대안기술(alternative technology) 운동[10]이 전개되었지만, 당시 확고히 자리 잡은 에너지시스템을 바꾸기에는 역부족이었고, 보수 정부의 무관심과 경계로 인해 제한적인 활동만 가능했다(Smith, 2005). 1980~1990년에

체와 환경을 위해 해당 프로젝트를 지지하지만, 실제 능동적 참여는 낮은 수준이고 주민들은 스스로 리더보다 의뢰인(consultees)으로 규정한다는 경향이 나타나기도 한다.

9 전환연구의 '다층적 관점'은 지리학자들에 의해서 개발된 '다중 스케일(multi-scalar)적 접근'과 유사성을 가지며, 이후 이 접근을 체계적으로 분석하면서 에너지전환에 대해서 논의해볼 필요가 있다. 공간과 사회의 내적 연관성을 주장하고 다중 스케일(multi-scalar)적 접근과 사회공간론적 관점에 대해서는 박배균(2012)을, '밀양 송전탑 갈등'을 분석한 연구로는 엄은희(2012)를 참고할 수 있다.

10 대안기술센터(Centre for Alternative Technology, 1973년 설립)와 도시대안기술센터(Urban Centre for Alternative Technology, 1980년 설립, 현재 Centre for Sustainable Energy)로 대표된다. 에너지 이외에도 생태주택, 유기농, 소규모 협동조합 분야를 개척했고, 노동 진영과도 연결되었다.

는 대처주의와 지구적 신자유주의 맥락에서 예비 용량 급증, 에너지 가격 인상 등을 배경으로 국영 전력시스템의 비효율성에 대한 비판의 수위가 높아졌다. 1989년 전기법 개정으로 전력산업 구조 개편이 어느 나라보다 빨리 광범위하게 진행되었는데, 그 결과 1990년대 기존 국영 시스템이 사유화와 자유화의 물결에서 발전과 송배전 부문이 완전 분리되어 민간 기업에 매각되었다(임성진, 2000: 281). 또한 석탄산업의 구조조정은 북해 천연가스 생산으로 가능했던 석탄에서 가스로의 에너지전환과 함께 이뤄졌다.

1990년 중후반부터 에너지시스템에 영향을 미치는 새로운 변수들이 국내외에서 나타났다. 지속가능한 발전으로 상징되는 '리우 회의'의 여파로 '녹색 공론장(green public sphere)'도 활성화되고, 이를 통해 경제유인적 정책 수단으로 기후변화 대응을 유도하는 '(약한)생태적 근대화' 담론(Mol, 1997: Mol & Sonnefeld, 2000)이 부상하면서 영국에서 에너지시스템에 변화의 조짐이 생겨나기 시작했다(윤순진, 2007). 특히 2000년대에 들어서 기후변화에 대한 반응으로 등장한 온실가스 감축과 경제 위기 극복까지 포괄하는 '저탄소 경제'라는 국가 비전이 영국의 에너지시스템에 상당한 변화를 가져오고 있다. 이는 2008년에 기후변화법 제정으로 나타났고, 2009년에는 지속가능한 저탄소 에너지시스템을 추구한다는 영국 에너지기후변화부(Department of Energy & Climate Change)의 저탄소 전환계획(Low Carbon Transition Plan)이 발표되었다. 이 과정에서 정부는 에너지정책에서 시민과 공동체 참여에 대해 관심을 보여주었는데, 공동체에너지 개념으로 경제 재생, 사회 통합, 재생에너지에 대한 대중 이해와 지지에 새롭게 의미를 부여했다(Walker, 2008: 4401). 한편 이 국면에서는 탈신자유주의적 담론이 나타나기 시작했는데, 2008년 경제 위기 이후에는 에너지의 '시장 실패'를 교정할 국가와 지방정부의 역할이 재강조되기 시작했다. 여전히 전력 공급의 경쟁 기조를 유지하는 시장

표 5-2 영국 에너지시스템과 공동체에너지전환의 변화

시기	거시 환경	에너지시스템	니치(공동체에너지)
1950~1980	냉전, 복지국가, 석유파동	국영 시스템 석탄, 핵에너지 중심	대안기술운동 전개
1980~1990	신자유주의 세계화, 보수당의 대처주의, 체르노빌 사고	석탄산업 구조조정, 천연가스로 전환	대안기술운동 정체
1990~2000	탈냉전, 노동당의 제3의 길/지역개발·재생, 기후변화, 글로컬라이제이션	(약한) 생태적 근대화, 에너지시스템 민영화	공동체에너지 부흥, 에너지협동조합 탄생
2000~현재	세계적 경제 위기, 에너지/기후변화 위기, 후쿠시마 사고, 보수연정의 큰 사회론	저탄소 경제 전환, 공동체에너지 일부 제도화	공동체에너지 담론·정책 활성화 초기 단계

논리가 강력하지만, 지방정부의 공적 서비스 제공의 의무가 강조되었던 것이다(Wollmann, 2013: 16~17).

다른 한편 그동안 정체를 겪었던 대안기술운동은 1990년대 중후반부터 다시 활기를 띠었다. 풀뿌리 혁신 운동은 과거 실험들을 '역사적 니치'로 계승해 에너지, 농업, 주택, 자원 순환, 상하수도 영역의 지식과 정보의 공유와 사회적 학습에서 지역공동체를 향한 사회 참여적인 혁신 과정을 추구했다(Smith et al., 2014). 특히 1996년 에너지협동조합 운동의 시작, 그리고 2005년 전환마을(Transition Town)의 출현은 영국의 공동체에너지를 활성화하는 중요한 계기로 작용했다.[11] 이런 전환점을 맞은 2000년대에는 시민사회에서 더욱 활발하게 지역공동체에너지 운동이 벌어졌는데, 재생가능에너지

---

11 2005년 석유생산정점(peak oil)과 기후변화에 대응하는 지역 회복 운동으로 시작해 전 세계로 확산된 '전환마을' 운동은 풀뿌리 혁신 니치의 사례로 이해된다(Seyfang & Haxeltine, 2012). 에너지협동조합은 3절에서 자세히 다룬다.

직접 생산과 공급, 에너지 효율, 캠페인과 교육 등을 통해 시민 참여와 에너지 대안을 찾으려 시도함으로써 풀뿌리 혁신 니치로서의 가능성을 보여줬다(Seyfang et al., 2013). 이런 공동체에너지 실험들은 2000년대 들어선 노동당 정부의 지역개발, 재생에 대한 관심이라는 거시 환경을 배경으로 하고 있었다. 이상 영국 에너지시스템의 전환과정을 역사적으로 정리하면 〈표 5-2〉와 같다.

2) 영국 정부의 공동체에너지 제도와 전략

영국 정부는 이러한 에너지 거버넌스의 변화 속에서 2000년대에 에너지시스템에 공동체에너지를 부분적으로 수용하기 시작했다. 2003년 『저탄소경제 창출하기(Creating a Low Carbon Economy)』라는 제목의 에너지 백서는 재생에너지 입지를 둘러싼 갈등과 재생에너지 프로젝트 수용성 차원에서 공동체, 시민 참여, 분산형 발전의 필요성을 인정했다. 이후 여러 정책문서와 법률을 통해 중앙집중형 시스템을 보완하는 지역분산형 에너지의 가능성이 강조되고 있다(Walker, 2007; Hielscher, 2011: 42~45). 특히 2009년의 '저탄소 전환계획'은 독일의 예를 들며 '시민들에 의한 시민들을 위한' 공동체에너지가 지역사회의 재생에너지 프로젝트의 지지와 참여를 이끌었다고 소개한다(HMG, 2009b: 64). 이런 흐름에서 2000년대에 공동체에너지 행동(Community Action for Energy), 공동체 재생에너지 이니셔티브(Community Renewables Initiative), 공동체에너지(Community Energy)와 같은 정부의 정책적·재정적 지원을 받는 프로그램이 시작되었고, 재생에너지정책수립과 프로젝트 추진 과정에서 의견 수렴 등의 방식으로 시민 참여가 제도화되었다(Walker & Devine-Wright, 2008: 497; 박진희, 2013: 163). 또한 영국 정부는 발전차액지원제도를 유럽에서 공동체에너지가 확대하는 데 성공한 긍정적인 정책 수단으로 인정하고 도입했다(HMG, 2009a: 43). 나아가 2012년 영국의 새로운 국가계획정책은 계획 기관들이 재생 가능 에너지와 저탄소 에너지에 대한 공동체 주도의 계획(community-led initiatives)을 지원할 것을 요구했다(DCLG, 2012: 22).

이와 같은 영국의 에너지전환 계획과 정책의 맥락에서 최근 정부가 세운 '공동체에너지 전략(A Community Energy Strategy)'을 살펴보기로 하자. 에너지 기후변화부는 에너지협동조합을 포함하여 여러 이해 관계자들의 의견을 수렴하는 과정을 거쳐서, 2014년 1월에 '공동체에너지 전략' 문서를 발표했다 (이하 DECC, 2014 참조). 이 전략 문서는 에너지 생산, 에너지 이용의 절감, 에너지 구매, 에너지 수요 관리의 네 개 분야에 공통적으로 적용되는 파트너십의 강화, 역량 확충, 그리고 영향 평가의 필요성을 강조하는 한편, 개별적인 분야에 고유한 문제에 대해 세부적인 정책도 제시하고 있다. 예를 들어 파트너십 강화의 경우, 상업적인 풍력발전 개발자들이 인근 공동체들에게 프로젝트에 일정 지분을 가지고 참여하도록 하는 방안(Community benefit register)을 제안한다. 그리고 영국 에너지기후변화부에 공동체에너지단(Community Energy Unit)을 설치하여 공동체와 지자체들과 함께 공동체에너지 프로젝트를 지원할 계획을 제시하고 있다. 또한 지역개발 계획(Neighbourhood planning)이 공동체에너지 프로젝트가 성장할 수 있는 기회를 제공하도록 공동체및지방정부부(DCLG)와 협력하여 지원 프로그램을 마련할 것이라고 밝히고 있다. 한편 전력 생산의 차원에서는 투자 접근성의 확대, 생산된 전기 판매 보장, 소비자에게 직접 공급할 권한 부여, 전력산업과 관련된 규제와 계획의 조정 그리고 전력망 접근의 장애물 완화를 핵심적인 과제로 제시하고 있다. 또한 공동체 프로젝트에 대한 발전차액제도 지원을 강화하기 위해서 대상 규모를 최대 5MW에서 10MW로 확대할 것을 검토 중이며, 규제기관 및 공동체들이 참여하는 작업반을 만들어 공동체 프로젝트의 계획, 허가, 전력망 연결 등의 과정에서 직면하는 장애물을 검토하겠다고 밝혔다.

이런 정책들은 그간의 정책 비판을 얼마간 수용한 것으로 평가할 수 있다. 예를 들어, 영국에서 공동체에너지가 활성화되지 못하는 이유 중 하나가 정부의 재정 지원 등이 대규모 재생에너지에 집중된 탓이라는 비판이 있었는데(Walker, 2008), 정부의 전략 문서에는 소규모의 공동체 재생에너지 프로젝트에 대한 지원책이 강조되고 있기 때문이다. 이러한 부분은 에너지협동조합 진영의 정책적 요구와도 상당히 근접해 있는 것으로 볼 수 있다.

3) 요약과 토론

이상의 내용을 종합하면, 현재 영국 정부의 '지속가능한 에너지' 정책의 중심축은 (약한) 생태적 근대화 담론에 의해서 주조되고 있으며, 여러 행위자들이 참여하는 담론의 장에서 공동체에너지가 정립되고 있다고 요약할 수 있다(Alcock & Bird, 2013). 특히 정부와 시민사회 사이에서 공동체에너지에 대한 관심으로 수렴되고 있는 현상에 주목할 필요가 있다. 정책결정자들이 점차 기존의 중앙집중적인 에너지정책에 상향식 풀뿌리 혁신을 기반으로 하는 공동체에너지를 연결시키고 있기 때문이다. 워커 등(Walker et al., 2007: 74)에 의하면, 풀뿌리 혁신 활동가들과 정책 결정자들이 동일한 가치, 의미와 동기를 공유하지는 않지만, 서로 다른 견해 차이는 에너지정책에서 '공동체' 스토리 라인이라는 일련의 내러티브로 합쳐지기 시작했다. 이런 스토리 라인을 통해 공동체에너지를 다양하고, 유연하게 해석하면서, 동시에 그것과 관련된 주장, 정책, 실천에 대한 전략적 이해가 서서히 수렴되는 '담론적 공간(discursive space)'을 만들어내고 있다는 것이다. 이렇게 공동체에너지는 지배적인 경성에너지시스템과 제도적·비제도적 상호작용을 통해 니치로서의 가능성을 조금씩 인정받고 있는 것이다.

3. 영국 에너지협동조합의 현황, 전략과 사례

1) 에너지협동조합의 현황과 전략적 니치로서의 역할

유럽에서 에너지협동조합은 급속도록 확대·발전되고 있는 것으로 파악된다. 벨기에의 사회적 경제·기업 전문 연구기관(EMES European Research Network)의 추산에 의하면, 유럽 전역에 1500~2000개의 재생에너지협동조합(REScoop)이 존재한다(한재각, 2014: 12).[12] 유럽 전체에 비해서 영국의 에너지협동조합의 비중이 낮은 편이지만, 1990년대 중반에 처음 설립된 이래 꾸준히 증가하고 있다. 최근 영국의 협동조합 진영은 여러 지역·환경단체들과 함께 '공동체에너지동맹'을 결성했다. 이들은 공동체에너지를 "확립된 법적 구조를 통해서 지역공동체가 소유하고(혹은 소유되거나) 구체적으로 지역의 경제적·사회적 이익을 얻을 수 있는 사업"(the Co-operative Group and Co-operatives UK, 2012: 8)으로 정의하고 있다. 동맹에 의하면, 2012년 4월 기준, 발전차액지원제도의 지원을 받는 403개의 공동체에너지가 있다. 비록 수는 적지만 에너지협동조합은 공동체에너지에서 중심적인 부분으로 이해되고 있는데, 동맹은 공동체와 협동조합을 동급으로 취급하면서 공동체에

---

12 영국을 비롯한 에너지협동조합에 대한 소개와 해외 사례는 모심과살림연구소·에너지기후정책연구소(2013: 111~192) 참조. 유럽 에너지협동조합의 일반 현황과 REScoop 20-20-20 프로젝트의 내용에 대해서는 Rijpens et al.(2013) 참조.

너지를 구성하는 데서 협동조합의 역할을 중시하는 인식을 드러낸다. 현재 에너지협동조합은 31개가 존재하며, 20.8MW 용량의 설비를 완전히 소유하고 있고, 1.22GW 용량의 설비에 대해서는 부분적으로 소유하고 있다. 영국 협동조합들의 의뢰로 진행된 최근의 연구(Daniel, 2011: 3~4)는 영국의 공동체에너지의 잠재량을 대략 3.5GW이라고 제시하면서 3~4기의 화력발전소 설비 용량과 맞먹는 규모로 평가한다.

영국에서 에너지협동조합은 스웨덴의 풍력협동조합을 '복제'하려는 목적으로 1996년 컴브리아 지역에 설립된 베이윈드에너지(Baywind Energy)로부터 시작됐다. 이듬해에 풍력발전소가 가동되면서 영국 공동체에너지 운동에 새로운 전기가 마련되었다. 영국의 에너지협동조합은 지역 주민들이 자신들의 필요에 의해서 스스로를 조직하여 소규모 재생에너지 설비를 설치하고 에너지를 생산하는 '지역시민집단(Local group of citizens)' 모형으로 출발했으나, 전국적·지역적 차원으로 연계된 협동조합인 '지방적-전국적 재생에너지협동조합(Regional-national RESCoop)' 모델이나 에너지·생산·공급 배분·판매를 모두 포괄하는 '통합형 재생에너지협동조합(Fully integrated RESCoop)' 모델로는 발전하지 못했다.[13] 다만 2002년 베이윈드에너지협동조합은 영국 전역을 대상으로 풍력협동조합 설립 및 풍력발전 설치를 지원·자문하는 에너지포올(Energy4All)을 세웠으며, 이들은 풍력협동조합을 전파·복제하는 네트워킹의 역할을 수행하고 있다. 이들의 활동이 성공한다면, '지방적-전국적 재생에너지협동조합' 모델로 나아갈 수 있을 것이다. 이를

---

[13] 에너지협동조합의 비즈니스 모델과 그 '생애주기'에 대한 설명에 대해서는 Rijpens et al.(2013: 16~17)을 참조할 수 있다. 이들에 의하면, 시간이 지남에 따라서 에너지협동조합은 '지역시민집단(Local group of citizens)' 모형 → '지방적-전국적 재생에너지협동조합(Regional-national RESCoop)' → '통합형 재생에너지협동조합(Fully integrated RESCoop)' 모델로 발전하는 '생애주기'를 갖는다.

전환연구의 관점에서 평가한다면, 에너지전환실험에서 전략적 니치가 복제·확대되는 과정이라고 할 수 있다.

한편 공동체에너지동맹은 2012년에 '공동체에너지 혁명을 위한 선언: 공동체에너지 동맹의 노력(Manifesto for a community energy revolution: Part of the work of the Community Energy Coalition, 이하 '선언')'이라는 문서를 발표했다(the Co-operative Group and Co-operatives UK, 2012). 이 선언은 앞서 소개한 영국 에너지기후변화부의 '공동체에너지전략'에 영향을 미치기 위해서 준비된 것으로, 이 선언 자체가 지역공동체와 시민들이 에너지정책에 능동적으로 개입을 시도했다는 점에서 에너지 시티즌십의 집합적인 형태라고 이해할 수 있다. 이들은 정부가 공동체/협동조합 에너지를 위한 포괄적이고 통합적인 지원책을 도입하지 않고 있고, 대부분의 정책과 규제가 대규모 상업적 발전사업자에게 적합하게 설계되어 있기 때문에 공동체/협동조합 에너지의 토대가 취약하다고 주장하고 있다. 즉, 에너지협동조합은 정부 규정 적용 여부 및 변화,[14] 계통연계의 복잡한 행정 절차,[15] 프로젝트 초기 단계의 재정 접근성 부족[16] 등의 장애물에 직면해 있다. 이런 상황 인식에서 이들은 크

---

14 오베스코는 2011년 4월에 당해 8월부터 50kW 이상에는 태양광 발전차액지원 비율이 낮아진다는 정책 변화 소식을 접하고 서둘러 사업을 추진했다. 2011년 7월에 전력 생산을 시작했고, 가스전력시장국(Ofgem)의 등록과 조사의 세 번째 단계까지 마쳤음에도 불구하고, 8개월이 지날 때까지 발전차액지원제도에 따른 수입금을 받지 못했다(The Co-operative Group and Co-operatives UK. 2012: 13). 카디건과 인근 마을은 2010년에 에너지기후변화부의 보조사업(Low Carbon Communities Challenge)에 선정되어서 지원금을 받아 담당자 고용 등에 사용이 가능했다. 그러나 2010년 총선 이후 정부 정책의 변화로 지원금과 기간이 줄어들게 되었다(Willis & Willis, 2012: 15).

15 리버베인 수력은 발전소로부터 100미터 떨어진 전력망까지 계통을 연결하려고 다섯 기관(전력망 운영사, 하청업체, 전력계량업체, 에너지 공급사, 가스전력시장국)을 상대해야 했다(The Co-operative Group and Co-operatives UK. 2012: 13).

16 공공 기관의 재정 보조 및 지원은 장기 프로젝트보다 단기 프로젝트에 맞춰져 있다. 밸리윈드의

게 다음과 같이 세 가지의 요구 사항을 제시하고 있는데, 그중 몇 가지 쟁점에 대해 검토해보자.

첫째, '리더십' 부분에서는 공동체/협동조합 에너지의 잠재력 인정, '공동체 이익(community benefit)'이라는 개념으로부터 '공동체 소유(Community ownership)' 개념으로의 인식 전환, 에너지기후변화부 내 공동체에너지 전문 부서 신설이 주된 내용이다. 둘째, '경로 제시' 부분에는 정부의 계획 명료화, 정책적·재정적·행정적·금융적 지원 체계 수립 및 강화, 공동체에너지 네트워크 지원이 포함된다. 셋째, '혁신 지원'은 공동체에너지와 지자체와의 협력 모델 개발과 공동체와 협력하는 상업적 에너지 개발자에 대한 인센티브 제공 등의 내용으로 구성되어 있다. 여기서 눈여겨볼 점은 '공동체 소유'에 대한 강조와 정부 지원을 요청하기 위해서 '큰 사회'론에 호소하고 있다는 점이다. 우선, 이들은 지역공동체에 공유되는 '공동체 이익'이라는 것이 개발로 생성된 이익의 극히 일부일 뿐이라고 비판하면서, 공동체가 재생에너지개발 사업을 통제해야 하고 공동체에 그 이익을 최대한 잔류시켜야 한다고 주장한다. 이를 위해서 '공동체 소유' 개념을 강조하는데, 소유권의 부분적 보유라도 '공동체 이익' 개념보다 더 큰 통제를 보장해준다고 생각한다. 예를 들어 지역공동체의 통제권을 벗어나 개발되는 대규모 에너지 프로젝트를 적절히 대처할 수 있다고 주장한다. 다음으로, 협동조합 진영은 '큰 사회'론에 기반을 둔 '사회투자시장(Big Society Capital)'의 적극적인 지원을 요청하고 하면서 '큰 사회'론을 전략적으로 활용하고 있다.[17] 그런데 '큰 사회'론

경우 4~5년이 걸리는데 정부의 보조는 대개 1~2년 단위로 끝난다. 한편 협동조합은행(The Co-operative Bank)은 통상 1백만 파운드 이상의 재생가능에너지 프로젝트에 융자를 하기 때문에, 소규모 프로젝트에는 불리하다. 최근 협동조합/공동체 금융(Co-operative and Community Finance)은 프로젝트에 1~15만 파운드를 제공하고 있다(Willis & Willis, 2012: 34, 38).

자들은 사회투자시장을 형성해 정부의 공공 업무의 상당 부분을 시민사회와 사회적 경제에 위탁하고자 하는데(유범상, 2012; Coote, 2010), 사회의 공공성을 훼손한다는 논란도 제기될 수 있다. 그렇다면 이는 에너지전환의 전략적 니치가 공공성을 둘러싼 논란 속에 놓일 수 있다는 것을 의미한다. 그런 논란들이 에너지전환실험에 어떤 영향을 미칠지 관심을 기울일 필요가 있다. 즉, 협동조합 진영이 스스로 밝힌 "시민 참여를 더욱 확대해 더 강화된 시민사회"(the Co-operative Group and Co-operatives UK. 2012, 2012: 7)라는 비전과 보수 정부가 내세우는 '큰 사회'론이 일치하는 것인지 혹은 경합하는 것인지, 그런 경합이 있다면 공동체에너지가 전략적 니치로서 어떻게 발전하게 될지는 흥미로운 관찰이 될 것이다.

2) 에너지협동조합의 사례 연구

전략적 니치인 동시에 에너지 시티즌십의 '배양실'이자 발현체로서의 에너지협동조합의 현황과 잠재력을 파악하기 위해 협동조합 진영이 작성한 '영국 협동조합 재생에너지 가이드'(Willis & Willis, 2012)에 소개된 다음 다섯 사례 ─ 오베스코(OVESCO: Ouse Valley Energy Service Company Limited), 케어(CARE: Cwm Arian Renewable Energy), 리버베인 수력(River Bain Hydro), 밸리윈드(Valley Wind Co-operative), 젠(GEN: Green Energy Nayland) ─ 를 검토해보자. 영국의 에너지시스템전환 측면에서 볼 때, 이들 에너지협동조합들은 전략적 니치가 형성되는 초기 단계에 진입했다고 평가할 수 있다. 소개하는 사례가 성공적으로

---

17 영국 에너지협동조합의 사례를 연구한 윌리스와 윌리스(Willis & Willis, 2012: 10) 역시 정부의 '큰 사회'론과 에너지기후변화부의 정책이 더욱 밀착되어야 할 필요성을 강조하고 있다.

진행되고 있거나 현재 추진 중에 있는 사례에 국한되어 있다는 점에서 지나치게 낙관적인 인상을 줄 수 있다. 하지만 영국에서 저탄소 에너지전환경로에 대한 사회적 논의와 실천이 점차 확산되고 있는 추세를 반영해 전략적 니치로서의 에너지협동조합과 그 공간에서 전개되는 에너지 시티즌십의 의미를 적극적으로 해석하고자 한다. 이들 사례에 대해 일반적인 내용을 정리하면 다음 〈표 5-3〉과 같다.

이들 에너지협동조합의 사례를 전략적 니치 활동의 세 가지 측면―비전, 기대와 주체, 네트워크 형성과 사회적 학습―에서 살펴보고, 관련된 에너지 시티즌십의 양태에 대해서 논의해보기로 하자(이하 Willis & Willis, 2012). 첫째, 모든 사례에서 지역사회의 공동체적 전통과 의식이 공동체 소유의 재생에너지에 대한 비전과 기대를 형성할 수 있는 기본적인 토양을 제공했다. 여기에 전환마을(오베스크, 젠) 사례 등에서 보여주듯이, 기후변화, 석유정점 등 에너지전환에 관한 이슈에 관심이 지역공동체 내에서 확산되었다. 이러한 지역공동체와 에너지전환에 대한 관심은 공동체에너지에 대한 비전과 기대를 형성하는 데 기여했다. 밸리윈드 사례가 이런 측면을 잘 보여준다. 2002년경, 기업산업규제개혁부가 마스덴 지역에서 필요한 개발사업의 수요를 조사했다. 이 과정에서 지역 주민들이 공동체에 필요한 사업을 논의했는데, 그중 하나로 풍력발전 사업이 제시되었다. 이후 정부의 지원이 없는 상황에서도, 지역 주민들은 공동체 풍력발전에 대한 아이디어를 발전시켜나갔다(Willis & Willis, 2012: 30).

둘째, 초기 형성된 공동체에너지에 대한 비전과 기대에 힘입어 주체의 형성과 공동체 내외부의 네트워킹이 형성될 수 있었다. 케어의 사례를 보면, 협동조합의 전통이 강한 지역에서는 지역 주민들이 공동체에너지 활동에 필요한 조직적 형태로 에너지협동조합을 자연스럽게 연결시키는 모습을 발

표 5-3 영국 에너지협동조합의 사례 요약

	오베스코	케어	리버베인 수력	젠	밸리윈드
상태	2007년 준비, 성장	2004년 준비~	2007년 준비, 성장	2011년 준비, 성장	2007년 준비~
위치	이스트서섹스 루이스	웨스트웨일즈 카디건	노스요크셔 베인브리지	서퍽 네이렌드	웨스트요크셔 마스덴
형태	IPS	IPS	IPS	IPS	IPS(협동조합)
에너지	태양광 98kW	풍력 2.4MW(2기) 목표	소수력 45kW	태양광 15kW	풍력 6MW(3기) 목표
조합	250명	500명 목표 (지역 외 개방)	194명 (지역 외 개방)	34명	250명(현재)
소요 /출자	약 £30만 약 £30만	£200만 £50만(목표)	£45만 £20만	약 £4만 약 £4만	£1000만 £600만(목표)
판매	Good Energy	-	Good Energy	British Gas	-
네트 워크	전환마을 루이스, h2ope, 지자체, 은행	Cwm Arian/ Community Action Plan, Dulas, 중앙정부와 지방정부, 협동조합은행	Carnegie UK, Yorkshire Dales River Trust, h2ope, 은행	전환마을 네이랜드, 학교, 지자체	이산화탄소Sense, Energy4All, Friends of Valley Wind, 은행
미래	태양광, 풍력	-	소수력, 태양광	태양광	-

자료: Willis & Willis(2012)에서 요약 및 재구성.

견할 수 있다. 또한 앞서 언급한 밸리윈드의 사례도 주목할 만하다. 풍력 6MW를 목표로 하는 밸리윈드의 핵심 주체들은 협동조합 형태를 선택했는데, 외부의 에너지 개발 사업자보다 풍력발전에 대한 지역 주민의 수용성을 제고하는 데 유리할 것으로 판단했기 때문이다. 한편 다양한 외부 네트워크와 맺은 우호적 관계를 통해 공동체 내부의 기술적·재정적 자원의 한계를 극복할 수 있었다. 예를 들어 에너지협동조합을 지원하는 사회적 기업

h2ope와 에너지포올이 오베스코와 밸리윈드의 해당 지역에 적합한 재생에너지 기술의 종류와 규모를 선택하는 데 조언을 제공했다. 오베스코의 사례에서 지역 주민들은 애초 소수력을 염두에 뒀으나, 입지 조사 결과와 기술적 판단에 따라 위험 부담이 적고 수용성이 높은 태양광을 선택하는 데 도움을 받았다. 밸리윈드도 풍력 설비가 20MW까지 가능한 부지임에도 무리하게 사업을 확장하지 않도록 조언을 받았다. 이처럼 에너지협동조합은 재생에너지 프로젝트의 기술적·재정적 내용에 대해 자문을 제공하는 외부 조직과 긴밀한 협력 관계를 맺고 있었다. 또한 지방의회, 지역정부, 은행 등의 행정적·재정적 자원을 동원하기 위해 공동체 핵심 주체와 외부 네트워크의 적극적인 역할이 긍정적인 성과를 낳았다.

셋째, 이렇게 모든 사례에서 프로젝트 기획, 결정, 운영, 재정 측면에서 공동체 구성원의 개방적 참여와 사회적 학습이 이루어졌다. 에너지협동조합의 초기 결성자들은 지역 주민들에게 재생에너지의 필요성과 가능성에 대해 캠페인을 펼쳤으며, 협동조합 결성 이후에는 조합원들에게 교육을 제공했다. 또한 프로젝트를 구체적으로 기획하는 과정에서 협동조합의 운영 원리에 따라서 조합원들의 참여를 보장했다. 나아가 조합 참여 여부와 상관없이 공동체 주민에게 재생에너지 프로젝트를 설명하고 동의를 구하는 과정도 진행되었다. 그 결과 모든 사례에서 프로젝트 실행 가능성에 대한 의문을 제기하는 경우를 제외하고는 반대가 나타나지 않았다. 이런 과정을 통해서 에너지협동조합에 대한 기대와 비전이 더욱 심화되었으며, 에너지 시티즌십도 발전·확산되었다. 전력 생산 중인 세 지역(오베스코, 리버베인 수력, 젠)에서 에너지협동조합의 성공적인 경험에 기초하여 기존 조합원들의 재투자 의향이 높았으며, 신규 조합원 참여도 늘고 있다. 또한 보다 적극적인 에너지 시티즌십도 발현되었다. 협동조합 수익 3~4%만 조합원에게 배당하고 나머지는 에너지 생산과 효율에 재투자하고 에너지 빈곤 가구를 지원하고 있다. 나아가 케어는 저소득층 가구가 협동조합에 가입할 수 있도록 신용조합(credit union)과의 연계를 발전시키고 있다(The Co-operative Group and Co-operatives UK. 2012: 10).[18]

3) 요약과 토론

영국 에너지협동조합이 에너지전환의 전략적 니치인 공동체에너지의 유력한 모델 중에 하나로서 이제 '복제' 및 '확대'의 초기 단계에 들어가 있다고 판단된다. 그러나 에너지협동조합이 영국의 에너지시스템 전체의 전환을 이끌어낼 수 있을지는 현재로서는 장담하기는 이르다. 다만 에너지협동조합은 지역 내외부의 교류를 통해 다양한 방식으로 영감, 지식, 정보를 공유하려는 시도가 꾸준히 일어나고 있다. 공동체에너지동맹과 에너지포올 등 같은 중개 조직의 활동도 조금씩 활발해지고 있다. 이런 활동이 성공한다면 규모가 확대되면서 지역 전체에서 대안적인 에너지시스템으로 전환할 수 있는 기회가 더욱 커질 것이다. 또한 정부 공식 정책문서에 에너지협동조합 진영의 요구들이 반영되고 있다는 점에서, 공동체/협동조합 에너지에 대한 '수렴'과 '번역'의 과정에도 주목할 필요가 있다. 한편 이 글은 전략적 니치로서의 공동체에너지 혹은 에너지협동조합의 성장에서 새로운 에너지 시티즌십의 중요성을 강조하고 있다. 영국의 에너지협동조합은 새롭고 능동적

---

18 그러나 윌리스·윌리스(Willis & Willis, 2012: 29)의 지적처럼, 다른 분야의 협동조합의 활동보다 재정적·기술적 복잡성이 크기 때문에, 유급이든 무급이든 실무 담당자를 채용하면 프로젝트 추진력 면에서 좋으나 공동체 구성원 참여도가 낮아지고, 해당 프로젝트의 공동체적 성격이 저하되는 문제도 발생할 수 있다. 이는 에너지협동조합이 적극적인 에너지 시티즌십을 출현시킬 것이라는 기대를 꼭 낙관할 수만은 없다는 점을 보여준다.

인 에너지 시티즌십을 형성하는 데 필요한 정보와 교육을 제공하며, 지역 주민의 일상적인 경험으로부터 공동체에너지에 관한 신뢰할 만한 해석을 제시하는 역할을 했다. 또한 에너지협동조합은 지역 주민들이 평등하게 참여하여 그 지역에서의 에너지의 생산과 소비 방식에 대해서 성찰하고 보다 지속가능하고 지역공동체에게 친화적으로 변화될 수 있을지 토론하는 사회적 학습의 기회를 제공했다. 따라서 영국의 에너지협동조합은 새로운 에너지 시티즌십이 형성되는 '구성적 공간'이자, 에너지 시티즌십이 발현되는 '창조적 공간'으로 볼 수 있다.

4. 한국의 시사점

국내 에너지전환의 연구와 실천은 전환연구가 주목하는 전환의 동학에 대해서 상대적으로 소홀했다. 따라서 한국 에너지전환의 연구와 실천의 동학을 전환연구의 이론 틀을 통해서 본격적으로 분석해야 할 필요가 있다. 그동안 에너지전환에서 '지역'에 관한 주요한 관심은 지역에너지라는 개념을 통해서 포착되어왔는데, 이것은 전환연구에서 제시하는 전략적 니치로서 이해할 수 있다. 그러나 지역에너지가 지역 소재의 재생에너지원의 이용과 지역 공간에서의 에너지 생산과 소비의 자립이라는 측면이 상대적으로 강조되는 반면, 공동체에너지가 포착하고 있는 재생에너지 개발 과정의 통제권과 이익의 공유, 나아가 집단적 소유에 대한 관심은 부족한 편이다. 따라서 한국에서의 에너지전환의 이론과 실천에서 전략적 니치를 포착·분석하는 개념으로서 '공동체에너지'라는 개념을 활용할 필요가 있다. 또 그 유력한 형태인 에너지협동조합에 대해서 주목할 필요가 있다. 국내에서도 지역에너지전환에 대한 관심이 고조되는 가운데 에너지협동조합의 붐이 일고 있다. 2012년 협동조합기본법 발효 이후, 전국적으로 80여 개(2015년 기준)의 에너지협동조합이 결성되었고 그중 일부는 태양광 발전 설비를 설치하면서 본격적인 사업 활동에 들어섰다(성지은·조예진, 2013: 전국시민햇빛발전협동조합연합회 준비위원회, 2014). 에너지협동조합의 성장은 지역 주민들의 재생가능에너지 프로젝트에 대한 참여, 관리, 그리고 소유에 관한 질문들을 새롭게 던지면서, 공동체에너지와 에너지전환에 대해 적극적인 관심을 불러일으킬 수 있다.

그러나 에너지협동조합의 출현에도 불구하고, 한국의 에너지협동조합의 현황에 대한 기초적인 연구 자체도 부족한 상황이다. 나아가 에너지전환에서 어떤 역할을 하게 될지 체계적으로 분석하고 전망하는 노력은 거의 이루어지고 있지 못하다. 이는 향후 연구를 통해서 시급히 채워져야 할 빈 공간이다. 한편 에너지협동조합이 에너지 시티즌십의 형성과 긴밀히 연결되어 있다는 점도 주목받지 못하고 있다. 기존 에너지시스템에서는 시민들이 의사 결정 과정에서 배제된 '수동적 소비자'이거나 재생에너지 프로젝트에 대한 '반대자' 혹은 '수동적인 수혜자'로 간주된다. 그러나 에너지전환을 위해서는 에너지 효율이 높은 제품을 사용하고 에너지 절약에 적극적이며 재생에너지 생산에도 참여하는 '능동적인 소비자·생산자'뿐만 아니라, 사회적 공론장에서 능동적으로 토론하고 의사 결정에 적극적으로 참여하는 '에너지 시티즌십'이 요구된다. 이제 에너지전환의 논의는 전환의 주체를 새롭게 구성하는 과정에 주목해야 하고, 더 나아가 에너지 시티즌십의 규범적 논의를 구체적인 분석과 실천의 영역으로 옮겨가야 한다.

System Transition: Theory and Practice

06

네덜란드의 전환정책

정병걸

　네덜란드는 튤립과 풍차, 렘브란트와 반다이크 그리고 고흐의 나라다. 하지만 최근에는 축구로 우리에게 더 잘 알려져 있다. 뛰어난 기술의 네덜란드 선수들과 히딩크로 잘 알려졌지만 축구에서 네덜란드가 중요한 이유는 축구 경기의 근본적 변화가 네덜란드에서 시작되고 실현되었기 때문이다. 현대 축구를 이해하기 위해서는 그 바탕이 된 네덜란드의 토털풋볼(totaalvoetbal)을 이해해야 한다. 토털풋볼은 1950~1960년대에 유행했던 이탈리아의 빗장수비인 카데나치오(Cadenastio)에 대한 반발로 등장한 공격 지향의 압박축구를 말한다. 지금은 거의 모든 국가로 확산되어 더 이상 네덜란드의 것으로 부르기 힘들지만 '토털풋볼'은 네덜란드에서 시작되고 완성되었다.

　네덜란드와 현대 축구의 전형인 '토털풋볼'은 브라질의 지역방어와 헝가리의 포지션 체인지 개념을 포함하고 있지만 잭 레이놀즈(Jack Raynolds)의 이론을 바탕으로 리뉘스 미헐스(Linus Michels)가 아약스(Ajax)와 네덜란드 대표팀을 통해 완성했다. '토털풋볼'이 나타나기 전까지 수비와 공격은 역할이 명확하게 구분되었고 상대 팀에 공을 뺏기면 수비수는 일찌감치 자기 진영 깊숙이 내려와 상대의 공격을 기다렸다. 하지만 토털풋볼은 상대 팀에 공을 빼앗겨도 뒤로 물러나지 않고 최후방 라인을 상대 진영에 최대한 가까운 위치에 높게 형성한다. 이런 상태에서 최전방 공격수부터 상대를 적극적으로 압박하면 그만큼 상대 골문과 가까운 위치에서부터 공격을 시작할 수 있다는 점에 착안한 것이다. 이에 따라 이전에는 수비에 가담하지 않았던 공격수들도 전방에서부터 상대를 압박하고, 공격 시에는 포지션 체인지를 통해 수비수들도 적극적으로 공격에 가담하는 전원 공격과 전원 수비의 축구 전술이 탄생하게 되었다. 토털풋볼의 등장으로 축구는 모든 선수가 공격과 수비에 가담하고 경기마다 10km 가까이 뛰어다녀야 하는 매우 힘든 스포츠가 되었지만 재미없는 수비축구에서 역동적이고 격렬하며 재미있는 경기로 바뀌었다. 포지션 파괴와 전원 공격과 전원 수비라는 혁신적 개념을 바탕으로 하는 토털풋볼은 부분적 개선이 아니라 축구에 대한 사고와 축구라는 경기의 시스템을 근본적으로 바꿔버렸다는 점에서 근본적 변화 즉 전환으로 부를 수 있다. 이처럼 축구 경기의 전환을 이뤄낸 네덜란드에서 인류를 위협하는 문제의 근본적 해결을 위한 또 다른 전환이 시도되고 있다.

　기후변화와 같은 문제는 시급하게 해결해야 할 크고 중요한 위협이다. 이런 문제를 해결하려면 시스템의 부분적 개선만으로는 부족하며 보다 근본적 변화가 필요하다. 근본적 변화가 필요하다는 생각에 많은 이들이 동의하지만 이를 실행에 옮기는 것은 쉽지 않다. 이런 점에서 네덜란드는 예외적이다. 실천적, 이론적 차원에서 근본적 변화에 대한 관심이 높아지고 있는 시점에서 네덜란드의 전환 논의는 많은 교훈과 영감을 주고 있다. 네덜란드의 전환정책이 관심을 끌게 된 이유는 전환관리가 지속가능성 문제에 대한 혁신적 사고방식이라는 점뿐만 아니라 네덜란드의 정책결정자들이 전환관리 모델을 실제로 적용하고 있기 때문이다(Kern, 2012: 278). 네덜란드 정부가 전환 관점을 정책에 도입한 것은 새롭고 과감한 시도라는 것 이상의 매우 중요한 의미를 가지고 있다.

네덜란드 외에도 영국, 벨기에 등에서는 에너지, 건축, 교통, 물관리 등의 분야에서 전환정책의 개발을 위한 진지한 시도가 진행되고 있다. 전환정책은 과거와는 전혀 다른 관점에서 문제를 본다는 점에서도 전환적이지만 우리 삶의 기반이 되는 다양한 시스템의 기저를 근본적으로 변화한다는 점에서 전환이다. 네덜란드는 전환에 대한 관심과 전환을 위한 정책적 노력에서 독보적이다. 그렇다면 우리가 네덜란드의 전환을 살펴보아야 할 이유는 무엇이며, 전환이 지향하는 목표와 내용은 무엇이고, 이를 통해 우리가 얻을 수 있는 것은 무엇인가?

여기에서는 첫째, 네덜란드의 전환정책이 어떻게 시작되었으며 무엇을 지향하는지, 둘째, 전환론의 근거가 되는 전환이론이 어떻게 형성·확산되었으며, 전환이론의 지향과 근거, 논리가 무엇인지를 간략하게 살펴본다. 셋째, 네덜란드에서 실제로 전환이론이 어떻게 적용되어 실행되고 있는지를 살펴본다. 네덜란드에서 전환은 이론적 차원에서만이 아니라 실행을 통해 이론이 강화되고 이론을 통해 실행의 문제가 보완되는 상호학습이 지속적으로 이루어지고 있다. 따라서 구체적 전환 사례를 살펴봄으로써 전환의 실천에 관한 많은 지식과 정보를 얻을 수 있다. 넷째, 네덜란드의 전환정책으로부터 얻을 수 있는 교훈을 살펴본다. 네덜란드의 전환이 주목받는 이유는 단순히 새롭기 때문이 아니라 우리가 겪고 있는 문제를 해결하는 근본적이고 유망한 대안이 될 수 있기 때문이다.

1. 전환정책의 도입과 확산

1) '전환'관점의 등장

전환이론은 네덜란드에서 형성되었고 발전했다. 네덜란드의 전환이론 연구자들이 정의하는 전환은 "사회의 구조적 특성 또는 복잡한 하위 시스템이 근본적으로 바뀌는 점진적이고 지속적인 변화 과정"이다(Rotmans et al., 2001: 16). 전환은 대규모의 기술적, 경제적, 생태적, 사회문화적, 제도적 발전과 각 부분의 발전이 다른 부분에 영향을 미치고 자극하는 과정에서 이루어진다. 각 영역의 발전 즉 기술적, 경제적, 생태적, 사회문화적, 제도적 발전 등이 서로 영향을 주며 강화 작용을 하는 것이다(Rotmans et al., 2000). 따라서 상호 강화 작용을 하는 서로 연계된 변화들의 합(a set of connected changes)으로 기술, 경제, 제도, 행태, 문화, 생태계와 신념 체계 등 상이한 영역의 변화가 합쳐져서 하나의 전환이 되는 것이다.

전환의 복합적 성격으로 인해 전통적인 단일 학문 분야의 관점에서 전환을 연구하는 것은 거의 불가능하다(Verbong & Loorbach, 2012: 17). 따라서 전환의 개념에는 기후변화연구, 혁신연구, 지속가능성 과학, 기술연구, 정책학 등의 다양한 분야에서 다수준 동학, 다행위자 네트워크, 급진적 혁신, 불확실성과 통제 불가능성 등 많은 학문 분야의 방법론과 패러다임, 개념이 녹아들어 있다.

전환이 지속가능성을 실현하기 위한 새로운 관점으로 등장하면서 전환정책이나 전환관리, 시스템혁신 등의 개념이 널리 사용되고 있다. 하지만 전환이 네덜란드에 등장한 것은 그리 오래된 일은 아니다. 전환이나 전환관리라는 용어는 지속가능한 에너지 공급을 위한 네덜란드의 국가 프로그램이 시작된 2000년 무렵부터 본격적으로 사용되었다. 네덜란드 정부의 공식적 정책으로 전환이 채택된 것은 2000년대 초반으로 네덜란드의 제4차 국가환경정책계획(the fourth national environmental policy plan, 이하 NMP4)부터이다. 전환을 핵심어로 하는 과거 정책이 대상 기간을 4년으로 했던 것과 달리 NMP4는 대상 기간을 30년으로 정하고 구체적 목표 수치를 제시하는 대신 시스템의 근본적 변화, 즉 전환을 야심찬 지향으로 제시했던 것이다(Kemp & Loorbach, 2005: 2).[1] 이에 따라 시스템의 개선이 아니라 기능시스템과 제품 사슬을 근본적으로 변화시키는 시스템혁신이 정책의 새로운 초점이 되었다.

시스템혁신이라는 아이디어는 그 이전부터 제기되었는데, 1997년 발간된 정부 녹서(green paper)인 『환경과 경제』의 주제였던 경제와 환경의 동시 최적화 아이디어와도 잘 맞아떨어졌다. 동시 최적화 아이디어가 등장하면서 특정한 산출물보다 발전 경로에 더 관심을 가지게 되고 조정과 거버넌스에 대한 몇 가지 근본적 질문이 제기되었다. 이에 따라 전환과정과 전환과정의 조종 혹은 관리 능력에 대한 관심이 나타나게 된 것이다(Kemp & Loorbach, 2005: 4). NMP4 이후 네덜란드 정부가 지속가능한 에너지 공급을

---

1 NMP4에서는 지속가능성의 실현을 어렵게 하는 일곱 개의 장애 요인을 제시했는데 여섯 번째 장애 요인으로 제시된 시스템 변화 등을 둘러싼 높은 불확실성은 네덜란드 정부가 시스템혁신을 지속가능성 문제의 해결책으로 생각하기 시작했음을 보여주는 증거다. 과거 정책이 기술 활용(기술적 대응, technical fixes)을 통해 에너지, 교통과 기타 제품 사슬(product chain)의 기능 시스템의 개선(upgrade)에 관심을 두었다면 이제는 시스템 자체를 변화가 필요한 대상으로 인식하게 된 것이다(Kemp & Loorbach, 2005: 4).

지향하는 에너지전환 프로그램을 시작하면서 전환은 연구자와 실무자들 사이에 큰 관심을 끌게 되었다. 이때부터 다양한 영역에서 전환을 실현하기 위한 아이디어를 개발하려는 실무자와 연구자 간 네트워크가 크게 확장되기 시작했다(Verbong & Loorbach, 2012: 14).

2) 과학-정책의 상호작용과 전환정책의 도입

네덜란드에서 전환의 필요성을 인식하고 이를 실제 정책에 처음 도입한 부처는 환경문제 담당 부처인 VROM이었다. VROM은 2001년 출간한 4차 국가환경정책계획인 NMP4에서 전환을 핵심어로 제시하고 전환관리 접근을 채택했다. 현재의 정책은 새로운 수단이 필요할 정도로 지나치게 분절화되어 있으며 복잡성과 불확실성을 충분히 고려하고 있지 못하다는 NMP4의 분석은 네덜란드 정부가 정부 역할과 전환, 시스템혁신에 대해 반성적으로 되돌아보기 시작했음을 의미한다(Loorbach, 2008: 3). 주도적 정책 전통과 관행을 무너뜨리고 전환관리와 혁신적 정책 실험을 위한 공간을 처음으로 만들었다는 점에서 NMP4는 '혁신적 정책 문서'로 불리기도 한다(Loorbach, 2008: 2).

네덜란드 정부의 지속가능성 전환에 대한 관심은 새로운 관점이 만들어지는 학습 과정에서 시작되었다. 전환이 네덜란드의 공식적 정책으로 채택된 데는 소위 전환연합으로 불리는 일단의 연구자, 컨설턴트, 정책결정자와 실무자들 사이의 과학-정책 간 소통이 중요한 역할을 했다(Kern, 2012: 283~285). 이는 일종의 정책 학습의 결과로 지속적 소통을 통해, 지속가능성을 위해서는 기능적 시스템의 근본적 변화가 필요하다는 믿음을 공유하게 되었다. 기후변화, 자원의 과도한 개발에 따른 생물다양성 상실, 그 외의 위험(비자연적 물질 사용에 따른 건강상 위험, 폭발과 사고 위험 등) 등의 정책문제는 시스템 내재적 즉, 문제에 대한 답이 바탕이 되는 생산과 소비 시스템의 근본적 변화에 있다는 것을 인식하게 된 것이다(Kemp & Loorbach, 2005: 2).

네덜란드에서는 경제부나 농업자연식품품질부 등의 부처가 전환관리를 지속가능한 발전 모형으로 적극 채택하고 있다. 경제부는 2001년 이래 2050년까지 지속가능한 에너지 공급시스템을 구축하기 위한 전환정책 개발에 매우 적극적으로 나서고 있다. 이처럼 전환관리가 네덜란드에서 지지를 받게 된 이유는 첫째, 반복적 측면과 내적으로 갖춰진 유연성(in-build flex-ibility)으로 미래 통제 가능성에 대한 우려를 불식시킬 수 있었기 때문이다. 둘째, 교토 의정서나 혁신정책과 같은 기존 정책을 직접 위협하지 않고 각 부처가 자기 부처의 의제를 그대로 추진하는 것이 가능했기 때문이다. 셋째, 전환에 회의적인 편에서도 혁신과 학습에 초점을 둔 접근에 반대하기는 어려웠기 때문이다(Kemp & Loorbach, 2005: 8).

3) 전환정책의 실천과 확산

정책실험과 함께 전환 개념에 대한 추가적 연구가 진행되면서 전환 접근은 거버넌스의 일반 개념이 되었다. 이에 따라 다양한 국적의 연구자들이 사회기술적 변화, 지속가능한 개발과 거버넌스에 관심을 가지게 되고(Voß, Smith & Grin, 2009: 277) 전환은 네덜란드의 국경을 넘어 주변국으로 확산되기 시작했다. 범선에서 증기선으로의 발전 연구(Geels, 2002)나 네덜란드 고속도로시스템의 발전(Geels, 2007), 네덜란드에서 자동차의 사회적 배태에 대한 연구(Geels & Schot, 2008) 등은 역사적 사실에서 전환이론의 토대를 찾아내는 데 큰 도움을 주었던 사례 연구다. 그 외에 현재 진행 중인 전환에 대한 연구(예:

Loorbach, Loorbach, van der Brugge & Taanman, 2008), 현존 시스템에 대한 전환 관점의 적용(예: Kemp, Avelion, & Bressers, 2011) 등의 경험적 연구가 있다. 전환이론의 정교화를 위한 연구도 활발하게 이루어지고 있다(예: Geels & Schot, 2007). 네덜란드의 에너지전환은 대표적인 전환정책 사례로 다양한 국적의 연구자들이 연구주제로 삼았다(예: Kemp & Loorbach, 2005; Kern & Smith, 2008; Loorbach et al., 2008; Verbong & Loorbach, 2012). 이처럼 전환에 대한 연구에 다양한 국적의 연구자들이 참여하면서 전환연구의 외연은 더욱 확대되고 있다.

네덜란드에서 전환에 대한 관심이 높아진 이유는 네덜란드의 전환 논의가 이론으로서만 논의된 것이 아니라 실제 정책으로 실행되었기 때문이다. 실천으로서 전환은 전환 연구자들이 전환이론에서 도출한 정책 처방인 '전환관리'로 제시되었다(Kern & Smith, 2008: 4095). 따라서 전환관리는 전환이론으로부터 실제 문제 해결을 위한 처방을 도출하여 실제로 적용하는 이론의 처방적 적용이라고 할 수 있다(Laes, Gorissen & Nevens, 2014: 112).

장기적으로 전환관리는 창조적 파괴를 통한 시스템의 전면적 전환을 추구한다. 전환 이론가들은 한결같이 사회기술적 환경과 레짐에 의해 체계적으로 강화되어 고착화된 기존의 지속가능하지 않은 시스템을 넘어서기 위해서는 사회·기술시스템의 완전한 재구축이 필요하다고 주장한다. 현재 네덜란드에서 전환관리는 지속가능한 발전을 위한 모델로 사용되고 있지만 '전환'이 네덜란드에서 실제 정책으로 등장한 것은 그리 오래된 일은 아니다.

네덜란드에서 전환정책이 일시에 모든 정부 부처로 확산된 것은 아니다. VROM에서부터 시작된 전환정책은 정책학습을 통해 차례로 농업자연어업부, 경제부와 교통치수부로 확산되었다(Kemp & Loorbach, 2005: 4).

많은 나라가 지속가능성에 관심을 두고 있지만 지속가능성 실현을 위해 사용하는 수단은 지속가능성위원회를 두거나 지속가능성 지수 개발을 활용하는 정도다. 그런데 네덜란드 정부는 다른 나라와 매우 다른 방식을 택하고 있다. 지속가능성의 실현을 위해서는 에너지, 교통, 농업 등의 기능 시스템에 근본적 변화가 필요하다는 믿음에 따라 지속가능성에 이르기까지의 여정을 기능 시스템의 '전환관리' 문제로 보고 있기 때문이다(Kemp & Loorbach, 2005: 1).

전환관리는 시스템의 근본적 변화가 성공적으로 이루어질 수 있도록 하는 데 초점을 두고 있다. 즉 시스템 최적화와 함께 사회·기술시스템의 구조적 변화에 영향을 미치는 것을 목적으로 한다. 전환관리는 전환장에서 선두 주자(니치 행위자와 레짐 행위자)를 위한 공간 창출과 새로운 연합 형성, 바람직한 방향으로의 행위 유도, 연합과 네트워크를 규제정책에 사회적 압력을 가하는 사회 운동으로 발전시키는 등의 역할을 한다(Verbong & Loorbach, 2012: 15).

전환관리의 가장 강력한 지지 부처는 경제부인데 기업의 이익 보호가 경제부의 주요 목표라는 점을 생각하면 꽤 놀라운 일이다. 그럼에도 전환정책이 수용된 이유는 전환이 경제부의 이해와 일치했기 때문이다. 경제부가 전환관리에 관심을 갖게 된 이유는 경제부의 정책 백서인 『에너지정책 혁신(Innovatie in Energiebeleid)』에 잘 나타나 있다. 첫째, 가장 중요한 이유는 경제부가 새롭게 지속가능한 에너지산업을 만들고 싶어 했다는 것이다. 네덜란드를 지속가능성 지향 기업이 선호하는 혁신 기지로 만들고 싶었던 것이다. 둘째, 지속가능한 에너지시스템을 만들기 위해서는 전환관리 같은 협력적인 장기적 접근을 통한 시스템혁신이 필요했기 때문이다. 셋째, 에너지전환은 경제부와 기업 간 관계를 상호적이고 참여적으로 변화시키고 사회적 목표와 기업적 목표를 일치시키는 데 도움이 된다고 판단했기 때문이다(Kemp & Loorbach, 2005: 8).

농업 분야는 동물 질병, 식량 위기, 수질오염 문제로 어려움을 겪은 1990

년대부터 시스템혁신의 필요성을 절감했기 때문에 전환에 매우 적극적이다. 한편 교통치수부와 생물다양성 및 자연자원보존에 책임이 있는 개발협력부 등은 상대적으로 소극적이다(Kemp, 2013: 3).

2. 전환정책 사례: 에너지, 교통, 농업, 자연자원

전환이론에서 도출된 정책 처방을 실제 정책에 적용함으로써 네덜란드는 세계적 관심을 받고 있다. 네덜란드의 전환관리는 생물다양성, 농업, 교통과 에너지 등에 활용되고 있다(van der Loo & Loorbach, 2012: 220). 가장 대표적인 네덜란드의 전환정책은 지속가능한 에너지전환이다. 그 외에 생물다양성과 자연자원의 지속가능한 활용 전환, 지속가능한 농업전환, 지속가능한 교통전환 등이 있다.

1) 지속가능한 에너지전환

네덜란드 경제부는 2004년 보고서 『에너지정책 혁신 - 에너지전환: 현황과 미래(Innovation in Energy Policy - Energy Transition: State of Affairs and Way Ahead)』를 발표하면서 '에너지전환' 전략을 제시했다. 이를 바탕으로 장기적 관점에서 새로운 에너지 기술뿐 아니라 에너지 생산과 활용 시스템의 변화를 추구하고 있다. 소규모로 시작된 '에너지전환'은 에너지정책의 주류로 부상하면서 교통, 농업 등 지속가능성 확보를 위한 정책의 역할 모델로 자리 잡았다.

에너지전환관리과정(ET)은 워킹그룹 '에너지 공급시스템을 위한 장기적 비전'의 시나리오 보고로부터 시작되었다. 여기에서 경제 성장과 산업 발전을 (대체)에너지 자원 생산 및 공급 측면에서 본 에너지 소비와 연결하여 네 개의 가능한 미래 세계를 제시했다. 각 세계의 에너지 수요를 분석하고 여러 시나리오를 바탕으로 공급 안정, 경제적 효율, 최소 환경·사회적 영향이라는 세 개의 지속가능성 기준을 확정했다(EZ, 2000; Loorbach, 2008: 307에서 재인용). 모든 미래 세계에서 효과적인 대안은 바이오매스, 신가스, 에너지 효율, 풍력 등 네 개였다. 이에 신가스, 에너지 사슬 현대화, 바이오매스 인터내셔널(Biomass International), 지속가능한 레인몬트(Sustainable Rijinmond)[2] 등 네 개의 전환경로가 제시되었다(Loorbach, 2008: 307).

준비 단계가 성공적으로 완료되자 네덜란드 경제부는 다양한 하위 프로젝트에 자금을 지원했다. 프레임워크와 시나리오 연구를 통해 설정된 맥락 내에서 토론을 촉진하기 위해 전환 주제별로 녹색자원(Green resources), 신가스(New gas), 사슬효율성(Chain efficiency), 지속가능한 수송(Sustainable mobility), 지속가능한 전력(Sustainable electricity), 구축 환경(Built environment) 등 여섯 개의 전환플랫폼을 만들었다. 플랫폼에는 최대한 구체적인 공동의 비전, 전환경로, 전환실험을 개발하는 임무를 부여했다. 플랫폼은 추가 탐색을 위한 26개(이후 28개)의 전환경로를 제시했다(Kemp & Martens, 2007: 12).

플랫폼에 참여한 이해 관계자는 기업과 과학계 단체였다. 이해 관계자들은 능력, 민주적 대표성, 새로운 기술이나 시장 개발 기여 가능성을 기준으로 플랫폼 의장이 선발했다. 전환팀들은 각 경로를 다듬었으며 대부분의 플랫폼이 질적, 양적 주제별 비전을 개발했다. 여기에 더해 신가스, 바이오매스, 에너지 효율, 산업 생태 등에서 전환실험을 위한 80여 개의 아이디어가

---

2 네덜란드에서 산업화, 도시화된 지역을 의미한다.

수집되었다. 촉진자로서 네덜란드 경제부는 새로운 정책과 금융 수단 개발과 제도적 장벽 제거에 노력을 기울였다. 실험과 전환 관련 활동 지원을 위해 만든 정부 서비스 부서인 트렌드 세터 데스크(Trendsetters Desk)가 좋은 예다(Loorbach et al., 2008: 308).

2) 지속가능한 교통전환

네덜란드의 교통이나 수송 관련 정책에서 전환 개념은 에너지전환과 달리 부분적으로만 도입되고 있다. 네덜란드 교통부와 교통 정책 내에서 전환에 대한 관심과 지지가 그리 높지 않기 때문이다(Kemp, Avelino, & Bressers, 2011: 38). 교통부가 전환관리와 지속가능성에 관여하고 있는 것은 분명하지만 전환관리를 구체적으로 적용하고 있는 것은 아니며 여러 정책 관점 중의 하나로 보고 있을 뿐이다. 지속가능성과 전환관리가 일상적 실행 상황에서 적용하기에는 너무 추상적이고, 모호하고, 규범적이라고 보기 때문이다. 하지만 교통부가 교통 분야의 개혁을 위해서는 장기적 관점이 필요함을 인식하고 있기 때문에 전환관리를 완전히 거부하는 것은 아니다(Kemp, Avelino, & Bressers, 2011: 38).

교통전환의 근거는 기존의 수송 시스템이 '사람, 지구, 이윤(People, Planet, Profit)'의 관점에서 지속가능하지 못하며 바람직한 변화가 자동으로 이루어지지 않는다는 것이다. 이는 대표적 교통전환 프로그램인 트란쉬모(Transumo: TRAnsition to SUstainable MObility, 2004~2010)의 관점이기도 하다. 트란쉬모(Transumo)는 네덜란드의 국가 연구 프로그램으로 지속가능한 교통시스템으로의 전환을 주도하고 지원하는 데 목적이 있다. BSIK 프로그램의 하나로 네덜란드 정부와 민간 부문 및 지식연구기관이 50%씩 자금 지원을 부담

했다. 공공, 민간, 연구 기관 등 300개 이상의 조직이 참여하여 수송, 교통과 관련된 30개 이상의 프로젝트를 수행했다.

트란쉬모는 지속가능한 교통 문제 해결을 위해 자율규제, 교통 관리, 거버넌스 프로세스, 공간, (물류)사슬 통합, 네트워크 통합, 공공 운송 등 7개의 주제를 정했다. 이를 통해 개발된 아이디어는 실험을 통해 확인했다. 대표적 실험으로는 긍정적 자극이 운전자들이 혼잡 시간대를 피하도록 유도할 수 있는지를 실험한 RHA(Rush Hour Avoidance)를 들 수 있다. 바람직하지 못한 교통 이용자를 처벌하는 기존 방식과 달리 대중교통을 이용하는 통근자들에게 '좋은' 행동의 대가로 보상을 주는 것이 효과적인지를 파악하는 것이 목적이었다.

트란쉬모에는 전환장, 전환 모니터링을 포함해서 전환관리의 핵심 원칙이 적용되었다. 하지만 전환관리가 '책대로(by the book)' 온전히 적용되지는 못했다. 트란쉬모나 RHA 모두 나름의 성과를 거두었지만 전환관리를 현실에 적용하는 과정에서 여러 한계도 나타났다(Avelino, Bressers & Kemp, 2012; Gorris & van de Bosch, 2012). 우선 자금 제공자의 책무성 확보와 통제 욕구를 충족시키기 위해 미리 만든 양식이나 서식 등에 따라 지속가능한 교통과 혁신프로젝트의 기여도를 제시하고 확인토록 하는 등 제도화되고 통제된 형태로 적용되는 문제가 있었다(Avelino, Bressers & Kemp, 2012: 50~51). 프로젝트 수준에서는 고전적 프로그램이나 프로젝트 관리와 전환관리 간에 '장기적 관점 대 단기적 관점'이나 '결과 실현 대 실험과 학습' 등과 같은 다양한 형태의 긴장 관계가 발견되었다(Gorris & van de Bosch, 2012: 89). 프로그램 수준에서는 전환관리 주기(Loorbach, 2007)가 실제 전환관리 행위 시점과 불일치하는 문제도 발견되었다. 트란쉬모에서는 실제 문제의 해결책과 관련된 한계도 지적되었다. 이론 연구자들은 문헌 형태로 발간되는 이론의 개발과 발전에 기여하는 것이 우선이기 때문에 실행을 지원하는 데는 한계가 있지만, 실무자들은 만병통치약 같은 준비된 해결책을 기대하는 괴리가 나타나고 있다(Gorris & van de Bosch, 2012: 89).

3) 지속가능한 농업전환

농식품 분야의 무역 흑자가 전체 무역 흑자의 40%일 만큼 농업 관련 산업은 네덜란드의 중요 산업이다. 새로운 기술, 기계화, 화학비료 사용 증가, 특화와 정부 정책 등으로 20세기를 거치면서 네덜란드의 농업 생산성은 크게 높아졌다. 신기술 개발을 위한 지식 인프라 구축으로 농업 생산성 극대화 전략은 큰 성과를 거두었다(Veldkamp et al., 2009: 1). 이런 성공에도 불구하고 네덜란드 농업은 물리적, 사회적 한계에 도달하면서 사회적, 경제적, 환경적으로 지속가능한 농업으로 변모하기 위한 혁신의 필요성에 직면하고 있다. 이런 상황에서 농업생산시스템의 환경적 영향에 대한 사회적 관심은 정부가 지속가능한 농업 관점에서 정책을 새롭게 되돌아보는 기회가 되었다. 2002년 발간된 NMP4에서도 지속가능한 농업을 위한 사회적 전환의 필요성을 언급하고 있다.

대표적 농업전환으로는 '트랜스포럼(TransForum)'을 들 수 있다. 2004년 지속가능한 발전에 기여하는 혁신적 지식 개발 장려를 위해 설립한 것으로, 농업과 농촌에 필요한 지속가능성 관점을 개발하고 실험하기 위한 혁신 프로그램이다(Veldkamp et al., 2009: 1; Fischer et al., 2012: 597). 트랜스포럼의 궁극적 목적은 지속가능한 발전을 위한 농업 지식 인프라의 전환을 자극하는 것이다(Veldkamp et al., 2009: 10). 트랜스포럼은 네덜란드 농업식품 분야를 복합적응시스템의 특성을 가진 사회·기술시스템(Fischer, 2012: 597~598)으로 보고 전환이론에서 도출한 다섯 가지 기본 전제를 바탕을 두고 운영되고 있다. 생명클러스터(Vital Clusters), 지역개발(Regional Development), 국제농식품네트워크(International Agro-food Networks) 등의 실행 프로젝트가 있다.

그 외에 네덜란드는 지속가능한 농업 관행 개발을 위해 영양 관리를 위한 몇 가지 프로젝트도 착수했다. 예를 들면 2011년 설립된 '뉴트리언트플랫폼(NP: Nutrient Platform)'은 지속가능한 영양소 활용을 지향하는 전환에 필요한 조건을 형성하는 것이 임무다. NP는 의제 설정, 네트워킹 촉진, 지속가능한 해결책을 위한 시장 접근 개선, 정책 합리화와 심화, 새로운 경험의 확산 등의 다섯 가지 역할을 수행하도록 규정하고 있다(www.nwp.nl). 지속가능한 식품과 관련한 네덜란드 정부의 장기적 목표는 생태계와 지구의 수용 능력 내에서의 전지구적 번영과 식품 안보에 기여하는 식품 생산과 소비시스템을 구축하는 것이다. 이를 위해 식품생산뿐 아니라 동물성 단백질 소비 중심에서 지속가능한 방법으로 생산된 동식물성 단백질 소비 중심으로 전환하기 위한 '생물다양성, 식품과 육류' 프로그램을 수행하기도 했다.

4) 생물다양성과 자연자원의 지속가능한 활용 전환

네덜란드 정부는 자연 포용적(nature inclusive) 경제를 만들기 위해 생물다양성 확보와 자연 보존을 자연 정책의 중요한 요소로 인식하고 있다. 이를 위해 국가생태네트워크(NEN: National Ecological Network), 자연2000(Natura 2000), 네덜란드령 카리브 자연정책계획(Nature Policy Plan for the Caribbean Netherlands) 등 입법과 같은 정책 수단을 통해 자연 보존에 노력하고 있다. 네덜란드의 생물다양성과 자연자원의 지속가능한 활용 전환을 위한 대표적 노력으로는 Platform BEE(Platform Biodiversity, Ecosystems and Economy)와 태스크포스 설치를 들 수 있다.

BEE는 생태계와 생물다양성의 보존과 복원을 위해 기업과 자연 단체, 지식기관과 개발조직의 협력을 활용한다. IUCN 네덜란드위원회(IUCNNL: International Union for Conservation of Nature National Committee of the Netherlands)와 고용주 단체인 네덜란드 산업고용주연맹(VNO-NCW)이 공동 주도하며, DSM, 프리슬란드캄피나(FrieslandCampina), 히보스(Hivos), 지속가능한 무역이니셔티브(the Sustainable Trade Initiative), 네덜란드농업원예협회(LTO Netherlands)를 포함한 다양한 단체와 기업이 참여하고 있다.

BEE는 기업 활동이 생물다양성이나 생태계에 해를 끼치는 것이 아니라 자연자본의 복구와 유지에 기여한다는 관점에서 출발한다. 생물다양성과 생태계 보존을 위해서는 기업의 참여가 반드시 필요하며, 기업의 적극적 참여를 통해 자연을 보존하려는 의도에 따른 것으로 볼 수 있다. 기업의 참여 촉진을 위해 기업이 얻을 수 있는 기회와 위험 감소 방안에 대한 무료 조언을 해주는 '사업 및 생물다양성 지원데스크(Helpdesk Business & Biodiversity)'를 두고 있다. BEE는 기업, 자연단체, 지식기관이 함께 지속가능한 사업 프로세스를 개발할 수 있도록 실험 프로젝트에 자금도 지원한다. 그 외에 세계 경제와 천연자원 공급의 지속가능성 개선을 위한 정부 정책과 국제협력에 대해 조언하기도 한다.

생물다양성 지속가능성에 대한 방안 모색을 위해 '생물다양성과 자연자원 태스크포스'(2009~2011)를 설치하기도 했다. 이 태스크포스는 2011년 생물다양성과 관련된 제안을 정부에 제출했다. 태스크포스 팀의 제안 중에는 2011년 시작된 'Platform BEE REDD+실행계획(Platform BEE REDD+ Initiative)'도 들어 있다.

3. 네덜란드 전환정책의 성과와 한계

1) 전환정책의 성과

전환에는 오랜 시간이 필요하기 때문에 여전히 진행 중인 전환정책의 성공 여부를 따지는 것은 어렵다. 그러나 지금까지의 진행만을 두고 볼 때 어느 정도의 성과가 나타나고 있다. 모든 기업이 전환에 참여하지는 않지만 일단 새로운 발전이 나타나면 기존 시스템에 매몰되어 있던 기업 등 행위자들의 참여를 이끌어낼 수 있다. 석유기업이 재생에너지 분야에 참여하는 등 에너지 분야에서는 벌써 이런 일이 벌어지고 있다(Kemp, 2013: 2). 전환의 성공이라고 하기에는 어렵지만 전환이 새로운 변화를 모색하는 중요한 자극이 되고 있는 것은 분명하다.

네덜란드 경제부는 전환접근이 세 가지 점에서 혁신시스템에 새로운 자극을 주고 있다고 평가하고 있다. 첫째, 하위 경로에서의 비전 수립 과정에 기업, 정부, 사회단체, 지식연구기관이 적극적으로 관여함으로써 전환 방향에 대한 공감이 형성되었다. 둘째, 전통적으로 적대 관계에 있던 행위자들 간에 새로운 연합이 형성되었다. 바이오매스에서 기업 연합과 환경운동 단체의 연합, 해안 풍력에너지 분야에 그린피스의 참여 등을 예로 들 수 있다. 셋째, 여러 전환경로에서 니치 시장을 발견할 수 있었다는 것 등이다 (Loorbach, 2008: 308~309).

자평이기는 하지만 경제부가 이런 주장을 하는 데는 나름대로의 근거가 있다. 첫째, 전환에 대한 공감이 네덜란드 내외로 확산되고 있다. 에너지전환 프로그램은 에너지전환을 위한 공간을 창출하고 에너지전환 관련 활동을 위한 니치를 확장시켰다. 이에 따라 모든 관련자가 에너지전환을 정책

문제로 인식하게 되었고 바이오 기반 경제나 지속가능한 교통과 같은 에너지전환 문제가 정책이나 공공 토론, 연구와 기업 전략의 한 부분으로 자리 잡게 되었다(van der Loo & Loorbach, 2012: 241). 둘째, 적대적 행위자 간 연합형성과 다양한 전환 네트워크의 형성이라는 긍정적 효과도 나타나고 있다. 에너지전환 프로그램은 전환의 필요성에 관해 유사한 생각을 가진 행위자들이 폭넓고 다양한 네트워크 형성에도 기여했다. 이런 네트워크가 앞으로도 지속될지는 새로운 경제적, 정치적 조건하에서 검증받을 것이지만 다양한 네트워크에 기여한 것은 분명하다(van der Loo & Loorbach, 2012: 241). 셋째, 사업적 의미에서 니치 시장의 발견은 아니지만 에너지전환을 지향하는 지역과 풀뿌리 수준에서 다양한 시도가 시작되었다. 새로운 아이디어를 가진 소규모의 혁신적 기업이 나타나고, 정당 내의 환경그룹이 의회의 의제로 에너지전환을 상정하고, 많은 지역공동체가 자신들만의 에너지 생산 방법을 개발하려고 시도하는 등 여러 가지 변화가 나타나고 있다.

2) 해결이 필요한 문제들

전환정책의 도입과 추진으로 네덜란드에서는 여러 가지 변화가 나타나고 있다. 하지만 이것만으로 전환정책의 성공을 예단하기는 어렵다. 전환정책이 성공으로 이어지기 위해서는 극복해야 할 한계도 여전히 많기 때문이다.

네덜란드에서 전환은 상당한 사회적 지지를 받고 있지만 전환정책의 지향을 모두가 받아들이고 이해하는 것은 아니다. 에너지전환 프로그램의 경우 정부 내에서 나름대로 자리를 잡았지만 전환정책이 주류 정책이 된 것은 아니다. 에너지 혁신정책을 변화시켰지만 주류 에너지정책에는 여전히 아무런 영향을 주지 못하고 있다. 교통시스템전환의 경우 이동수단 정책에서 전환 개념은 부분적으로만 도입되고 있다. 네덜란드 교통부와 네덜란드 수송 정책 내에서의 전환에 대한 지지도가 그리 높지 않기 때문이다(Kemp, Avelino & Bressers, 2011: 38). 게다가 근본적 변화가 제대로 시도되지 못하고 있다는 지적도 있다. 에너지전환 프로그램의 경우 사회의 에너지레짐에 근본적인 방식으로 도전하지 못하고 있다는 지적이 나타나고 있다. 전환관리의 의도와 달리 실행 계획 수립 과정에서도 여러 문제가 나타났다(Kemp & Martens, 2007: 12; Kern & Smith, 2008; van der Loo & Loorbach, 2012: 242). 에너지전환의 경우 참여 제한으로 인한 수요 측면의 문제, 시스템 전반적 효과 무시, 제도나 문화적 변화 촉진보다 기술적 목표에 한정된 전환실험, 위험성이 낮은 프로젝트 중심, 계획 수립 과정 참여자들의 전략적 문제 무시, 참여적 시나리오 개발이 아닌 과거의 시나리오 연구 사용, 지속가능성 평가가 별다른 역할을 하지 못하는 등의 문제가 지적되었다(Kemp & Martens, 2007: 12). 이처럼 전환정책이 많은 가능성에도 불구하고 대안적 정책모형으로 성과를 거두기 위해서는 여전히 해결해야 할 문제가 남아 있다.

첫째, 이론과 실제의 연계 문제이다. 전환이론의 실제 정책에의 적용은 매우 큰 의미가 있다. 하지만 전환관리가 이론대로 적용되기에는 여전히 많은 장벽이 있다. 전환이론은 기존 정책과 전환정책이 공존하는 투 트랙 접근을 받아들이고 있는데 기존 정책을 개선하거나 변화시키는 데 전환관리를 실제로 어느 정도 활용할 수 있는지는 중요한 문젯거리다. 이런 문제는 BSIK 프로그램에서 잘 나타나고 있다. 따라서 의도와 달리 전환관리가 제도화되고 고정된 것이 되어버릴 수 있다. 이렇게 되면 학습과 반성(reflection)의 여지는 줄어들 수밖에 없다(Kemp, Avelino & Bressers, 2011: 43). 트란쉬모(Transumo)나 RHA 프로젝트에서 나타난 기존 관리모형과 전환관리 간의 긴장 관계나 전환관리 주기와 실제 행위 시점의 불일치 등(Gorris & van de Bosch, 2012)은 이론과 현실 간의 괴리를 보여주는 좋은 예다.

둘째, 전환 개념의 추상성과 모호성 극복 문제가 있다. 전환이 무엇이며 전환경로가 무엇을 의미하는지를 정확하게 이해하지 못하는 경우가 많다. 지속가능한 이동시스템이 교통부에 쉽게 받아들여지지 않는 이유는 지속가능성과 전환관리는 일상적인 실행에 적용하기에 너무 추상적이고, 모호하며, 규범적이라는 것이다. 특히 전환관리는 더욱 그렇다는 것이다(Kemp, Avelino & Bressers, 2011: 38). 전통적 프로그램 관리에 익숙한 사람들은 전환 개념의 추상성과 모호성을 참기 어려워할 수도 있다. 이에 따라 좀 더 구체적인 무엇인가를 원하게 될 경우 전환과 멀어질 수 있으며, 이런 추상성과 모호성을 유지할 경우 상당수가 전환관리에 대한 지지를 철회하도록 만들 수도 있다.

셋째, 장기적 비전과 단기적 행위의 연결 문제다. 이는 특정한 정책결정 맥락에서의 전환관리의 실제 집행에 관한 문제다(Laes, Gorissen & Nevens: 2014: 1134~1135). 전환관리는 미리 정해진 목표를 달성하는 데 큰 관심을 두지 않는다는 점에서 전통적인 관리나 혁신관리와는 다르다. 따라서 전환의 정책 목표를 구체적으로 제시하지 않는다. 대신 지속가능한 발전 목표를 지향하며 이런 발전의 결과가 정확히 무엇인지 알 수 없다는 점을 인정한다(Avelino, Bressers & Kemp, 2012: 33). 특정한 수단과 전략에 너무 이른 시기에 혹은 강하게 고착되는 것을 피하기 위해서다(Voß, Smith & Grin: 2009: 277). 하지만 고정된 구체적 목표가 제시되지 않을 경우 단기적 행위가 장기적 비전에 부합하는 일관성을 유지하기 어려울 가능성도 높다. 진보 정도를 측정할 수 없다면 무엇을 고쳐야 할지 혹은 어떤 새로운 시도가 필요한지 알기 어렵기 때문이다.

넷째, 폭넓은 민주적 참여의 문제가 있다. 전환관리가 민주적 참여를 강조하지만 산업계나 정부 엘리트가 전환과정을 주도함으로써 민주적 참여가 부족해질 수 있기 때문이다. 예를 들면 헨드릭(Hendrik, 2008)은 에너지전환 과정에서 산업계와 정부 엘리트가 협력을 주도함으로써 폭넓은 민주적 참여가 배제되는 '민주적 연결 차단(democratic disconnect)' 문제를 지적하고 있다. 제도 변화(예: 전환 태스크포스 설립)는 신조합주의 정책결정을 연상시키며, 전환 연구자들이 피해야 한다고 주장한 바로 그런 네트워크 구조를 복제하고 있다는 것이다. 이에 따라 에너지전환의 성공에 대한 우려(Hendrik, 2008; Kern, 2012: 280에서 재인용)까지 제기되고 있다.

다섯째, 현존 레짐의 저항과 주도를 극복하는 문제가 있다. 합의가 다양한 가치 간의 조정의 결과가 아닐 수 있다는 점에서 장기적 정책설계 과정에서는 민주주의와 정당성의 문제가 나타날 수 있기 때문이다(Voß, Smith & Grin. 2009: 282). 에너지전환의 경우 2007년 초반 수행된 분석에 따르면 현재 상황에서 벗어나기 위해서는 보다 급진적인 돌파구가 필요한 것으로 나타났다. 기존 에너지레짐이 급진적 혁신을 방해함으로써 전환이 위기에 처한 것이다. 기존 레짐 행위자가 주제, 경로, 실험의 선택 기준 선정을 좌우함으로써 새로운 변화 공간을 만들어내는 다양성 창출에 부정적 영향을 미쳤던 것이다. 그 결과 변화가 기존 시스템의 개선에 편향되고, 니치가 연결되기 어려운 상황이 발생했다(van der Have, 2008: 22~23). 에너지전환에 대한 기존 레짐의 저항 가능성은 여전하며 이를 극복할 수 있는 수단이나 전략 개발과 실행이 가능한지에 대한 의문도 여전하다(van der Loo & Loorbach, 2012: 242).

여섯째, 현존 레짐과 관련된 또 다른 문제로 현존 레짐 행위자에 의한 포획의 위험을 극복하는 문제도 있다. 전환은 기존의 행위 방식(원칙, 사업모델, 최종 사용자 관행 등)에서 벗어나는 것이기 때문에 이익 침해를 두려워하는 집단으로부터 저항을 초래할 수밖에 없으며(Laes, Gorissen & Nevens, 2014: 1131), 기존 레짐에 의한 포획 위험도 있다. 에너지전환의 경우 포획으로 인해 구조적 혁신이라는 원래의 정책의도가 훼손될 가능성이 제기되었다. 이렇게 되면 시스템의 구조적 혁신이라는 야심찬 정책 목표를 추구할 수 있는 기반이 약화될 수밖에 없다(Kern & Smith, 2008). 이에 따라 현재의 정책 맥락하에서 시스템전환을 위한 수단과 전략을 개발하고 실행에 옮길 수 있을지에 대한 의문이 여전히 남아 있다(van der Loo & Loorbach, 2012: 242).

일곱째, 전환정책 실행 과정에서 나타나는 집행 문제를 들 수 있다. 컨과 스미스(Kern & Smith, 2008)는 네덜란드의 에너지전환 프로젝트 초기에 당초 계획과 부합하지 않는 다수의 문제가 발생했음을 발견했다. 기존 행위자들의 프로젝트 주도, 기술 중심, 좁은 '시장 가능성'과 비용 편익 분석에 따른 실험 선택, 전통적 정책 수단 의존 등이 그런 문제들이다. 에너지전환을 위한 전환실행 계획 수립 과정에서 이런 문제가 잘 나타나고 있다(Kemp & Martens, 2007: 12). 실제 상황에서의 전환관리는 이론의 처방대로 이뤄지지 않는다. 전환이론에서는 전환과정의 제도화나 통제는 피해야 할 것으로 주장하지만, 실제로는 계층적인 제도적 구조가 이미 자리 잡은 경우가 대부분이라 전환관리 모형으로 기존의 관리 모형을 완전히 대체하는 것은 불가능하거나 바람직하지 못한 경우도 많았다(Kemp, Avelino & Bressers, 2011: 43). 에너지전환에 나타난 것처럼 시스템혁신에 해당하는 활동도 여전히 부족하다(van der Loo & Loorbach, 2012: 242). 작은 시도는 있지만 여전히 기존 레짐의 틀을 벗어나지 못하고 있다는 것이다.

4. 네덜란드 전환정책의 함의

전환이론가들은 지속가능한 사회를 만드는 유일한 길은 현재의 가치와 사회적 레짐에 대한 근본적 반성에 있으며, 동시에 미래 대안을 찾아내기 위해 부분적 수준의 실험이 필요하다고 주장한다(Verbong & Loorbach, 2012: 15~16). 변화를 만들어내는 방법은 다양하기 때문에 반드시 전환을 수용해야 하는 것은 아니지만, 현재 상황을 고려할 때 시스템의 근본적 변화 외에 뚜렷한 대안이 없는 것도 사실이다. 전환관리는 장기적 기획의 한계와 느린 학습의 속도를 융합한 시도로 청사진을 그리는 기획과 점진적인 "행위에 의한 학습"의 중간이다(Laes, Gorissen & Nevens, 2014: 1132). 잘못될 경우 어떤 이점도 갖지 못할 여지가 있지만 잘만 활용하면 장기적 관점과 단기적 관점을 결합하는 좋은 대안이 될 수 있다. 전환정책은 기존 정책을 유지한 채 시스템의 변화를 추구한다는 점에서 기존 시스템의 고착화를 극복해야 하는 우리에게 여러 가지 함의를 주고 있다.

첫째, 근본적 변화는 기존 정책의 완전한 폐기를 강요하는 경우가 많다. 이 경우 관련된 이해 관계자나 정부 부처는 자신들의 존재 가치를 근본적으로 훼손할 수 있는 정책 변화를 수용하기 어렵다. 따라서 변화를 회피하거나 저항할 가능성이 높다. 그런데 전환정책은 기존 정책과 상당한 차이가 있지만 기존에 각 정부 부처가 관심을 가졌던 의제나 계획의 포기를 강요하지 않는다. 기존 정책과 전환정책이 얼마든지 공존할 수 있기 때문이다. 따라서 정부 부처가 전환에 쉽게 참여하고 동의할 여지가 있다는 큰 장점이 있다.

둘째, 장기적이거나 큰 변화가 필요한 상황에서 정부는 통제자가 아니라 촉진자나 협력자의 역할을 할 필요가 있다. 전환관리는 장기적 사회 변화를 기획 혹은 통제하기보다 촉진하고 지원하는 것이다(Voß, Smith & Grin, 2009:

277). 전환정책은 정부의 주도적 참여를 필요로 하지만 정부는 통제자 (controller)가 아니라 촉진자(stimulator)나 협력자의 역할을 한다. 에너지전환의 기본적인 출발점은 공사 간 협력을 추구하는 다행위자 과정으로 정부는 지시자가 아니라 촉진자나 협력자로 참여했다.

복잡성과 불확실성이 높은 상황에서 정부가 변화에 따르는 불확실성을 완벽하게 통제하는 것은 불가능하다. 기존 시스템이 새로운 시스템으로의 변화를 가로막는 장벽이 되기 때문에 전환은 시작조차 어렵다는 주장이 많다. 하지만 비전을 갖춘 정책조정, 규제, 기업전략과 사회적 학습은 이런 장벽을 극복하고 시스템전환을 위한 동력이 되는 새로운 혁신 노력을 촉진할 수 있다(van der Have, 2008: 7). 이처럼 전환 논의는 변화의 시기에 정부가 어떤 역할을 해야 할 것인가에 대한 중요한 단서를 제공하고 있다.

셋째, 우리가 겪고 있는 문제는 대부분 단일 부처나 행위자의 노력만으로 해결되기 어렵다는 점에서 비전의 공유와 여러 행위자 간 협력이 필요하다. 전환이론은 혁신의 공급에 초점을 맞춘 혁신체제론을 보완하여 혁신의 사용 측면, 사회적 측면을 중요한 요소로 본다는 점에서 혁신체제론이 진화한 논의라고 할 수 있다(송위진, 2013: 6). 복잡한 사회 문제의 해결이나 사회시스템의 변화는 단일 행위자의 힘으로는 불가능하다. 따라서 복수의 행위자들이 협력하고 공유된 비전을 실현하기 위해 행동하도록 만드는 것이 중요하다. 네덜란드의 에너지전환은 공통의 목표를 제시함으로써 여러 행위자들이 협력하고 책임과 인식을 공유하도록 이끌고 있다. 복잡하게 얽힌 정책 문제의 해결을 위해서는 관련 이해 관계자의 참여와 이들이 참여하여 문제와 해결책을 연결하는 기회를 만드는 것이 필요하다. 전환은 비전의 공유와 상호학습에서 촉발되고 지속된다는 점에서 변화를 위한 방법에 대한 고민이 부족한 우리에게 중요한 함의를 주고 있다.

넷째, 전환은 기업이 사회에 기여하면서 경제적 이익을 창출할 수 있는 기회를 만들어줄 수 있다는 점에서 시스템 변화에 기업이 적극 참여하는 계기가 될 수 있다. 전환을 통해 새로운 사업 기회를 창출하고 세계적인 선두로 나섬으로써 변화에 따른 편익의 최대 수혜자가 될 수 있기 때문이다. 전환관리는 지속가능성에 따른 편익을 제공하는 전환을 지향하지만 환경적 편익뿐 아니라 경제적, 사회적 편익도 동시에 추구한다(Kemp & Loorbach, 2005: 9). 가치 공유(shared value)를 통해 기업이 사회적 목표에 기여하면서도 경제적으로도 큰 기회를 얻을 수 있다는 주장(Porter & Kraemer, 2011)은 이런 맥락에서 충분히 새겨볼 만하다.

네덜란드 경제부가 전환에 적극적인 이유는 전환이 새로운 경제적 이익을 창출할 것으로 보기 때문이다. 트란쉬모(Transumo)가 사람, 지구와 함께 이윤을 핵심 가치로 내세우고 기업의 보호자인 경제부가 기존 시스템의 근본적 전환에 적극적으로 나서는 이유도 바로 이런 경제적 가능성 때문이다. 따라서 전환은 기존 레짐의 주도적 행위자인 기업이 장기적 이익을 받아들일 수만 있다면 시스템 변화에 적극 참여하는 동기를 제공할 수 있다.

다섯째, 근본적 변화가 성공하기 위해서는 네덜란드의 전환장과 같이 다양한 이해 관계자의 적극적 참여를 유도하고 상호작용을 통해 학습할 수 있는 장이 필요하다. 너무 이른 단계에 혁신적 대안을 선택하게 되면 적절하지 못한 대안의 선택으로 변화 자체가 실패할 가능성이 높다. 따라서 선택이 이루어지기 전에 가능한 대안의 강점과 약점에 대한 학습이 이루어질 수 있도록 다양성이 전제된 개방적 논의가 필요하다. 이처럼 개방적 상호작용과 학습이 이루어지는 과정에서 다양한 수준에서의 학습 경험을 바탕으로 적절한 집단적 선택이 이루어질 수 있다. 플랫폼과 같은 네덜란드의 전환장은 지속적 토론을 위한 유용한 공간으로 경직성을 피하고 다양성이 확보된 상황에서 변화를 위한 최적의 선택을 이루는 데 큰 도움을 줄 수 있다.

여섯째, 큰 변화를 이끌어내기 위해서는 단기적 성과주의와 제한된 시간의 정치적 주기의 제약을 극복해야 한다. 하지만 단기적 성과주의가 만연한 상황에서 장기적 가치를 지속적으로 유지하거나 공유하는 것은 쉬운 일이 아니다. 특히 5년마다 이루어지는 대통령 선거로 인한 짧은 정치적 주기는 5년 이상의 장기적 시계에서 일관된 방향을 지속적으로 유지하기 어렵게 만든다. 녹색 성장이나 창조경제는 기존의 틀 내에서 최적화나 선택적 집중을 통한 '성장'을 지향한다는 점에서는 유사하지만 비전과 구체적 내용에는 상당한 차이가 있다. 이처럼 짧은 주기로 비전 자체가 쉽게 바뀌는 상황에서 지속성과 일관성을 유지하는 것은 매우 어렵다. 따라서 전환이론과 전환관리는 단기적 관점과 제한된 시계를 극복하는 관점과 수단으로서 주의 깊게 살펴볼 필요가 있다.

07

벨기에 플랑드르 지역의 전환정책

이은경

시스템전환과 관련해서 연방국가 벨기에의 세 자치 지역 중 하나인 플랑드르(Flanders)에서 일어나는 움직임은 주목할 만하다. 환경 분야에서 시작된 전환관리가 정책 전반으로 확대되고 있기 때문이다. 플랑드르에서는 2004년에 '지속가능한 건축물을 위한 플랑드르 전환 네트워크(DuWoBo: the Flemish Transition Network for Sustainable Building)', 2006년에 '지속가능한 물질관리 전환네트워크(Transition Network on Sustainable Material Management, PlanC)'를 통해 전환관리 정책을 시작했다. 이는 전환이론이 탄생한 네덜란드 이외 지역에서 이루어지는 가장 적극적인 시도이다.

플랑드르에서 전환실험이 이루어지게 된 것은 플랑드르의 사회적, 정치적 맥락과 관련이 깊다. 플랑드르는 규모는 작지만 1인당 GDP(2011년 약 3만 9000달러)와 구매력은 EU 평균에 비해 20% 이상 높을 정도로 경제가 발전한 유럽의 대표적인 강소 지역 중 하나다. 플랑드르의 정치는 플랑드르 의회와 플랑드르 정부를 중심으로 이루어진다. 플랑드르에서는 직접선거로 의회를 구성하는데 의회 다수당에서 총리(Minister-President)를 맡고 정당별 의석 수에 따라 행정 분야별로 장관을 임명한다. 플랑드르의 전통적인 집권 세력은 기독민주당(CVP)이었지만 2000년대 이후 연정이 보편화되었다. 특히 1999년 선거를 얼마 남겨두지 않고 발생한 다이옥신 사건은 녹색당이 의회에 진출하는 기회를 주었다. 녹색당은 1999년부터 2004년까지 연정에 참여하여 부총리, 교통부 장관, 에너지·지속가능성부 장관을 배출하면서 지속가능성과 환경 이슈를 정책 전반에 도입했다. 2004년 이후 녹색당은 더 이상 연정에 참여하지 못했지만, 녹색당이 도입한 의제는 플랑드르의 혁신 정책에 살아남았다.

전환관점이 정책 전반으로 확대된 것은 환경장관 출신인 페이터르스(Peeters)가 총리가 되면서부터다. 그는 보수 성향의 기독민주플랑드르당 출신이었지만 녹색당이 주도한 지속가능성 의제와 이를 위한 전환실험의 도입을 지지했다. 특히 2009년에 시작된 2기 페이터르스 정부는 시스템전환을 폭넓게 도입할 것을 선언했고 2011년에는 기존의 플랑드르 혁신정책, '행동하는 플랑드르(ViA: Flanders in Action)'에 전환관리를 통합했다. ViA의 목표는 2020년에 플랑드르가 유럽 131개 지역(Region) 중 5위권에 진입하는 것이다. 2014년에 ViA는 경제, 사회문화, 에너지, 보건 등에 관련된 13개의 전환관리를 추진했다. 이 과정에는 정부와 당국자들, 다양한 이해 당사자 집단과 정책 파트너, 시민사회 조직들이 참여하고 있다.

플랑드르의 전환정책은 네덜란드에서 탄생한 전환이론이 새로운 지역에서 고유한 조건에 맞게 진화하는 과정을 보여준다. 플랑드르에서 전환관리는 환경문제 해결을 위한 벤치마킹 정책으로 시작되었다. 전환관리를 도입하고 학습하고 추진하는 초기 단계에서 공무원, 정책 전문가, 과학자, 산업계와 시민단체로 확장되는 전환관리에 관한 지식 네트워크가 만들어졌다. 이 네트워크 참여자들은 플랑드르 지역의 정치, 사회문화 환경 변화를 활용하여 전환관점을 확대 적용하는 계기로 삼아 오늘까지 이어오고 있다. 플랑드르의 시스템전환은 아직 출발 단계다. DuWoBo나 Plan C같은 선구적인 전환실험 사업은 이미 몇 년이 지나 안정 단계에 접어들었지만 다른 대부분의 영역에서 기존 정책에 전환관점을 도입하는 시도들은 2011년에야 시작되었기 때문이다. 그럼에도 불구하고 플랑드르의 실험은 네덜란드 이외의 지역에서 전환관리가 폭넓게 추진되는 주요 사례로서 그 형성 과정을 살펴볼 가치가 있다. 이를 통해 전환관리가 여러 다른 정치-경제-사회-문화 환경에서 보편적 정책 프레임으로 작동 가능할지 가늠해볼 수 있기 때문이다.

1. 전환 관리의 시작: DuWoBo

플랑드르의 전환관리는 환경정책 분야에서 시작되었다. 지속가능성은 1990년대에 환경정책과 혁신정책의 주요 화두가 되었다. 플랑드르에서도 환경정책과 혁신정책에서 지속가능성을 도입하고 반영하려는 여러 시도가 있었다. 특히 1999년 녹색당이 의회에 진출하면서 이러한 시도들이 본격 정책화되었다. 지속가능성이 환경정책의 중요한 기조가 되었고 특히 2003년에는 전환관리가 여러 환경문제의 해결책으로 제시되었다. 이 절에서는 플랑드르의 환경정책에서 시작된 지속가능성과 전환 논의가 첫 번째 전환실험, '지속가능한 주택과 건축물(DoWoBo: Sustainable Housing and Building)'로 구체화되는 과정을 살펴본다.

1) 지속가능한 환경정책과 전환의 도입

플랑드르에서 장기 관점의 환경정책을 추진하려는 시도는 1995년 '환경 정책 관련 일반 대비 법령'의 승인과 함께 제도화되기 시작했다. 이 법령에 따르면 플랑드르 환경정책의 뼈대는 5개년 마스터플랜인 MINA 계획, 그에 따른 연간 사업계획, 그리고 환경정책과 관련된 과학 분석을 담은『환경 보고서(MIRA)』발간이다. MINA 계획은 지역별로, 관심사별로 분리되어 존재하던 환경정책의 여러 프로그램들을 지속가능성의 관점으로 통합하고 장기 비전, 이해 관계자 참여 등의 요소를 포함하여 지속가능성을 정책에 구현하려 했다는 점에서 의의가 있다.

특히 MINA2 계획(1997~2001)에서는 이미 발생한 폐기물의 사후 처리 방안에 집중하는 데서 벗어나 폐기물 발생을 근본적으로 줄이기 위한 정책을 도입했다. 원래 플랑드르 폐기물 정책의 근간은 1981년 제정된 '폐기물법'이었다. 이 법령은 주로 폐기물의 수거와 처리에 대한 규제, 즉 발생한 폐기물의 사후 관리 중심이었다. 1990년대 이후 환경문제를 강조하는 경향을 반영해 1994년에 '폐기물법'이 수정되었다. 수정된 '폐기물법'은 폐기물 정책의 위계와 우선순위를 도입했다. 즉 예방-재사용-재활용-소각-매립 순서에 맞춰 폐기물 정책을 입안하는 원칙을 세웠고 그에 따라 이전에 없던, 폐기물 발생을 근본적으로 줄이기 위한 예방 조치들을 도입했다. 또한 폐기물 수거의 생산자 책임 원칙, 오염 유발자 부담 원칙 등이 도입되었다. MINA2 계획은 분리수거 정착 같이 자원 재활용 시스템을 구축하여 최종적으로 매립, 소각되는 폐기물의 양을 최소화했다고 평가된다.

1999년 처음 의회와 연정에 참여한 녹색당은 플랑드르의 환경정책을 중심으로 지속가능성 관점 도입을 고려하기 시작했다. 의회는 1999년과 2000

년에 플랑드르 정부에 지속가능한 주택과 건축물(sustainable housing and building)에 대한 정책을 추진할 것을 요청하고 지속가능한 건축물을 촉진하기 위한 방안도 제시했다. 사실 플랑드르 공공폐기물국(OVAM: the Public Waste Agency of Flanders)은 1994년에 이미 건축폐기물을 줄이기 위해 지속가능한 건축물에 대한 논의를 한 바 있었는데, 이를 의회가 수용한 것이다. 녹색당 출신의 환경부 장관 베라 뒤아(Vera Dua) 역시 지속가능성을 강조하고 2001년에 지속가능한 건축을 위한 연구과제를 승인했다.

플랑드르 환경정책에 전환이 공식 거론된 것은 MINA3 계획(2003~2007)이었다. MINA3 계획은 지속가능한 발전을 실현하기 위한 주요 방안으로 시스템전환과 전환관리를 선택했다. 그리고 2015~2030년에 이르는 장기목표와 2007년까지의 단기 목표를 설정했다. 2004년의 연간 환경 프로그램에서는 단기 목표 실현을 위해 지속가능한 건축과 폐기물 관리에 전환관리를 도입하기로 결정했다. 지속가능한 건축에서는 이미 2001년부터 추진한 관련 기초 연구에 바탕해 DuWoBo가 출범했고, 폐기물 관리에서는 2006년에 Plan C가 출범했다.

MINA3 계획이 전환을 주요 전략으로 선택하는 과정에는 네덜란드의 전환정책에 영향을 받은 연구자들과 정책 혁신가들(policy entrepreneurs)의 노력이 있었다. 플랑드르에서 전환에 대한 논의는 2002년에 처음 나타났다. 2002년에 플랑드르 혁신연구소(IWT: Flemish Innovation Institute)가 주최한 '혁신정책과 지속가능한 발전'에 관한 컨퍼런스에는 네덜란드 학자, 레네 켐프(Rene Kemp)가 참여하여 전환관리의 필요성을 주장했다. 이에 자극받은 소수의 연구자들과 공무원들은 네덜란드를 방문하는 등의 방법을 통해 적극적으로 전환관리에 대한 학습과 연구를 진행했다. 이들은 MINA3 계획 수립을 위한 사전 연구에서 환경문제가 지속가능한 방식으로 해결되기 위해서는 환경정책이 다른 혁신정책과 접목되어야 하고 그 정책틀로서 네덜란드의 사례를 들어 전환관리를 제안했다. IWT의 연구자들은 정부의 사회-경제 자문위원회(SERV)에, 환경문제를 해결하고 경제시스템을 새롭게 하기 위해서 시스템혁신이 필요함을 지적하고 네덜란드 전환관리 경험을 깊이 연구하라고 자문했다. 이러한 제안들을 받아들여 OVAM은 네덜란드 사례에 대한 연구를 발주했고 소속 공무원들을 대상으로 워크숍을 개설하는 등 학습을 추진했다.

플랑드르의 환경정책에서 전환은 거대한 혁신정책 담론에 근거를 두고 채택된 것이 아니다. 전환은 환경정책 담당자와 관련 연구자들이 지속가능한 방법으로 환경문제를 해결하기 위해 새로운 방안을 모색하던 과정에서 처음 관심을 받았다. 그리고 이들의 학습과 활동의 결과가 MINA3 계획을 통해 처음 공적인 형태로 구현되었다.

2) DuWoBo

'지속가능한 주택과 건축물을 위한 플랑드르 네트워크', DuWoBo는 2004년 10월에 정식 출발했고 플랑드르 정부가 전환관리에 대해 학습하고 경험을 쌓는 계기를 제공했다. 전환관리에 대한 지식과 경험이 부족했기 때문에 DuWoBo는 네덜란드 전환 전문가, 마르틴 판데린트(Martin van de Lindt)와 데르크 로르바흐(Derk Loorbach)의 도움을 받았다. 2006년까지 1차 진행된 DuWoBo는 문제 구조 파악, 어젠다 설정과 하부 시스템 구축, 실무 그룹 구성과 전환경로 및 프로젝트 개발의 3단계로 추진되었다. 주요 주체로는 전환장(transition arena), 전환 실무 그룹과 전환팀이 참여했다.

먼저 1단계에서는 전환장이 구성되고 문제 분석이 이루어졌다. 아홉 명

표 7-1 DuWoBo 수행 집단의 구성 (단위: 명)

	정부	산업	시민단체	중개 조직	과학	합계
전환팀	4	0	0	2	3	9
전환장	4	2	8	6	2	22
WG 공동학습&혁신	1	5	1	2	7	16
WG 닫힌 물질 순환	7	2	5	2	2	18
WG 삶을 위한 주택	2	0	1	3	2	8
WG 생활센터	3	3	4	5	4	21

주: 시민단체는 NGO, 노조, 거주민 대표자 등 포함; 중개조직에는 도와 기초자치단체의 대표자들, 사회적 주
택기업, 자문 위원회, 컨설턴트 등 포함.
자료: Paredis(2008: 28).

의 관련 부처 공무원들과 연구자 및 자문가들로 구성된 전환팀이 구성되었
고 환경부의 일세 드리스(Ilse Dries)가 공식 책임자가 되었다. 연구자로는 네
덜란드 전문가들 외에 겐트 대학의 혁신 연구자들, 그리고 네덜란드에서 활
동한 경험이 있는 자문기구 판토피콘(Pantopicon)이 참여했다. 전환팀의 주
요 역할은 전환장을 구성하고 그 후에 전환장에 부분적으로 참여하는 것이
었다.

전환장에는 주택과 건축물 분야의 여러 조직에서 선구적인 역할을 하는
혁신가들이 참여했다. 인터뷰를 통해 선정된 22명의 전환장 참여자들은 산
업계 관계자, 환경운동가, 시민운동가, 지방 자치단체 공무원 등으로 다양
했다. 이들은 1단계로 전환관리와 지속가능한 발전의 의미, 주택과 건축물
분야의 문제점들, 그리고 전환의 필요성에 대해 집중적으로 논의했다. 그리
고 제기된 문제들, 구체적으로는 건강하고 안전한 주택 보급 부족, 건물 이
용 방식의 경직성, 건축부지 부족, 주택과 건축물을 둘러싸고 근린 공동체
문화 파괴 등을 해결하기 위해서는 적극 개입과 근본적인 변화가 필요하다

2030년을 향한 DuWoBo 비전(2004)

- **공동학습과 혁신**: 기업의 사회적 책임 보편화, 제품이 아니라 서비스로서 주택, 건축업계의 경쟁력 있는 기업들이 지속가능성이 요구하는 모든 정보를 쉽게 접할 수 있는 네트워크에서 협동 작업 수행, 정부·기업·대학의 학제 간 협동 지식 인프라를 통해 관련 지식 생산, 제공, 교육 연계

- **닫힌 물질 순환**: 모든 건축물의 에너지, 물 절약 극대화, 건축 자재의 전 주기적 활용을 통한 지속가능성, 에너지 수동적 또는 에너지 생산형 신규 주택, 조건에 맞게 변형 가능한 다기능 주택, 이산화탄소 중립적 도시와 마을

- **삶을 위한 주택**: 특정 시기에 구입한 주택에서 일생 사는 것이 아니라 인생의 단계에 맞는 형태의 주택에서 생활, 모듈 설계 주택의 일반화로 변화하는 니즈에 따른 주택 변형 가능, 질 높고 접근 가능하고 안전한 주택과 주거 지역, 주거 지역에 대해 책임지는 거주자

- **생활 센터**: 지속가능성 기준과 관련한 공개 대화의 여지를 가진 신규 공간 기획, 새로운 생활 형태와 그에 합당한 다양한 기능의 조합이 가능한 새로운 공간 구조, 공공 공간의 공동 소유주이자 공동책임자로서 거주민, 공간의 다양한 기능들 사이의 균형

는 점에 공감대를 형성했다.

2단계에서 전환장 참여자들은 2030년까지 지속될 DuWoBo의 비전을 설정하고 이를 위한 주요 테마를 결정했다. DuWoBo의 비전은 2030년까지 건강하고, 안전하고, 사회적 삶이 가능한 환경을 만드는 것이었다. 실천 측면에서는 모든 관련 분야 당사자들이 공통의 목표, 관심, 책임을 가지고 참여하는 투명한 협동 체계가 필요하다는 의견이 나왔다. 이를 위해 투명한 의사 결정, 건물과 인근 환경의 질 향상, 접근이 용이하고 사회적으로 정의로운 주택, (건축물의) 개인과 공동체 사용의 균형, 닫힌 물질 순환, 경제적으로 실행 가능하고 사회적으로 책임지는 건물 등 일곱 개의 주요 원칙을 설정했다. DuWoBo가 집중할 네 가지 핵심적인 문제는 건축에서 학습과 혁신, 순환적인 물질과 에너지 이용, 주택과 주거의 질, 공간 기획으로 정해졌다.

3단계에서는 전환장이 공개되고 전환경로와 프로젝트를 개발할 실무 그룹(working groups)이 형성되었다. 선정된 네 개의 주제, 공동학습과 혁신(co-learning & innovation), 물질과 에너지의 닫힌 순환(closed the circle/material & energy), 삶을 위한 주택(housing for life), 생활 센터(Living centers)를 위해 실무 그룹이 구성되었다.[1] 실무 그룹에는 전환장 참여자 13명을 포함, 전체 63명이 참여했다. 참여자들의 소속은 정부 기관 외에 산업계, 시민단체, 과학자와 지방 자치단체 및 자문 그룹이었다. 실무 그룹은 8개의 전환경로를 제시했고, 전환경로에 연동될 전략노선(strategy lines), 씨앗 아이디어(germs), 전환 프로젝트, 전환실험 등을 제안했다. 그러나 1차 DuWoBo는 2006년 12월에

---

1 이후 영역 중첩, 영역의 규모, 일부 실무 그룹 참여자 부진 등 여러 가지 이유로 삶을 위한 주택 그룹과 생활센터 그룹이 합병되었고, 물질과 에너지의 닫힌 순환 그룹은 닫힌 물질 순환 그룹과 닫힌 에너지 순환 그룹으로 조정되었다(Paredis, 2008: 27~28); 2014년 4월에는 에너지 절약, 지속가능한 물질, 지속가능한 삶, 교육과 훈련, 혁신과 건축 과정의 다섯 개 실무 그룹이 운영되었다. http://www.c2cn.eu/gph/duwobo-flemish-transition-network-sustainable-construction)

종결되었고 직접 전환실험으로 연결되지 못했다.

2007년 12월, DuWoBo의 전환 어젠다는 전환장 플러스(전환장+)로 발전했다. 전환장 플러스는 DuWoBo를 지속가능한 주택과 건축물을 위한 지식 플랫폼으로 확대 발전시켜 플랑드르 전환과정을 지원하려는 데 목적을 두었다. 전환장 플러스의 목표는 지속가능한 주택, 건축물과 관련된 지식의 수집과 배포, 이 문제에 대한 정부와의 접점 형성, DuWoBo의 비전 개발과 전달을 위한 두뇌집단, 관련된 여러 행위자들의 회합과 네트워킹 공간, 신규 프로젝트의 기획과 출범, 혁신 프로젝트 추격과 자금 지원 기회를 위한 플랫폼 역할을 하는 것이다. 2007년 전환장 플러스는 사업 전담자와 독자 예산을 확보하고 다양한 활동을 전개했다. 예를 들어 DuWoBo 비전을 더욱 정교하게 다듬어서 각 지방자치단체와 관련 기관에 배포하여 그들의 주택과 건축물 정책에 반영될 수 있도록 했고, DuWoBo 관련 각종 활동을 자문할 수 있는 지식 자문 네트워크를 구축했다.

2014년에 DuWoBo는 ViA 프로그램의 13개 전환관리 프로그램 중 하나로 추진되었다. 처음 DuWoBo 전환팀의 책임자였던 일세 드리스가 계속 DuWoBo 활동의 조직을 담당하여 사업의 연속성을 유지했다. 그동안 DuWoBo는 지속가능한 주택과 건축물과 관련해 다양한 형태의 자문 네트워크를 운영하면서 스마트 전력 그리드 설비, 지속가능한 건축물 표준 설정, 건축자재를 위한 친환경 제품 선언 시스템 구축 등에서 자문 활동을 했다. 특히 건축물을 철거할 때 발생하는 폐기물의 재활용 시스템 구축에서 중요한 역할을 했고 그 결과 플랑드르에서는 건축 폐기물 재활용 비율이 90%에 이르게 되었다.[2]

---

2 http://www.c2cn.eu/gph/duwobo-flemish-transition-network-sustainable- construction

2. 독자적 전환관리, Plan C

Plan C(transition to sustainable material management)는 DuWoBo에 이은 플랑드르의 두 번째 전환관리 실험이다. OVAM의 공무원들은 전환관리에 대한 지식을 축적했고 폐기물 정책에서 더 나아가 지속가능한 물질관리의 틀을 구축했다. DuWoBo는 참여자들의 전환관리 경험 축적을 위한 학습 성격이 강했다. 반면 Plan C는 OVAM이 독자적으로 추진한 첫 시도였다. 이 실험은 레짐 수준에서 물질관리를 안착시키는 결과를 낳았고 다른 혁신 정책에 영향을 주었다.

1) Plan C 이전의 폐기물 정책

Plan C 출범 이전에도 이미 플랑드르의 폐기물 정책에서는 지속가능성을 위해 전환을 도입하고 정책의 중심을 폐기물 관리에서 물질 순환으로 확대하려는 움직임이 있었다. 벨기에의 국가 구조 개혁의 결과 1980년에 지방자치가 확대되었는데 자연, 환경정책, 특히 폐기물과 물 정책이 주요 지방자치 영역이었다. 플랑드르에서는 정부 차원에서 주(province)나 기초자치단체(municipalities)의 활동을 통괄 조정하기 위해 1981년 '폐기물법'을 제정하고 전담기구로 OVAM을 설치했다. OVAM은 이후 5년간 폐기물 분야 정책 개발과 실천을 위한 레짐을 형성하는 데 주력했다. 그 결과 현황 데이터 축적, 각 기초자치단체의 폐기물 사업자 재정비, 매립지와 소각장에 환경부담금 제도 도입, 제1차 폐기물 5개년 계획수립(1986~1990) 등 독자적인 법, 조직, 규칙, 절차를 구비했다.

1990년대 플랑드르의 폐기물 정책은 매립, 소각 등의 처리에서 분리수거

2000년대 플랑드르 폐기물 처리시스템 진화

1. MINA2(1997~2001) : 분리수거와 재활용
2. MINA3(2003~2007) : 매립, 소각 금지·과세, 폐기물 생산자 책임
   제도 → 재사용, 재활용 극대화
3. MINA3+(2007~2010) : 재활용·재사용 불가 물질만 소각 또는 매
   립(불연성)

를 통한 재활용과 발생량 감축으로 방향을 바꾸었고, 1997년부터 환경정책의 일부로서 MINA 계획에 포함되었다. 그 배경은 다음과 같다. 첫째, EU 차원에서 제기된 환경정책 강화 방침은 플랑드르의 환경정책과 폐기물 정책에도 영향을 주었다. 둘째, 매립지 부족과 소각 증가에 따라 발생하는 경제, 환경문제를 해결해야 했다. 그에 따라 제2차 폐기물 5개년 계획 (1991~1995)은 폐기물의 매립과 소각을 줄이기 위해 분리수거 정책을 적극 도입했지만 재처리 시설은 부족하고 재활용 산업은 취약하여 성과를 내지 못했다. 이 문제를 해결하기 위해 1994년에 앞서 언급한 폐기물 정책의 변화된 우선순위에 따라 재활용과 예방을 강조하는 '폐기물법' 수정이 이루어졌다. 수정된 법은 폐기물에 대한 최종 책임을 제품 생산자에 돌리고, 오염 유발자에 환경부담금을 부과하는 등 새로운 접근 방식을 택했다.

　폐기물 정책은 1997년 이후 MINA 계획에 포함되었다. MINA2 계획에 포함된 후 폐기물 정책은 분리수거, 재활용 및 폐기물 발생 예방을 목표로 삼고 매립을 제한했다. MINA2 계획 기간 동안 플랑드르에서는 특히 가정용

폐기물 분야에서 분리수거가 안착되었고 매립과 소각 비율이 감소했다. MINA3 계획(2003~2007)은 산업폐기물의 관리를 위해 제품의 최종 단계에서 발생하는 폐기물 처리에 대한 책임을 생산자에게 부과하는 폐기물 생산자 책임제도(acceptance obligation)를 도입했다. 이 제도를 위해 산업계와 OVAM은 협의를 통해 산업별 폐기물 처리 연합체를 결성했다. 그 결과 폐기물의 매립은 줄고 재활용은 증가했다. 2009년에 플랑드르에서 가정용 폐기물의 매립 비율은 1990년대 초의 50% 수준에서 2009년에는 3%대로 떨어졌고 같은 기간의 재활용 비율은 20%에서 75%까지 증가했다. 이는 유럽 최고 수준이다. 그럼에도 불구하고 이 정책은 폐기물 정책의 최우선 선위 목표, 즉 폐기물 발생 예방에서는 그만큼의 성과를 거두지 못했다. 폐기물 발생량을 근본적으로 줄이기 위해서는 무언가 다른 접근이 필요하다는 인식이 나타났고 이는 MINA3+ 계획에 반영되었다.

2) Plan C의 출범: 폐기물 관리에서 물질관리로

2000년대 초 OVAM은 추진 중인 폐기물 정책과 더불어 업무 영역 자체에 대한 새로운 방향 모색을 해야 하는 상황이 되었다. 설립 이후 폐기물 정책 전담 기관으로서 OVAM은 폐기물 담론 변화와 같은 거시적 문제, 그리고 매립지 부족 같이 폐기물 처리와 관련된 플랑드르의 당면 문제에 대응했다. 그러나 OVAM이 정책 영역과 정책 방향을 동시에 고민하게 만든 두 가지 계기가 비슷한 시기에 발생했다. 첫째, 플랑드르 정부가 2001년부터 '더 나은 행정'을 표방하면서 행정부 재조직화에 대한 논의를 시작했다. 이 논의의 핵심은 공공행정을 동질적이고 서로 연결된 13개의 정책 영역으로 구조화하는 것이었고, 그에 따라 기존 부처 간 업무와 영역 재조정이 논의될 예정

Plan C의 미래비전(Leitbild)

- **스마트한 닫힌 물질 순환(Smart Closing of Cycle)**: 물질은 공공재, 관리, 물질 흐름을 돕는 지식 인프라 구축을 통해 닫힌 순환 달성
- **맞춤형 물질(Tailor-made Materials)**: 물질에 대한 접근 보장과 이를 가능하게 하는 물질의 극적인 재생, 즉 재생 가능한 원료, 다기능적이고 유연한 사용, 해체, 재사용, 재활용 용이, 지능 물질(intelligent materials)
- **서비스 중심(At Your Service)**: 재산이 아니라 서비스 접근 정도에 기초한 삶의 질 측정, 완전 새로운 형태의 기업과 함께 발전하는 서비스 경제, 새 기능과 서비스가 통합된 제품
- **경계하는 대중(Alert Public)**: 소비 선택에 책임지는 소비자, 정보에 기반을 둔 의식 있는 선택을 하는 소비자, 생각 없이 선택하는 소비자에서 의식적이고 관심을 가진 소비자로 진화
- **녹색 합성화학산업(Green Synthetics)**: 지속가능한 합성화학산업 분야에서 시장의 리더가 될 기회를 가지는 플랑드르의 중요 산업 분야

이었다. 둘째는 같은 시기에 앞서 언급한 대로 MINA3 계획 수립을 위한 사전 연구와 논의가 관련 공무원들과 정책연구자들 사이에 이루어졌다.

Plan C의 근간이 되는 물질관리(material management)라는 아이디어는 이 두 논의가 결합된 결과였다. MINA3 계획이 새롭게 채택할 폐기물 발생 예방 담론에 따른 정책 방안, 예를 들어 친환경 제품 설계, 친환경 포장, 친환경 재료 개발 등은 OVAM의 소관 영역이 아니었다. OVAM은 이러한 정책 방안을 소관 업무에 포함할 수 있도록 '폐기물 관리'에 국한된 OVAM의 영

역을 '자산관리', '자원흐름 관리'까지 확대하는 안을 만들었다. 이 용어들은 MINA3 계획을 위한 사전연구 보고서에서 왔다.

그러나 기존 폐기물레짐에서 이 새로운 용어의 함의가 무엇인지 분명하지 않았기 때문에 새로운 의미 규정이 필요했다. 이미 전환이론을 학습한 적이 있는 OVAM의 발터르 템프스트(Walter Tempst) 등은 이 새로운 영역에 대한 정책 개발에 전환관리를 접목하기 위해 2004년에 네덜란드 연구진에 연구 용역을 발주했다. 이 용역 연구는 '자원 흐름 관리'를 '지속가능한 물질관리'로 규정하고 이를 추진하기 위한 전환관리를 OVAM이 주도하는 방안을 제안했다. 이를 기초로 2005년에 'OVAM 전략계획(Strategic Plan of OVAM, 2005~2009)'이 발표되었다. OVAM 전략 계획은 기존 폐기물 관리 외에 환경정책, 경제정책과 연계된 물질관리의 필요성을 역설하고, 전환관리를 통해 OVAM이 이를 구현할 수 있다고 보았다.

지속가능한 물질관리를 위한 Plan C는 2006년에 공식 출범했고 DuWo-Bo의 경험을 활용했다. DuWoBo에도 참여했던 OVAM의 발터르 템프스트가 Plan C의 공식 관리팀장을 맡았고, 열 명으로 구성된 전환팀에는 DuWoBo 전환팀 참여자들 중 공무원 두 명과 자문기구 판토피콘(Pantopi-con)의 컨설턴트 한 명이 참여했다. 진행 과정은 다음과 같다. 먼저 전환팀이 구성되어 현황 문제들에 대한 기존 논의를 검토했다. 1단계에서는 전환팀이 인터뷰를 통해 전환장(arena)에 참여할 각계 인사들 15명을 선정했다. 전환장은 2006년 6월부터 2007년 1월 사이에 2회 모임을 가지고 지속가능한 물질 사용과 관련해 기존 문제점을 분석하고 이를 해결하고 플랑드르가 나아갈 미래비전(Leitbild)을 정식화했다. Plan C의 미래비전은 크게 다섯 개의 테마로 이루어져 있다. 간략하게 종합하면 미래비전은 물질을 공공재로 인식하고 물질 사용 총량을 줄이지 않고도 확실한 재사용과 재활용을 통해

표 7-2 Plan C의 주요 조직 구성 (단위: 명)

	정부	산업	시민단체	중개 조직	과학	합계
1단계(2006년~)						
전환팀	3	0	0	4	3	10
전환장	3	4	2	2	4	15
1단계(2007년 5월 이후~)						
전환팀	1	0	0	4	3	8
태스크포스	3	4	0	2	5	14
WG 스마트한 닫힌 물질 순환	2	5	0	2	3	12
WG 맞춤형 물질	1	3	0	1	4	9
WG 서비스 중심	3	4	2	0	2	11
WG 경계하는 대중	4	1	3	1	4	13
WG 녹색 합성화학산업	2	6	1	0	6	15

주: 시민단체는 주로 NGO, 중개조직은 주로 컨설턴트.
자료: Paredis(2008: 29).

사회는 원하는 서비스를 공급받을 수 있음을 강조했다. 또한 이를 위해 지속가능한 화학산업의 전망을 제시했다.

2단계는 2007년 5월에서 2008년 5월까지 실무 그룹 구성과 전환장에서 제시한 테마별로 전환경로 논의와 실험 기획이 이루어졌다. 실무 그룹에는 총 60명이 참여했으며 미래비전에서 제시한 다섯 개의 테마로 나뉘었다. 각 실무 그룹은 정기 토론을 통해 전환경로를 발전시켰고 그 결과 2008년 5월에 다섯 개의 전환경로를 각각 정의하고 그와 관련된 33개의 전환실험을 제안했다. 또한 본격적인 물질관리 네트워크를 지향하는 Plan C는 전환관리 과정을 이끌어갈 주체로 각 실무 그룹의 위원장과 전환팀이 일부 참여하는 태스크포스를 구성했다. 태스크포스는 이후 5년 동안 플랑드르에서 지속가능한 물질관리에 관한 가장 중요한 참조가 될 네트워크를 구축하는 데 목표를 두었다.

3단계에서 Plan C는 전환장의 지원을 받아 전환 어젠다(비전, 전환경로, 실험)와 전환경로에 대한 논의를 대중에 공개하는 한편 전환을 위한 지식 네트워크의 역할을 강화했다. 2008년 10월에 Plan C가 주최한 발표회에 각계 인사 약 120명이 참석함으로써 Plan C는 일단 관계자들의 관심을 끄는 데는 성공했다. 그러나 참석자의 다수는 전환관리 개념 또는 Plan C 같은 혁신 아이디어 네트워크 구축에 관심 있는 사람들이었다. 반면 전환실험을 직접 추진할 산업계와 기업의 참여는 상대적으로 저조했다. 그에 따라 태스크포스는 Plan C를 위한 비즈니스 계획을 수립하는 데 많은 에너지를 쏟아야 했다. 비즈니스 계획에 따르면 Plan C는 전환실험을 촉진하고 물질관리에서 '급진적인 전환실험'을 위한 지식과 자문을 제공하는 플랫폼으로 규정되었다. Plan C의 전환팀과 태스크포스의 구성원들이 여러 정부 부처와 관련 분야에서 왔다. 그러나 그들이 속한 조직을 대표하는 것이 아니라 개인 자격으로 Plan C에 참여했기 때문에 Plan C는 집행 기능이 없었다. 따라서 Plan C와 공동으로 기획했거나 Plan C가 'Plan C 실험'으로 인증한 프로젝트는 정부 또는 공공 기관의 각종 자금 지원에서 가산점을 받도록 할 계획이었다.

4단계로 2009년 초부터 2011년 중반 동안 Plan C는 실질 운영에 필요한 준비 활동을 했다. 주요 과제 두 가지는 첫째, Plan C가 자율적으로 운영되기 위해 필요한 자금 확보와 거버넌스 구조 확립, 둘째, 실제 전환실험의 출범이었다. 먼저 Plan C는 자율적인 네트워크로 나아가기 위해 정부의 영향력이 강했던 전환팀과 태스크포스를 해체하고 비영리 조직의 형태를 선택했다. 그리고 물질관리 비전, 전환경로와 실험개발 및 아이디어 확산을 담당하게 되었다. 그리고 비영리 네트워크인 Plan C와 정부와의 관계 및 연결채널을 확보하기 위해 OVAM, 경제사회혁신부, 총무부, 플랑드르 기술연구소(VITO: the Flemish Institute for Technological Research)는 협력체를 만들어 Plan C와 교류하고 필요한 지원을 제공하기로 했다. 이러한 구조는 2011년 제정된 '물질법'을 통해 법적 기반을 가지게 되었다.

전환실험과 관련해서는 기획 절차를 확립하고 시행했으며, 이를 통해 전환실험의 실무 경험을 쌓기 시작했다. 이 과정은 새로 참여한 컨설턴트 I-propeller가 주도했다. 확립된 절차는 ① 워크숍을 통해 산업, 연구, 설계, 사회 운동 등 여러 영역의 참가자들로부터 실현가능한 실험을 위한 아이디어 발굴, 개발과 아이디어를 둘러싼 관계 구축, ② 기획 워크숍을 통해 아이디어 제안자, Plan C, 여러 영역의 참여자들이 실험 아이디어를 실현하기 위해 필요한 파트너 관계 구축, ③ 실험을 시작하기 위해 필요한 자원을 구하고 그 밖에 필요한 조건을 충족하기 위한 파트너들의 활동, ④ 실험 구성이 끝나고 시장성을 입증하려는 노력의 순서로 이루어졌다. ③ 단계에 들어간 실험 기획은 'Plan C'로 인증된다.

첫 해인 2009년에 네 개의 프로젝트가 'Plan C' 인증을 받는 단계까지 발전했다. 인증받은 전환실험은 화학물질 임대(chemical leasing), 편의시설 임대(leasing of comfort), 지속가능한 축제(sustainable festivals), 3D 프린팅을 이용한 지역의 생산과 소비 연결(closing of local production and consumption loops through 3D printing)이었다. 이 전환실험 프로젝트들은 지속가능한 기술과 제품 개발 사업을 지원하는 '플랑드르 환경·에너지 혁신 플랫폼(MIP)'에 자금 지원을 신청했는데 그중 화학물질 임대 프로젝트만 승인되었고, '화학물질 회수(Take Back Chemicals)' 라는 이름의 프로젝트로 추진되었다.

이러한 경험을 바탕으로 Plan C는 전환관리를 위한 독자적인 방식을 고안했다. 그에 따르면 이해 관계자들의 연합 관계를 먼저 구축하고 그 속에서 활용 가능한 수단들을 파악한 뒤 이를 토대로 전환실험을 기획하는 일종의 '아래로부터의 접근' 방식을 택했다. 이는 전환관리의 의도에 맞는 실험이 기획되어도 추진단계에서 적절한 자원이나 참여 기업을 확보하기 어려운 문제를 극복하기 위한 것이었다. 그 밖에도 온라인을 활용하여 아이디어 관리 시스템을 구축하고 이를 Plan C의 플랫폼으로 활용했다.

3) 물질관리 담론의 확대

Plan C는 4단계 기간인 2009~2011년을 통해 니치실험에서 물질관리레짐을 만들어내는 단초를 제공했고 물질관리 담론을 지속가능한 발전을 위한 주요 혁신정책으로 정립하는 데 성공했다. OVAM의 공무원들은 Plan C와 별도로 내부 학습 포럼, '5층(the fifth floor)'을 조직했다. 4층 건물을 사용하는 OVAM은 '5층' 포럼을 통해 폐기물 정책이 물질관리라는 더 큰 시스템의 일부로 간주되어야 하고, 물질관리의 목표인 닫힌 물질 순환을 지속가능한 발전을 위한 핵심 아이디어로 발전시켰다. 또한 OVAM은 '5층' 포럼을 통해 물질관리 시스템에 관련된 부처들 간의 연결 고리를 만들려는 의도를 가지고 있었다.

'5층' 포럼의 논의는 몇 갈래로 발전되고 구현되었다. 첫째, 물질관리는 OVAM의 2차 전략계획(2010~2014)에 반영되었다. 2차 전략계획은 물질관리를 닫힌 물질 순환에 기초를 둔 녹색경제 달성이라는 혁신정책과 접목했다.

물질관리 정책의 주된 내용은 생산 과정에서 물질 사용량의 감소, 최종 폐기되는 물질의 양 최소화, 단위 생산과 소비에서 물질 사용량 최소화, 환경영향 최소화였다. 이를 위해 선구적인 기업들과의 실험적인 시도를 추진하고 산업 부문에서 환경 효율성을 높이고 생산에서 물질을 재활용하도록 촉진하는 전략을 세웠다.

둘째, 물질관리 담론은 혁신경제 정책에서 OVAM의 입지를 만드는 기반이 되었다. 물질관리를 통해 OVAM은 폐기물 처리자에서 '2차 과정을 통한 물질과 연료 공급자'로서 위상 전환을 주장했다. 이러한 주장은 당시 새롭게 부상하고 있던 환경산업, 예를 들어 재활용 플라스틱 같은 2차물질(secondary material) 기업들에 대한 정책에서 OVAM의 영역을 구축했고 관련 기업들에 물질관리 담론을 확산했다. 그리고 OVAM은 플랑드르 기술연구소(VITO)와 함께 플랑드르 정부의 녹색경제를 위한 혁신 네트워크에 핵심 그룹으로 참여하게 되었다.

셋째, 물질관리 논의는 2011년 '물질법' 제정을 통해 제도화되었다. 이는 OVAM이 페이터르스 2기 정부(2009)의 출범 시기에 EU 차원의 폐기물 정책 개혁 요구를 물질관리정책으로 확대 발전시킨 결과다. 2008년 EU 차원에서 회원국에 새로운 폐기물 입법과 정책을 요구하는 '폐기물 체계 지시(Waste Framework Directive)'가 발표되었다.[3] 이에 따르면 회원국들은 폐기물을 폐기 대상이 아니라 새로운 2차 원료 물질로 간주하고 폐기물 위계에 따른 정책 우선순위를 폐기물 관련 제도에 반영해야 한다. EU의 폐기물 체계 지시는 폐기물 정책에 국한된 것이었다. 그러나 이미 폐기물 처리에서 물질관리로 논의의 중심을 옮긴 OVAM은 이를 물질관리의 제도화를 위한 기회

---

3 http://ec.europa.eu/environment/waste/framework/

로 활용했다.

OVAM은 EU 폐기물 체계 지시의 요구 사항을 물질관리의 용어로 해석하여 제안했다. 첫째, 물질관리 논의는 환경정책에서는 MINA3+ 계획(2008~2010)에 반영되었다. MINA3+ 계획은 폐기물 정책을 지속가능한 물질관리 정책으로 확장하고 이를 위한 방안으로 전환실험을 바탕으로 한 전환관리를 도입했다. 둘째, 환경부는 지속가능한 발전과 물질관리의 연관성을 역설하여 2009년 페이터르스 2기 정부의 '정부 선언'에 물질관리를 포함하는 데 성공했다. 이는 Plan C가 지속될 수 있는 제도적 기반이 되었다. 셋째, EU의 폐기물 체계 지시의 입법 요구에 따라 2011년에 기존의 '폐기물법'을 수정하는 대신 '물질법'을 새롭게 제정했다. '물질법'은 2012년 6월부터 발효되었는데 물질의 전 주기 관점이 기본으로 채택되었다. 또 폐기물 생성 예방을 위해 물질을 전 주기 흐름에 따라 사용하고 관리하며, 최종 폐기(end-of-waste)에 대한 관리 제도를 도입하고, 생산자 책임을 법적으로 강화했다.

물질관리에 대한 논의와 선구적인 시도들은 플랑드르, 나아가 벨기에가 지속가능한 물질관리 담론의 선두 주자가 되도록 만들었다. 벨기에가 EU 의장국을 맡은 2010년 하반기에 플랑드르 환경부 장관은 EU 환경위원회 위원장을 맡았을 때 물질관리 정책을 우선순위 정책 중 하나로 제안했다. 이는 기후문제, 생물다양성과 함께 의제로 채택되었다. 2010년 7월 겐트에서 열린 비공식 환경위원회는 지속가능한 물질관리를 본격 논의하고 유럽의 관련 중소기업들이 이에 참여할 수 있도록 촉진하기 위해서는 Plan C 같은 전환 플랫폼이 필요하다는 결론을 내렸다. OVAM이 이 위원회에서 주도적인 역할을 했음은 물론이다.

3. 전환관리의 확대와 ViA

1) 전환관리의 확산

ViA는 2006년 플랑드르 사회·경제 구조 혁신을 위한 어젠다로 시작되었다. ViA는 플랑드르가 직면한 문제들을 돌파하고 경쟁력을 유지 또는 상승시키기 위한 방안을 추구했다. ViA는 2008년과 2009년에 정부, 플랑드르 사회의 모든 주요 이익 집단들, 시민단체 및 사회 지도층 인사들이 참여하는 대규모 컨설팅 과정으로 시작되었다. 이 과정에서 얻은 가장 큰 성과는 도출된 아이디어들 외에 정부와 사회 전 영역에 걸친 주요 이익집단과 사회단체들이 협력과 참여에 동의한 '협정 2020(PACT 2020)'이다. PACT 2020은 ViA를 장기 전략으로 규정하고 플랑드르를 지식경제와 지속가능한 복지를 창조하는 사회로 변신시켜 유럽 5위권에 들어가는 것을 목표로 설정했다. 또 지속가능한 에너지, 물질, 이동성(mobility) 시스템을 향한 전환으로 나아갈 것도 밝혔다. 플랑드르 정부는 PACT 2020의 취지를 살린 337개의 핵심 프로젝트를 기획하고 관련 주체들과 함께 추진하기 시작했다. 이러한 새로운 시도와 지속가능성 채택에도 불구하고 ViA와 PACT 2020은 일차적으로 사회·경제 혁신 정책이었다. 전환은 단지 몇몇 영역에서만 언급되었을 뿐이었다.

그러나 ViA는 전환관리를 중심 전략으로 채택하는 변화를 보였다. 그 과정에는 플랑드르의 지속가능한 발전 계획이 영향을 주었다. 2010년에 제2차 플랑드르 지속가능 발전 계획 수립을 위한 논의가 진행되었고 주요 전략 방안으로서 전환관리가 채택되었다. 지속가능 발전 행정국(VSDO: Administrative Cell Sustainable Development)은 공무원, 관련 이해 당사자 및 정책연구자들과 전략 방안을 논의했다. 이 논의에서는 지속가능한 발전을 위해서는 일련의 사회·기술시스템 변화의 필요성이 인정되었고 이를 위한 효과적인 방안으로서 전환관리가 집중 검토되었다. 그 배경에는 DuWoBo와 Plan C 의 경험과 축적된 지식, DuWoBo 실무 책임을 맡았던 드리스가 지속발전 행정국의 책임자로 부임한 것과, 정책 연구자들의 지지 등이 있었다.

그 결과 2010년에 작성되고 2011년에 승인된 2차 지속가능한 발전 전략에 따르면, 2050년까지 일곱 개 주요 분야, 분야별 다섯 개의 차원에 대해 시스템전환이 목표로 설정되었다. 일곱 개의 시스템전환 영역은 주택과 건축물, 물질, 에너지, 이동성, 농업과 식품, 건강, 지식이며 다섯 개의 차원은 경제, 사회문화, 생태, 국제관계다. 또 이 계획은 중단기 목표와 실행계획을 PACT 2020과 연동하고, 전환관리를 핵심 요소로 채택하되 사회 각 영역의 참여 촉진을 강조했다. 폐기물 정책의 니치에서 시작된 전환관리는 지속가능한 발전 정책이라는 더 넓은 영역으로 확산되었다.

2009년 7월, 페이터르스 2기 정부의 '정부 선언'은 전환관리에 기반을 두는 물질관리 정책을 채택했다. 그 배경에는 OVAM의 공무원들의 역할이 컸다. 이들은 학습과 토론을 통해 물질관리의 필요성과 효과를 지속가능한 발전, 그리고 녹색경제 발전 같은 다른 혁신 정책과 연계하려는 노력을 기울였다. 그리고 물질관리 정책은 폐기물 발생 예방에 그치지 않고 물질을 절약하는 녹색 생산기술 개발, 재활용과 관련된 새로운 산업, 재활용 자원 시장의 성장 가능성에 기여한다고 역설했다. 환경부 장관 출신의 총리는 물론 이미 전환관리, 물질관리 아이디어에 익숙한 경제-사회 위원회와 MINA 위원회 같은 자문기구에서도 이에 호의적이었다. 그 결과 물질정책은 정부 선언에 포함되었고, 2011년의 '물질법' 제정으로 이어졌다. 또한 물질정책의 기초인 전환관리가 니치실험에서 확대되어 정부혁신 정책에 통합되었다.

그림 7-1 플랑드르 전환관리의 확대 과정

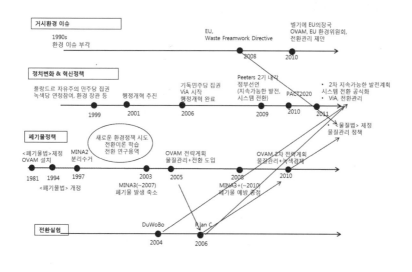

그러나 전환관리가 플랑드르 혁신전략의 중심이 된 것은 2011년에 이르러서였다. 물론 이전에도 물질관리 담론 또는 전환관리 접근은 여러 정책에서 깊게 논의되거나 일부 채택된 적이 있었다. 이미 언급한 OVAM의 '5층' 포럼의 물질관리 담론, '물질법' 초안, 제2차 지속가능한 발전 전략 초안, DuWoBo와 Plan C 같은 전환실험 추진 등이 그것이다. 그러나 이들은 서로 연결되지 않고 흩어져 따로 존재하는 활동이었다. 이 활동들은 ViA의 본격 추진 전략을 수립하는 과정에서 통합되었다. 2020년까지 유럽 5위권 진입이라는 야심찬 목표를 설정하고, PACT 2020으로 여러 사회 주체 세력들의 참여와 협조를 이끌어냈음에도 불구하고 ViA는 이를 위한 적절한 접근법 또는 정책 틀을 찾지 못한 상황이었다. 이에 페이터르스 내각은 2011년 3월 ViA 재정비를 위한 논의를 시작했고, 7월에 최종적으로 기존 정책과 전환관리를 동시에 추진하는 병행 접근(two track) 방식을 채택한다고 발표했다. 한편으로는 당시까지의 정규 혁신정책을 추진하고, 다른 한편으로는 여러 부처에 걸친 주요 사회 문제들에 대해 전환관리를 도입한다는 점, 그리고 이를 통해 장기적으로 다양한 이해 당사자와 파트너 관계를 형성하여 지속가능한 플랑드르 사회로 나아간다는 점이 강조되었다.

2) ViA의 전환관리

2011년 ViA는 사회 주요 문제들에 대해 전환관리를 도입하기로 결정했다. 정부가 임명한 조직팀은 13개의 주요 문제를 선택하고 이에 대한 전환관리를 추진하기 시작했다. 여기에는 기존의 Plan C와 DuWoBo가 포함되었고 산업정책, 빈곤과 보건 등 사회문제, 에너지, 물질 등 지속가능성의 문제들이 추가로 선정되었다. 사업 추진 과정에는 DuWoBo와 Plan C의 경험이 활용되었다. 각 영역에서는 미래비전과 전환경로를 설정하고 전환실험을 기획 또는 추진하는 과정에 다양한 자문을 제공하고 있다.

전환관리는 장기간에 걸친 시스템 변화를 위한 정책 수단이라는 점을 생각하면 ViA의 전환관리는 시작 단계다. 따라서 문제의 성격과 관련 사회적 집단들의 참여와 전환관리에 대한 이해 정도 등에 따라 다른 양상을 보이고 있으며, 전환관리의 세부적인 방식과 절차에서도 차이를 보인다. 그럼에도 불구하고 각 전환 영역에서 다양한 시도가 이루어지고 있다. 몇 가지 성공 사례를 소개한다.

표 7-3-1 ViA의 13개 전환과제의 주요 내용

1. 신산업정책(New Industrial Policy)

비전	경쟁력을 유지하면서 혁신이 주도하는 '미래산업'이 부와 다양한 고용 창출, ViA의 모든 파트너들은 혁신적, 녹색, 사회적으로 강력한 경제가 함께 엮일 수 있는 경제구조 추구
특징	원탁회의 운영, 원탁회의에 참여하는 정부 자문기구, 사회경제 위원회(SERV)를 통해 이 분야에 대한 자문과 혁신 정책이 통합된다. 지속가능한 녹색산업 등장과 성장 중심

2. 중견기업 도약(Gazelle Leap)

비전	급성장하는 중견기업(가젤기업)을 위한 환경 조성을 통해 일자리 창출과 경제발전
특징	가젤기업이 처한 특수한 문제에 대한 맞춤형 정책 수요 충족. 이를 위해 잠재성 높은 기업가들에 집중적이고 깊이 있는 자문, 코치 제공. 정부 파트너로 투자, 교역, 기업 관련 정부 기관, 연구기관들의 자문 참여

3. 목적지향적 혁신 정책의 능률화(Steamlining of Targeted Innovation Policy)

비전	지식경제에서는 혁신이 사회 발전과 경제 발전에 강력한 지렛대 역할 담당. 이를 위해 여러 정책 영역을 가로지르는 연결 고리 형성
특징	플랑드르의 과학기술의 강점과 사회, 경제 문제들을 연결함으로써 다학제적 혁신 허브, '혁신 코디네이션 집단'을 세부 분야별로 형성. 이를 통해 녹색 에너지, 녹색 교통과 운송, 생태적 혁신 등의 문제에서 변혁 추구. 최근의 주요 관심사는 사회적 기업, 폭넓게 지지되는 사회 혁신

4. 모두의 능동적 참여(Everyone Participates, Everyone is Active)

비전	노동시장의 수요에 맞도록 능력을 배양하여 노동력 부족 문제 극복 & 여성, 이민, 장애인, 50대 이상의 고용 증가
특징	노동시장, 정부, 교육훈련기관 등과 파트너 관계 형성을 통해 문제 접근, 교육, 산업의 대표자로 구성된 조종그룹(steering group)이 파트너 관계 강화를 위한 활동 추진

5. 아동 빈곤(Child Poverty)

비전	2020년까지 빈곤 상태로 출생하는 아동 수 50% 감소, 일반 빈곤 위험 30% 감소
특징	빈곤은 복합적인 문제이므로 정부, 서비스 제공 기관, 시민사회 조직, 빈곤자 모임 등의 통합적 활동 지향. 단기 계획으로 플랑드르 빈곤 축소 실행계획을 추진 중. 지방 조직들에게 플랑드르 정부에서 자문 제공

6. 플랑드르의 보살핌(Flanders' Care)

비전	질 높은 보살핌 서비스 제공과 가시적이고 보살핌 경제(care economy)에 대한 기업의 사회적 책임을 촉진하여 모든 종류의 보살핌에서 혁신 실현
특징	보살핌 혁신 플랫폼이 보살핌 시설, 보살핌 제공자와 사용자, 연구기관과 산업에 자문 제공. 특히 보살핌 분야에서 ICT에 기반을 둔 정보 공유에 중점, 플랑드르 정부의 씨앗 자금, "플랑드르 보살핌 투자" 편성

7. 신재생 에너지& 스마트 그리드(Renewable Energy and Smart Grids)

비전	2050년까지 플랑드르의 에너지 수요를 100% 신재생 에너지로 충족, 스마트 그리드 개발. 최대한 많은 에너지를 플랑드르 내에서 생산하기 위해 보다 많은 소비자의 전기 생산, 촉진, 이를 스마트 그리드로 뒷받침
특징	분산적 에너지 생산, 신재생 에너지 생산을 위한 혁신 전략 개발 및 실행계획 추진 중, 이를 위해 플랑드르 에너지국(Flemish Energy Agency)은 이해 관계자들에 자문 제공

표 7-3-2 ViA의 13개 전환과제의 주요 내용

	8. 지속가능한 생활과 건축물(Sustainable Living and Building)
비전	생활과 일을 동시에 지원하는 건축과 빌딩 시스템을 구축하여 생활과 일의 조화
특징	DuWoBo의 논의 계승

	9. 지속가능한 물질관리(Sustainable Materials Management)
비전	2020년까지 1차 원료, 에너지, 물질, 공간을 최소로 사용하는 녹색 순환 경제(green circular economy)의 기반 구축 & 물질관리와 물질 기술 분야 선도자
특징	비전, 전략, 전환경로 등에 대한 연구, 정보제공 등은 Plan C를 통해 추진. OVAM은 전환실험 중 및 자문 역할. 2020 실행계획 수립과 추진 중. 지속가능한 물질관리로의 전환 정도를 측정할 수 있는 지표 개발 중

	10. 내일을 위한 공간(Space for Tomorrow)
비전	공간을 다목적, 효율적으로 활용하여 녹지 보존 및 토지 이용 효율 제고, 이를 통해 플랑드르 환경과 생물 다양성 보존, 거주민들이 사회문화적 관계를 맺기 용이한 환경 제공, 식량·원료물질·동식물을 위한 녹지와 공공 용지 확보
특징	정부 파트너와 각계가 참여한 플랑드르 공간 비전을 담은 녹서(Green Paper)에서 문제점 제시, 그에 대한 다양한 참여자들의 토론과 의견을 백서에 포함 예정

	11. 스마트 이동성(Smart Mobility)
비전	이용가능한 모든 교통, 운송 수단의 효율성 극대화를 통해 자유롭고 편안한 이동 보장
특징	다양한 교통수단과 교통 정보 시스템을 활용. "신 이동성 계획" 수립을 위해 다양한 자문 조직과 사회단체, 개인들로부터 의견 수렴. 여러 교통수단을 혼합하여 최대의 편의성을 발휘하도록 하는 접근

	12. 투자 프로젝트 가속화(Accelerating Investment Projects)
비전	투자자가 적정한 기간 내에 사업을 진행할 수 있도록 필요한 행정 제도 구비와 투자 환경 구축
특징	투자자에 필요한 의사 결정과 정보 제공을 맞춤형으로 제공할 수 있는 방법론, "Route Planner" 운영. 신속한 인·허가를 위해 행정의 위계별 참여와 협동을 통한 능률화, 절차의 투명화, 디지털 정보 제공과 신속한 업데이트.

	13. 지속가능하고 창조적인 도시를 향해(Towards a Sustainable and Creative City)
비전	지속가능한 미래를 위해 강한 도시를 선택하고 투자하여 쾌적한 도시 환경 조성
특징	ViA 원탁회의를 통해 참가자들이 원하는 미래 도시의 상을 도출, 지역 기반, 근린 공동체 기반의 접근법 채택.

자료: http://www.vlaandereninactie.be/en의 내용을 중심으로 필자 정리.

① 신산업정책: 우미코어(Umicore)

우미코어(Umicore)는 중고 PC와 핸드폰에서 금, 구리 등 가치 있는 금속을 추출하는 기업이다. 폐기물 1톤당 200그램의 금을 추출하는 실적을 보이고 있다. 이 비율은 철광석에서 추출하는 비율 5%보다 훨씬 높기 때문에 추출에 따른 이산화탄소 발생을 감소시키는 효과가 있다. 원래 금속 산업은 에너지를 과다 소비하는 특징을 가진다. 그런데 우미코어는 폐기물에서 얻는 에너지를 이용하기 때문에 에너지 소비 측면에서도 효과적이다. 이런 성과에 바탕을 두고 우미코어는 2013년 다보스 포럼에서 세계 최고의 지속가능한 기업으로 선정되었다.

② 신재생 에너지와 스마트 그리드: 스토르흐(STORG)

스토르흐(STORG)는 돼지 사육과 농업을 병행하는 농장이다. 이 농장에서는 목축과 농업 생산 활동에서 발생하는 모든 생물 폐기물, 식물의 줄기나 뿌리 같은 비식용 식물자원, 돼지 사육장에서 나오는 거름 등을 공동발효설비(co-fermentation installation)의 연료로 사용하여 바이오가스를 생산한다. 이 농장에 설치된 두 개의 공동 발전 시설(cogeneration installation)은 바이오가스를 이용해 전기와 열을 생산한다. 특히 이 농장의 발전 시설은 이중 연료 모터를 채택하여 상황에 따라 식물성 기름도 사용할 수 있다.

이렇게 생산되는 열과 전기는 농장의 모든 수요를 충족하고도 남아서 인근의 레저공원 몰렌헤이츠(Molenheids)에서 필요한 에너지를 전부 충당할 정도다. 이 공원은 350여 개의 방갈로, 식당, 수영장, 실내체육관 등을 갖추었다. 스토르흐의 에너지 공급으로 공원은 외부 전기를 사용하지 않아도 된다. 이는 연간 35만 리터의 원유, 또는 750가구의 전기 사용량과 맞먹는 양이다. 이 정도 규모의 에너지가 100% 농장 부산물 즉 재생 가능한 원료만 생산된다는 점은 인상적이다.

③ 지속가능한 물질관리: 뉘레시스(NuReSys)

뉘레시스(NuReSys)는 바레험(Waregem) 지역의 기업으로 폐수에서 인을 추출하는 작업을 한다. 이 회사는 결정화(crystallization)를 통해 인을 효율적으로 추출하여 비료로 전환하는 기술을 개발하여 특허를 보유 중이다. 이 기술을 이용하면 폐수에서 인을 추출해 비료를 생산할 수 있다. 이 기술은 이미 인근의 감자 가공공장, 아흐리스토(Agristo)와 클라레바우트 포테이토스(Clarebout Potatoes)에 도입되어 매일 4톤 이상의 비료를 생산하고 있다. 또 다른 공장 아쿠아핀(Aquafin)도 이 기술을 도입하는 등 기술이 확대되고 있다.

세계적으로나 플랑드르에서 인의 수요는 높은 편인데 매장량은 한계가 있고 매장 분포 역시 몇몇 국가에 집중되어 있다. 뉘레시스의 기술을 사용하면 플랑드르의 축산업에서 발생한 폐수에서 영양 성분을 추출하여 활용할 수 있다. 이러한 기술은 지역에서 발생하는 폐기물, 잉여 물질을 활용해 국제적 자원 부족의 문제에 대응할 수 있게 하므로 플랑드르가 녹색산업 분야의 선두 주자가 될 기회로 활용될 수 있다.

4. 시사점

1) 플랑드르 전환의 특징

플랑드르의 사례는 정책 아이디어가 주요 행위자들의 학습과 정책통합 노력, 그리고 국내외의 변화하는 환경 변수들과의 상호작용을 통해 범정부

혁신 정책에 통합되는 진화의 과정이었다. 플랑드르 전환정책의 특징을 정리해보면 다음과 같다.

첫째, 플랑드르는 전환정책을 '수입'했지만, 학습으로 얻은 지식을 기반으로 전환관리를 시도했고 니치의 실험에서 나아가 다른 분야 정책들에 전환관리를 통합했다. 다시 말해 전환의 종주국인 네덜란드가 아닌 지역에서 전환관리가 체계적으로 확산된 주요 사례다. 자체 학습 → 네덜란드 전환전문가의 자문을 활용한 전환실험 → 독자적인 전환 실험 → 레짐의 변화 추동 → 전환관리의 유연한 해석을 통해 다른 부처 정책들과의 통합 및 전환관리의 확산 순으로 전개되었다. 이 과정에서 플랑드르의 고유한 조건을 반영한 전환관리의 변형이 만들어지는 등 전환관리의 기본 원리에 따르면서도 실천 차원에서 유연하게 적용하는 모습을 보였다.

둘째, 전환이론 확산에서 소수의 선구적 정책 혁신가들의 역할이 중요했다. 정부에 자문하는 정책 연구자들과 환경부, 특히 OVAM의 공무원들은 장기적 사회 혁신에서 전환관리가 가능성 높은 정책 수단임을 확신했다. 그래서 이들은 전환관리를 학습하고 전환실험에 참여하면서 전환관리에 대한 경험을 쌓고 지식 기반을 만들었다. 이들은 소수였고 OVAM을 제외하면 소속 부처와 기관이 제각각이었지만 전환관리를 매개로 긴밀한 관계를 맺었다. 또한 이들은 플랑드르 정부가 2000년대 이후 추진한 여러 혁신 정책 기획에 계속 참여하면서 전환관리에 대해 서로 조언하고 지지하는 역할을 했다. 이들은 전환관리를 채택한 지속가능한 물질관리 담론이 다른 부처의 정책과 통합될 수 있도록 '다리' 역할을 한 것이다. 그러므로 플랑드르에서 전환관리의 기획과 확산은 엘리트 관리와 연구자들이 주도한 '위로부터의' 활동의 결과였다.

셋째, 플랑드르의 정치 지형의 변화도 전환관리의 도입과 확산의 계기를 제공했다. 1990년 말까지 플랑드르에서는 기독민주당(CVP)이 전통적인 집권당이었지만 1999년 총선 이후 여러 노선을 가진 정당들의 연정이 계속되고 있다. 그에 따라 단일한 정당에 의해 정부가 구성될 때보다 더 다양한 정책 접근과 정책 수단이 채택될 수 있게 되었다. 1999년 연정에 처음 참여한 녹색당 출신의 환경부 장관 재임 기간에 환경정책은 지속가능성과 전환관리를 선구적으로 도입했다. 녹색당의 연정 참여는 단 한 번으로 끝났지만 전환관리는 환경 장관이 바뀌어도 지속되었다. 정치적 입장이 다른 당에서 집권해도 별다른 정책 수단이 없기 때문에, 또는 새로운 접근이었기 때문에 시도해볼 수 있는 정책으로서 수용되고 확산되었다. 부분적으로는 전환관리를 지지하는 정책 혁신가들의 노력 덕분이었다. 전환관리가 기존 정책과 공존하는 병행 접근을 택한 것도 영향을 주었다. 기존 정책을 위협하지 않고도 새로운 시도로서 다른 정당이 주도하는 정책에 수용될 수 있었기 때문이다. 또 전환관리는 2000년대에 주요 화두로 떠오른 지속가능한 발전과 관련해서도 설득력 있는 담론을 제공했다.

넷째, 정책 혁신가들은 대외적 조건 변화와 플랑드르 정치 변화의 맥락을 전환의 언어로 해석하여 전환관리의 확산에 활용했다. 2000년대 이후 환경 담론의 국제적 부상, EU의 폐기물 처리와 예방 방안 수립 요구, 플랑드르 행정 개편, 플랑드르 혁신 정책 ViA를 위한 정책 수단 부재 등의 상황에서 정책 혁신가들은 폐기물 처리를 물질의 전 주기 관리로 확대했다. 그리고 이를 물질 절약 및 물질 재활용 같은 녹색 신산업과 연결하여 지속가능한 발전, 녹색경제와 같은 다른 정책 담론들과의 통합을 쉽게 만들었다.

다섯째, 플랑드르 혁신정책 ViA가 전환관리를 채택함으로써 니치의 전환실험이 정책레짐에 복합적이고 다중적으로 영향을 줄 수 있다. ViA의 13개 전환관리 영역은 기존 부처의 경계를 가로질러(transversal) 문제 중심으로 설정되었기 때문에 한 영역에서 전환실험이 성공하면 이는 동시에 여러 부처의 정책레짐에 변화 압력을 줄 수 있다. 그런데 13개 영역에서 동시에 전환관리가 추진되면 이러한 변화 압력은 중층적이고 복합적으로 각 정책레짐에 작용할 수 있다.

2) 시사점

플랑드르의 예에서 보듯이 전환관리는 예측이 어려운 먼 미래의 문제, 성공 여부가 불투명한 문제, 해결 방안이 불투명한 복잡한 문제, 여러 다른 입장이 충돌할 가능성이 있는 문제 등에 적절한 접근이 될 수 있다. 왜냐하면 전환관리는 니치실험을 통해 다양한 아이디어의 가능성을 시험해볼 수 있고, 원칙적으로 정부를 포함해 다양한 사회 행위자들의 공동 학습과 참여가 보장되고, 정부 주도의 기획과 이해 관련자들의 아래로부터의 아이디어가 만나고 실현될 수 있는 채널을 제공하기 때문이다. 따라서 탈추격체제에 맞는 새로운 경제·사회 시스템을 만들어야 하고 동시에 지속가능한 발전을 위한 정책을 추진해야 하는 과제를 안고 있는 한국은 플랑드르의 전환정책의 시작과 확산에 주목할 필요가 있다. 플랑드르의 사례에서 다음과 같은 시사점을 얻을 수 있다.

첫째, 정부는 전환관리 추진에서 주도적인 역할을 함과 동시에 장기적 사회 변화를 촉발할 수 있는 아래로부터의 아이디어와 기획들을 촉진하고 지원하는 역할을 수행해야 한다. 플랑드르에서는 DuWoBo와 Plan C의 경우 OVAM의 공무원들이 전환실험의 기획과 전환팀을 통해 전환관리의 전 과정을 주도했다. 그러나 실제 내용을 구성하는 비전 설정, 전환경로, 프로젝트 기획과 출범에서 이들의 역할은 조정, 매개, 자문에 머물렀다. 또한

DuWoBo와 Plan C가 예산을 가진 집행기구가 아니라 전환 플랫폼 또는 전환 프로젝트 기획과 출범에 필요한 지식 네트워크라는 점도 강조되었다. 니치실험은 민간에서 자발적으로 시작될 수도 있지만 플랑드르의 사례처럼 한국도 민간의 시도를 촉진하기 위해 정부가 선도적인 역할을 할 필요성이 있다.

둘째, 정부가 이러한 역할을 수행하기 위해서는 OVAM의 공무원들의 활동에서 보듯 정부 측에 전환정책을 이끌어갈 정책 혁신가 집단이 필요하다. 이들의 역할은 전환 네트워크와 정부 행정과 정책을 연결하는 것이다. 이들은 한편으로는 전환 네트워크의 구성, 전환 네트워크에서의 학습과 프로젝트 기획에 필요한 방향설정(steering) 활동과 기획되는 프로젝트의 행정, 정책 관련 자문 활동을 한다. 다른 한편으로는 정부의 여러 정책에 전환관리를 통합할 수 있는 논리를 개발하고 전환실험을 촉진하고 지원할 수 있는 정책 제도를 개발한다.

셋째, 다양한 사회 행위자들이 전환에 동의하고 그 과정에 실질적으로 참여할 수 있는 방안을 모색해야 한다. 플랑드르의 혁신 정책 ViA는 본격적으로 전환관리를 도입하기 전에 이미 PACT 2020을 통해 정부와 산업계, 노조, NGO, 연구자들, 사회운동 등 다양한 진영이 서로 협력하는 구조를 갖추었다. 이는 ViA가 13개의 전환관리를 동시에 시작했을 때 각 사회적 주체가 전환 네트워크에 참여할 수 있는 근거와 기반이 되었다. 또한 ViA의 13개 전환관리는 실질적으로 참여가 일어날 수 있도록 각 문제의 특수성을 반영한 방식으로 지식 네트워크와 학습 공간을 운영한다. 만일 한국에서 전환관리를 추진할 경우 정부와 공공 기관 외에 다양한 이해 관계자들이 파트너로 관계를 맺고 협력할 수 있는 방식을 개발하는 것이 필요하다. 전환관리는 다양한 주체들의 적극 참여가 필수이기 때문이다.

넷째, 플랑드르의 전환관리가 기존의 혁신정책과 병행 접근을 취하고 있는 점에 주목할 필요가 있다. 적어도 시작 단계에서 전환관리는 기존 정책을 폐지하거나 대체하는 것이 아니라 니치를 만들고 니치실험을 하는 작은 정책 공간만 필요로 한다. 그뿐만 아니라 전환은 30~50년에 이르는 장기간에 걸쳐 서서히 진행되는 과정이다. 따라서 전환관리를 도입하고 추진하더라도 그것이 기존 거버넌스나 레짐에 단기간에 심각한 타격을 가하지 않는 점을 분명히 함으로써 전환관리나 니치실험 자체에 대한 기존 레짐의 저항을 극복해야 한다.

다섯째, 전환 네트워크 운영과 니치실험을 위한 재원 조달 방식을 강구해야 한다. 전환장 구성과 전환 네트워크의 운영에 필요한 재원이나 전담 인력을 지원할 제도가 필요하다. 개별 니치실험은 기존 혁신정책 자금 또는 산업 지원 자금 등에서 지원받을 수 있다. 그러나 전환 네트워크 또는 전환 플랫폼의 구축과 안정적 운영을 위해서는 전담 인력과 안정적인 재원이 필요하다.

4부

시스템전환의 관점에서 본
한국의 혁신정책

System Transition: Theory and Practice

전환연구와 탈추격론의 확장

송위진

　기후변화, 사회 양극화, 고령화, 대규모의 재난·재해가 심화되면서 혁신 연구에서도 이를 반영하기 위한 새로운 흐름이 전개되고 있다. 우리 사회를 구성하는 현 사회·기술시스템으로는 이런 변화에 대응할 수 없기 때문에 시스템의 전환이 필요하다는 전환연구가 대표적인 접근이다. 이는 지속가 능한 시스템으로의 전환과 시스템혁신을 비전으로 제시하면서 논의를 심 화·확장하고 있다(STRN, 2010; Grin et al., 2010; Geels et al., 2008; Geels and Schot, 2007; 사회혁신팀, 2014, 황혜란·송위진, 2014; 송위진·성지은, 2014). 젊은 연구자들을 중심으로 발전하고 있는 전환연구는 한 세대를 걸쳐 발전해온 혁신연구를 한 단계 진화시키는 역할을 하고 있다.

　한편 한국 혁신연구의 핵심적 주제는 추격에서 선도, 모방에서 창조로 등 의 구호로 표현되는 '탈추격'이다. 선진국 모방도 용이하지 않고 중국 등 후발국의 추격이 무섭게 진행되는 상황에서 추격형 시스템은 적합성을 상실했고 새로운 접근이 필요하다는 것이다. 탈추격론은 기존 추격체제의 한계를 지적하며 이것을 넘어서기 위한 시스템혁신이 필요함을 역설하고 있다(정재용, 2015; 정재용·황혜란, 2013; 송위진 외, 2006).

두 논의가 모두 시스템혁신과 전환을 이야기하고 있지만 그 내용은 다르다. 탈추격론은 혁신체제론을 활용해서 시스템혁신에 대한 논의를 발전시키고 있지만 전환연구는 사회·기술시스템론을 바탕으로 전환을 주장한다. 또 탈추격론이 주로 산업혁신과 경제발전에 초점이 맞추어져 있다면 전환연구는 사회통합·환경보호·경제발전이 통합된 지속가능성을 시스템의 지향점으로 삼고 있다. 탈추격론이 산업 부문과 기술 지식을 공급하는 산학연 주체와 관련 제도를 다룬다면 전환연구는 공급 부문을 넘어 그것을 활용하는 보건·복지, 주거, 식품, 에너지·환경, 노동, 교통 영역과 같은 수요 영역과 사용자들까지 논의의 대상으로 삼는다. 두 논의는 혁신의 목표와 영역 및 참여하는 혁신 주체에 대한 시각에서 차이가 있다.

이 글은 전환연구의 틀을 통해 탈추격론을 확장하는 시론적 작업이다. 이런 작업이 필요한 이유는 우선 혁신이론의 발전을 반영해서 탈추격론을 심화·발전시킬 수 있기 때문이다. 탈추격론에서는 탈추격 혁신의 유형, 추격형 혁신체제의 특성 등 다양한 내용을 분석해왔는데 주로 산업 영역에 초점을 맞추어왔다(정재용, 2015; 정재용·황혜란, 2013; 황혜란 외, 2012; 조성재, 2014, 송위진 외, 2006; 송위진, 2004). 여기에 산업 영역을 넘어 사회 영역까지 포괄하고, 지속가능한 시스템전환으로의 전환과정과 방법을 다루는 시스템전환론을 활용한다면 탈추격에 대한 논의를 풍부히 해서 탈추격을 우리 사회 전반을 대상으로 한 담론으로 확장할 수 있다.

또 다른 측면에서는 혁신활동과 정책을 둘러싼 환경의 변화가 새로운 접근을 요구하고 있기 때문이다. 2008년 금융 위기 이후 기존의 성장 중심주의에 대한 심각한 반성이 이루어지고 있다. 또 기후변화는 천천히 그러나 결정적으로 우리의 경제·사회 환경을 변화시키면서 이에 대한 적극적 대응을 요구하고 있다. 이 때문에 공유가치 창출, 사회적 경제 활성화, 사회적 도전 과제 해결을 위한 혁신정책과 같이 경제 성장과 사회 통합, 환경 보호에 동시에 접근하는 흐름이 등장하고 있다(장원봉, 2006; 성지은 외, 2012b; 성지은 외, 2015b; 송위진 외, 2013a). 이런 변화는 산업 혁신과 경제 발전에 초점을 맞추어왔던 혁신이론과 탈추격론의 시야와 관점을 재구성할 것을 요구하고 있다.

1. 탈추격론의 기본 관점

1) 지향점 : 추격체제의 극복

탈추격론은 추격형 혁신체제의 한계를 지적하면서 추격체제를 넘어서는 혁신체제 구축을 지향한다. 탈추격형 기술 혁신을 넘어 그것을 가능하게 하는 시스템 형성을 논의한다.

추격형 혁신체제는 산업화 과정에서 형성되었다. 추격체제는 궤적이 형성된 기술을 모방하면서 혁신활동을 수행했다. 여기서는 자원의 선택과 집중, 속도가 중요하다. 이 과정에서 일사불란하게 움직이는 조직, 압축적인 기술 개발, 동원을 위한 폐쇄적인 네트워크 형성, 특정 산업과 기업에 대한 전략적 지원, 중앙의 기획과 지방의 집행 등 추격형 혁신체제의 특성이 만들어졌다. 상부에서 모방전략을 정하고 하부는 그것을 빠르고 효과적으로 집행하는 것이 추격체제를 규율하는 원리였다. 추격전략을 통해 급속한 산업 발전이 이루어졌고 몇몇 분야에서는 세계적인 기업이 등장하게 되었다(정재용·황혜란, 2013; Hobday et al., 2004; Lee and Lim, 2001; Choung et al., 2011).

그러나 추격체제는 불균형 발전 전략을 통해 혁신체제의 양극화를 심화시켰다. 자원을 집중 지원받은 수출 기업·대기업·제조업 및 IT 분야는 급성장을 이루었지만 내수 기업·중소기업·서비스 분야는 정체 상태에 빠졌다. 또 속도전과 동원을 위한 수직적인 네트워크가 강조되면서 상의하달식의 위계적 의사 결정과 폐쇄적인 혁신활동이 주류를 이루게 되었다(송위진, 2015; 정재용·황혜란, 2013). 이런 특성은 사회의 양극화를 심화시켰고 다양성과 창의성 부족을 초래해 이제는 새로운 궤적의 탐색을 저해하는 핵심경직성(core rigidity)이 되고 있다(Leonard-Barton, 1992). 추격체제는 후발국으로부터 추격당하고 있으며, 선진국과 경쟁할 수 있는 새로운 대안을 더 이상 내놓지 못하고 있다.

탈추격론은 이런 불균형과 양극화, 위계구조·폐쇄성을 심화시키는 혁신체제를 넘어서 균형과 사회통합, 수평성·개방성을 지향하는 혁신체제를 지향한다. 대기업과 중소기업, 수출 기업과 내수 기업, 수도권과 지방의 양극화를 해소하고, 노동자의 소득과 고용을 증대시키는 혁신체제를 전망한다. 혁신 주체의 다양성을 확대하고 불확실한 미래의 궤적을 탐색하기 위해 다양한 실험을 선호한다. 다양성과 창의성을 촉진하기 위해 수평적·개방적 네트워크를 지향한다(정재용, 2015; 정재용·황혜란, 2013; 송위진, 2015). 이는 '시스템혁신'을 필요로 한다. 시스템의 개선이 아니라 새로운 혁신체제의 구축을 요구한다. 혁신체제의 전환을 모색하는 것이다. 이는 1등에서 10등까지 줄을 세우는 궤적에서 1등 시스템을 따라가는 것이 아니라 기존 궤적과는 다른 시스템을 형성하는 것이다.

2) 연구대상과 관점

탈추격론은 기업, 산업, 산학연을 포함한 시스템 전체, 지역의 혁신시스템에 초점을 맞춘다. 기업과 산업, 연구기관에서 수행되는 탈추격형 혁신 활동의 유형과 특성을 분석하고 시스템혁신의 가능성과 한계를 논의한다 (성지은, 2012b; 황혜란, 2011; 성지은·고영주, 2013; 송위진, 2004; 조성재, 2014; 송성수·송위진, 2010; 송위진·황혜란, 2006).

탈추격론은 혁신체제론에 기반을 두기 때문에 혁신공급자 중심의 접근을 한다. 탈추격형 기술을 창출하고 확산할 수 있는 기업, 산업, 지역혁신, 국가시스템을 모색한다. 사용자는 탈추격형 혁신을 수행하는 데 일정한 역할을 할 수 있지만 여전히 전통적인 혁신 주체가 중요한 역할을 담당한다 (Dosi, 1988).

또 탈추격론은 경제에 초점이 맞추어져 있다. 혁신을 통한 성장과 분배를 중심으로 논의한다. 여기서 삶의 질에 영향을 미치는 교통, 주거, 에너지 사용, 농식품 생산·소비 등 사회적 수요와 관련된 논의는 부족하다. 사회적 수요가 논의되는 경우도 산업의 경쟁력 차원에서 접근한다. 농업경쟁력 강화, 에너지 산업의 경쟁력 강화 등이 그런 논의들이다. 양극화 해소, 균형발전, 다양한 기회 창출을 가능하게 하는 시스템을 강조하고 있지만 그것이 우리 사회를 유지하기 위한 주요 사회적 수요에 미치는 영향에 대해서는 충분한 검토가 이루어지지 않고 있다.

3) 전환전략

탈추격론은 기존 시스템 개선보다는 시스템혁신을 지향한다. 추격체제

표 8-1	기술혁신시스템론과 사회·기술시스템론의 비교	
구분	기술혁신시스템	사회·기술시스템론
초점	특정 기술혁신시스템의 전망과 동학	사회의 광범위한 전환과정이나 다양한 혁신들의 전망과 동학
관심 대상	특정 기술이나 제품의 성공적인 확산	전환적(transformative)인 사회 과정

자료: 사회혁신팀(2014: 38)에서 일부 수정.

기술·제도의 정합성을 해체하면서 새로운 시스템을 구성해가는 과정을 다룬다. 탈추격은 과정적인 개념이다. 그렇지만 어떻게 추격체제를 뛰어넘어 새로운 체제를 구축할 것인지는 충분히 논의되지 않았다. 혁신체제론 자체가 구조 효과를 중시하기 때문에 체제 자체의 형성과 발전에 대한 분석이 많지 않았기 때문이다. 그러나 최근에 논의되고 있는 '기술혁신시스템론(technological innovation system)'을 활용하면 탈추격 혁신의 내용을 새로운 혁신체제의 형성과 연계해서 논의할 수 있다(Bergek et al., 2008a; 2008b; 사회혁신팀, 2014).

기술혁신시스템론은 특정 기술을 대상으로 혁신시스템의 형성·발전에 초점을 맞춘다. 이들은 혁신체제를 구성하는 주체·네트워크·제도와 같은 구조적 요소와 행동적 요소(activity)를 통합적으로 접근하면서 새로운 기술혁신체제가 형성되는 과정을 논의한다. 이들의 논의에 따르면 산학연 혁신 주체와 제도가 존재하는 상황에서 기업가 활동, 지식개발, 지식확산, 탐색활동 방향 제시, 시장 형성, 자원 동원과 같은 혁신 주체의 행동이 체계적으로 전개되면서 새로운 기술혁신체제가 형성된다. 이 과정에서 새로운 행동들을 막는 제도는 개선하고, 촉진시키는 제도를 형성하는 정책을 제시한다(Bergek, 2008a; 2008b; 사회혁신팀, 2014).

탈추격은 탈추격 혁신을 수행하면서 그것을 가능하게 하는 시스템혁신을 진행하는 것이기 때문에 이들이 제시한 분석틀과 과정에 대한 논의는 시사점이 크다. 특히 '추격체제에서 전개되는 탈추격 혁신'의 한계를 넘어서 탈추격체제로의 전환에 대해 날카로운 통찰력도 제공한다(송위진, 2015).

그러나 이들 논의는 새로운 시스템 형성 과정을 분석하고 있지만 시스템혁신의 비전과 전망에 대한 논의, 사회적·문화적 요소에 대한 분석이 약하다는 평가를 받고 있다(사회혁신팀, 2014: 38). 혁신의 공급시스템이 형성되는 과정을 중시하기 때문에 나타난 결과다.

4) 의의

혁신이론의 측면에서 보았을 때, 탈추격론은 후발국도 시스템의 고착현상(lock-in effect)이 나타나고 그것을 넘어서기 위한 시스템전환이 필요함을 주장하는 논의이다.

후발국의 추격형 기술혁신을 다루는 주요 연구에 따르면, 기술패러다임 전환기에는 기존 패러다임에서 우위를 점했던 선진국은 기술적·제도적 고착 때문에 새로운 패러다임에 쉽게 진입하기 어렵다. 반면 후발국은 기존 패러다임을 지원하는 제도도 강하지 않고, 새로운 패러다임 초기 단계의 기술을 많은 비용을 들이지 않고 획득할 수 있기 때문에 선진국보다 먼저 새로운 패러다임에 편승할 수 있는 기회를 잡을 수 있다(Perez and Soete, 1988; Lee and Lim, 2001). 기존 기술패러다임에 대한 고착 현상이 없기 때문에 이런 기회의 창이 열리는 것이다.

탈추격론은 이와 달리 후발국의 고착 현상을 지적한다. 상대적으로 유연한 제도와 용이한 기술 획득 기회 때문에 패러다임 전환기에 선진국을 추격

할 수 있지만 그 과정에서 형성되는 추격체제가 선진국을 추월하고 독자적인 궤적을 형성하는 것을 어렵게 한다는 점을 논의하고 있다. 기술패러다임 전환기에 기회의 창은 열리지만 그것을 쉽사리 통과하기가 어렵다는 것이다. 기회의 창을 통과하기 위해서는 추격형 시스템을 넘어서는 시스템혁신이 필요하다.

2. 전환연구의 기본 관점

1) 지향점 : 지속가능한 시스템으로의 전환

전환연구는 지속가능성이라는 가치지향성을 명시적으로 드러내면서 지속가능한 사회·기술시스템으로의 전환을 이론적·규범적으로 주장하고 있다. 그동안의 산업화 과정을 통해 기후변화, 세계화, 에너지·환경문제가 심화되고 있기 때문에 이에 대한 적극적인 대응이 없으면 우리 사회 전체가 어려움에 빠지게 된다는 것이다(STRN, 2010).

시스템전환론에 입각해 연구개발 활동을 수행하고 있는 벨기에의 비토 (VITO) 연구소는 현재 시스템 내에서의 개선 활동은 우리 사회가 직면한 다양한 문제를 해결하지 못하며 결국에는 사회가 나락에 빠져든다는 절박한 관점에서 지속가능성 비전에 입각한 시스템전환을 이야기하고 있다. 비토에서는 지속가능한 시스템으로의 전환은 이론적 접근뿐만이 아니라 연구개발 활동과 실천 활동을 규율하는 원리가 되고 있다(VITO, 2012; 박미영 외, 2014; 이은경, 2014).

전환연구는 1987년 세계환경개발위원회가 발간한 『우리들 공통의 미래 (Our Common Future)』에서 제시한 지속가능성 개념을 발전시키면서 Sustainability Transition이라는 시스템전환과 연결시키고 있다. 환경문제나 사회문제에 대한 대응은 보통 사후 처리 방안에서 시작해서 사전 예방 전략이 논의되어왔는데 사회·기술시스템론은 한 단계 더 나아가 시스템전환을 주장하고 있다(Grin et al., 2010; Geels et al., 2008).

사후 처리는 기존의 공정이나 제품에 문제가 생겼을 때 새로운 오염 처리 기술이나 규제 방안을 도입하여 결과물을 관리하는 방안이다. 공정이나 제품 생산은 그대로 진행되고 위해 요인만 규제나 기술 개발을 통해 대응하는 것이다. 사전 예방 전략은 새로운 공정과 제품을 개발해서 위해 요인을 제거하는 것이다. 사후적으로 관리하는 것이 아니라 사전적으로 환경파괴와 위해 요인이 적은 공정과 제품을 개발하는 것이다. 그렇지만 개별 제품과 공정을 대상으로 사전 예방이 이루어지더라도, 환경파괴나 위해 가능성이 있는 제품·서비스에 대한 수요가 존재하고, 사전 예방형 활동을 가능하게 하는 조직 과정과 지원시스템, 문화 등의 사회·기술시스템이 구축되지 않으면 근원적 문제 해결은 어려워진다. 사회 전체 차원에서 새로운 사회·기술시스템으로 전환할 때에만 문제가 해결된다는 것이다(Geels et al., 2008).

2) 연구대상과 관점

혁신체제론이 기술 지식의 창출·확산에 초점을 맞추었지만 전환연구는 기술 공급 영역뿐만 아니라 기술을 활용하여 삶을 영위하는 주거, 이동, 식품, 보건·의료, 문화, 위생 등 사회 영역까지 논의의 대상으로 삼는다. 따라서 수요 영역·사회 영역, 시민사회, 사용자 등도 사회·기술시스템과 혁신의 주요 행위자로 등장한다. 따라서 산업은 산업 그 자체로 파악되는 것이 아니라 이러한 사회 영역과 함께 논의되고, 산업의 진화는 산업과 사회의 공진화의 모습을 지니게 된다(황혜란·송위진, 2014; Geels, 2002; 2004a).

혁신체제론에서는 소홀히 다루어져왔던 사회 영역과 수요 영역을 논의하게 되면서 전환연구는 경제와 환경·사회가 동시에 발전하는 지속가능성을 이야기한다. 경제가 발전해도 환경을 파괴하고 사회통합을 악화시키면 그것은 지속가능하지 않다는 점을 지적하고 있다. 특히 현재의 사회·기술시스템은 에너지 집약적이고 보건과 안전에 대해 사후적인 접근을 하고 있기 때문에 장기적으로 지속가능하지 않음을 강력히 주장하고 있다.

전환연구는 각 사회적 기능 영역에서 지속가능한 시스템으로의 전환을 논의한다. 농식품시스템, 에너지시스템, 보건·의료시스템, 주거시스템, 문화시스템의 영역에서 지속가능성을 논의한다.

지속가능한 사회·기술시스템으로의 전환은 삶의 질 향상과 더불어 새로운 신산업을 형성하게 된다. 에너지 집약적 자원과 자본집약적 산업을 넘어 환경보호와 사회통합을 통해 지속가능한 삶을 영위하게 해주는 산업을 형성하면서 산업과 사회의 공진화가 이루어진다. 네덜란드에서 산업을 다루는 경제부가 에너지전환을 주도한 것도 이런 측면을 반영한 것이다(Kemp et al., 2007; 정병걸, 2014).

3) 전환전략

시스템전환은 거시 환경의 변화 속에서 열리는 새로운 사회·기술시스템에 대한 기회의 창을 활용해서 진행된다. 예를 들어 기후변화와 같은 거시 환경 변화는 기존 사회·기술레짐에 압박을 가하여 온실가스 배출을 최소화하는 새로운 생산방식과 생활방식에 대한 '기회의 창'을 열어준다. 이를 통해 에너지전환, 교통시스템전환을 꾀하는 새로운 사회·기술니치의 실험이 진행된다(사회혁신팀, 2014).

이러한 과정은 전환관리를 통해 진행된다. 전환관리에서는 새로운 사회·기술 맹아를 지지하는 주체들의 거버넌스를 형성하여 그것을 확장·확대시켜 시스템전환을 추진하는 방법론을 다룬다. 전환관리가 적절히 추진되면, 눈덩이가 구르면서 점점 커지듯 새로운 사회·기술맹아를 지향하는 혁신 주체들이 모인 전환협의체가 형성되고, 이들이 사회·기술맹아를 확장시키는 사업을 추진하면서 네트워크가 확대된다. 이 과정에서 기존 사업도 전환관리의 관점에서 재해석되면서 전환실험으로 진화한다(Loorbach, 2007; Van den Bosch, 2010; 사회혁신팀, 2014).

이렇게 전환연구는 시스템전환과정에 대한 논의에서 상당한 강점이 있다. 거시 환경의 변화로 인해 열리는 기회의 창을 활용하는 사회·기술니치, 그리고 그것의 심화·확대·확장을 통해 이루어지는 전환과정, 전환 거버넌스와 프로그램을 제시하고 있다. 게다가 에너지전환, 자원순환 시스템 구축과 같은 다양한 전환실험의 경험이 있기 때문에 실천적인 지식도 상당히 축적하고 있다(정병걸, 2014; 이은경, 2014). 더 나아가 기존의 프로젝트를 전환사업화해서 전환 프로젝트로 진화시키는 논의도 담고 있어 기존 사업과 전환을 연계시키는 틀도 제시하고 있다.

3. 전환연구를 통한 탈추격론의 확장

1) 지향점과 대상의 확장

전환연구의 관점에서 탈추격론을 재해석하게 되면 혁신활동의 목표와 지향점이 확장된다. 독자적인 궤적을 형성하는 탈추격 혁신을 넘어 무엇을 위한 혁신인가를 질문하면서 혁신의 방향에 대한 논의를 풍부히 할 수 있다. 즉 그동안 산업 발전과 경제성장을 중심으로 혁신을 논의해왔지만, 전환연구의 관점에 서면 경제성장을 넘어 '지속가능성'을 혁신의 핵심 목표로 설정하게 된다(Grin et al., 2010). 이는 성장과 사회통합, 환경보호가 병립하는 것으로서 공유가치창출, 사회에 책임지는 혁신(Responsible Research and Innovation) 등 경제적 목표와 사회적 목표가 통합된 개념들을 혁신활동의 목표로 설정하는 계기를 제공한다(성지은 외, 2015b). 이를 통해 탈추격과 지속가능한 전환을 결합할 수 있다.

마찬가지 논리로 전환연구의 관점에서 접근하면 탈추격의 대상과 범위가 확장된다. 산업의 탈추격을 포함해서 기존의 기술 사용 시스템을 대체하는 새로운 사회·기술시스템을 구성하는 것까지 고려 대상이 된다. 기술공급 중심, 산업 중심의 틀을 넘어 기술 공급과 사용, 산업과 사회를 통합적으로 인식하는 관점을 취하게 된다.

2) 사회·기술시스템전환과 추격, 탈추격

혁신을 이런 측면에서 파악하게 되면 추격과 탈추격을 좀 더 폭넓은 시각에서 접근하면서 탈추격에 대한 새로운 연구 주제와 정책 영역을 발굴할 수 있다.

(1) 추격체제의 재해석

탈추격론의 관점에서 볼 때 추격체제는 속도와 불균형 발전전략을 통해 급속한 산업 발전과 성장을 이루었다. 선택과 집중의 논리에 따라 재벌계 대기업 중심의 폐쇄적 혁신체제, 중앙과 지방의 불균형 발전, 이를 지원하기 위한 인력 양성과 공공연구시스템을 통해 추격형 성장이 이루어진 것이다(정재용·황혜란, 2013; 송위진 외, 2006).

그러나 전환연구의 관점에서 살펴보면, 추격체제에서는 경제성장이 지배적인 목표가 되면서 사회통합, 환경보호가 성장의 하위범주로 위치했고, 이 때문에 폐쇄형·불균형 혁신체제와 함께 사회적 양극화, 에너지·자원다소비 사회·기술시스템의 특성이 만들어진 것으로 볼 수 있다(송위진 외, 2006).

추격체제에서는 산업의 추격을 위해서 사회통합과 환경·안전과 관련된 측면들이 소홀히 되거나 산업 발전을 위해 동원되었다. 제품 개발과 생산의 비용을 낮추고 속도를 높이기 위해 환경·안전 규제를 낮은 수준에서 접근하는 생산시스템, 생산비용을 낮추기 위한 원전 중심의 중앙집중형 에너지시스템, 식량과 식품을 싸게 생산·공급하여 인건비 부담을 낮추기 위한 투입형 농식품시스템, 산업화·도시화 때문에 나타나는 인구집중과 주거문제를 해결하기 위한 아파트 중심의 거주시스템, 생산단지를 연결하는 고속도로와 철도, 도시집중에 대응하기 위한 지하철과 교통시스템, 노동력 재생산을 위한 의료·복지시스템 등을 추격형 사회·기술시스템의 틀에서 서술할 수 있다(선유정, 2008; 박정연·송성수, 2014; 한국경제60년사 편찬위원회, 2010).

그리고 이들 환경·안전·에너지·주거·교통·의료·복지 분야에서 필요한 기술은 외국의 기술을 활용해서 저비용으로 서비스를 공급하는 추격형 접근을 취했다. 이 과정에서 사회의 하부구조 영역에서도 모방형 기술혁신이 전개되었다.

요약하면 추격체제에서는 추격형 산업혁신 시스템과 이를 지원하기 위한 보건·의료, 주거, 에너지·환경, 안전시스템이 공진화하면서 '추격형' 사회·기술시스템이 형성된 것이다. 이런 관점은 추격체제에 대한 해석을 좀 더 포괄적으로 수행하고 그동안 혁신연구에서 충분히 다루어지지 않았던 교통·보건·의료·환경·에너지·안전 영역에서 전개된 추격형 혁신활동과 그것의 사회적 효과들을 분석하는 데 도움을 준다.

(2) 탈추격론의 확장

전환연구의 관점에서 본다면 경제성장과 동원, 에너지 다소비, 불균형과 양극화를 초래하는 추격형 사회·기술시스템은 지속가능하지 않다. 따라서 탈추격은 사회·기술시스템의 새로운 진화 궤적을 형성하는 활동일 뿐만 아니라 성장·사회통합·환경보호가 병립하는 지속가능한 사회·기술시스템을 구축하는 것이기도 하다. 이중의 과제를 해결하는 활동이다. 이 때 특권적 위치에 있던 경제성장은 사회통합과 환경보호라는 목표와 동등한 차원에서 조율된다. 또 보건·의료·안전·환경 분야의 사회적 활동은 산업혁신을 지원하고 동원되는 활동이 아니라 그 자체가 독립적인 영역으로서 산업혁신과 상호작용하면서 진화하는 시스템이 된다. 여기서 산업혁신은 사회 분야의 혁신과 함께 사회·기술시스템의 일부가 되고 지속가능성을 향상시키는 기반이 된다(Grin et al., 2010).

이런 관점에 서면 자동차 산업의 탈추격 혁신은 자동차 산업에 한정된 탈추격이 아니라 이동(mobility)과 관련된 사회·기술시스템의 진화와 관련해서 논의된다. 에너지·환경과 관련된 지속가능성을 높이기 위한 교통시스템의 변화, 주거와 이동의 근접성을 높이는 도시 형성, 공유경제나 공공성이 강조되는 이동시스템의 발전과 자동차 산업의 탈추격 혁신이 통합적으로 검토되어야 하는 것이다. 자동차 산업 발전과 기술혁신이 지속가능한 생활세계, 시민의 삶의 질 향상과 공진화하게 되며, 추격시대의 핵심가치였던 효율성과 경쟁력은 삶의 질, 지속가능성의 관점에서 해석된다.

그리고 여기서 사회 영역은 문제를 해결하면서 탈추격 혁신활동을 촉진하게 된다. 산업혁신을 위해 동원되는 것이 아니라 탈추격 혁신이 이루어질 수 있는 기반을 제공한다. 즉 한국의 사회문제를 해결하고 지속가능성을 구현하는 과정에서 새로운 궤적을 형성하는 탈추격 혁신이 모색된다. 사회문제 해결활동이 탈추격 혁신의 테스트베드가 되면서, 새로운 산업을 형성하고 지속가능한 사회와 삶의 방식이 구현된다.[1] 우리 사회의 문제를 해결하는 활동이 새로운 기술 궤적을 실험하고 시장을 형성하여 산업을 주도하는 선도시장 전략(Lead Market Initiative)이라는 틀로서 작동하는 것이다(European Commission, 2010; Edler, 2009; Walz and Kohler, 2014).[2] 사용자와 시민사회는 자신들이 직면한 문제를 해결하면서 기업과 함께 탈추격 혁신을 수행하게 된다.

같은 맥락에서 지역사회 문제를 해결하는 혁신활동은 탈추격 혁신의 맹아가 될 수 있다. 중앙의 지시에 따라 생산을 하거나 중앙과 연계해서 혁신활동을 하던 추격체제를 넘어 지역사회 문제 해결을 위한 혁신을 수행하면서 새로운 실험을 통해 탈추격 혁신의 씨앗을 형성하게 된다. 규모는 작지만 지역사회를 플랫폼으로 새로운 사회·기술의 맹아를 실험함으로써 지역의 지속가능성을 높이고 새로운 궤적을 만들어간다. 이러한 지역사회문제 해결을 위한 혁신활동은 내생적 혁신, 지역 기반 혁신으로서 탈추격을 위한

---

1 기술이 디지털화되고 모듈화되면서 기술 모방이 용이해지고 있다. 이는 글로벌 생산네트워크를 가능하게 해서 후발국의 산업화와 추격을 촉진하고 있다. 이제 다른 후발국도 한국을 추격하면서 탈추격 활동이 더욱 요구되고 있다. 이를 위해서는 후발국이 쉽게 모방할 수 없는 지식과 활동이 필요한데 사회영역에서의 문제 해결은 그 계기를 제공해준다. 문화와 행동(practice)에 기반을 둔 지식과 활동은 사회에 착근되어 있어 쉽게 모방할 수 없기 때문이다. 한국 생활세계는 해결해야 할 문제의 공간이면서 동시에 탈추격 혁신의 기반이 될 수 있다.

2 선도시장 전략은 특정 지역을 테스트베드로 해서 문제를 해결하면서 축적된 지식과 기술을 바탕으로 선도시장을 형성하고 표준과 지배적 설계를 구축하여 전체 시장을 주도하는 전략이다(Edler, 2009).

지역혁신의 새로운 모델로서 의미가 있다(김태연, 2015; 이민정, 2014).[3]

이러한 접근은 산업혁신 범주도 변화시킨다. 전통적인 공급 중심의 산업 분류를 넘어 지속가능성을 지향하며 여러 문제를 해결하기 위한 영역을 범주로 혁신과 산업 발전을 논의할 수 있기 때문이다. 지속가능성을 위한 문제 해결 과정은 다른 분야에 속해 있던 산업과 기술의 융합을 필요로 한다. 이는 수요에 기반을 둔 탈추격 혁신의 토대가 될 수 있다. 기업 수준의 논의이지만, 전자회사였던 히타치가 '사회 혁신: 우리의 미래(Social Innovation, It's Our Futures)'라는 비전을 내세우면서 환경·에너지·보건의료 등 사회문제 해결 중심으로 기술과 사업부를 재편하여 사업을 전개하는 것은 그 사례가 될 수 있다(이우광, 2014).

이를 통해 그동안 추격체제의 혁신활동에서는 충분히 논의되지 않았던 사회서비스나 환경·에너지 영역도 탈추격 혁신이 이루어지는 영역이 될 수 있다. 에너지 생산·소비 영역, 농식품 영역, 자원순환 영역, 보건의료 영역에서 여러 제품혁신과 서비스 혁신이 결합되어 새로운 궤적을 형성하는 탈추격 혁신이 전개될 수 있다. 이것은 기존 기술 궤적을 따라 표준화된 제품을 생산하는 추격형 혁신과 차별화되면서 전환을 위해 새로운 영역과 산업을 개척하는 방안이 된다.

---

3 전주 외곽의 완주 지역에서 구축된 로컬푸드시스템은 사례가 될 수 있다. 완주 지역의 소농과 고령 농을 조직화하고 이들이 재배한 농식품을 전주와 연결해주는 시스템을 구축하여 지역사회의 활력을 높이고 먹거리의 안정성을 높이는 지역혁신이 이루어졌다. 이는 지속가능한 농식품시스템 니치로서 의미를 지니고 있으며, ICT와의 결합을 통해 진화하면 새로운 탈추격 혁신의 사례가 될 수도 있다. 이에 대한 논의는 김종선 외(2014; 2015)를 참조할 것.

3) 시스템전환 전략의 구체화

탈추격론은 혁신체제론을 기반으로 하고 있기 때문에 시스템전환과정에 대한 논의가 그동안 상당히 추상적인 수준에 머물러 있었다. 신기술의 등장과 혁신 주체들의 활동을 중심으로 새로운 기술혁신시스템의 형성을 논의하는 스웨덴 그룹의 연구는 이런 문제를 해결하려는 노력이다(Bergek, 2008a; 2008b). 전환연구도 혁신체제의 전환과정에 대한 좀 더 포괄적이고 구체적인 논의를 제시할 수 있다.

전환연구의 관점에서 탈추격론을 재해석하면 거시 환경 변화로 인해 열리는 기회의 창을 활용하는 니치는 탈추격과 지속가능한 전환을 동시에 추진하는 맹아이다. 추격형 사회·기술시스템의 수직적·위계적 틀을 넘어서 수평적 규율 원리에 따라 작동되는 사회·기술니치는 새로운 궤적을 형성하고 지속가능한 사회·기술시스템을 구축하는 교두보가 될 수 있다.

그리고 전환관리를 위해 도입되는 거버넌스 형성과 관련된 과정들은 탈추격을 지향하는 사회·기술혁신의 맹아를 확장하면서 시스템혁신을 추진하는 활동이다. 탈추격·지속가능한 전환을 위한 전환관리팀을 구성하고, 이를 중심으로 전환협의체를 구축하며, 다양한 탈추격·지속가능한 전환을 위한 사업을 추진하여 전환네트워크를 확대하면서 새로운 사회·기술시스템이 발전하게 된다.

예를 들어 전기차를 기반으로 하는 공유경제(sharing economy) 시스템을 구축하고 활용하는 사업은 혁신체제론에 따르면 새로운 기술체제를 실험하는 것이다. 전기차가 자리 잡기 위해 다양한 활동들이 형성되고 제도적 문제점들이 개선되어야 한다.

그러나 전환관리론의 관점에서 본다면 이는 지속가능한 사회·기술시스템의 맹아를 형성하는 사업이 된다. 이런 유형의 사업을 통해 민·산·학·연과 정부·지자체가 참여하는 전환협의체를 구성하고, 전환을 위한 새로운 실험을 추진하며, 전환네트워크를 확장하면서 시스템혁신의 공간을 확보하게 된다. 이를 통해 전기차에 대한 새로운 수요와 활용 방식이 검토되면서 우리의 생활환경에 부합되는 전기차 기반 공유형 이동시스템이 형성되고 새로운 궤적을 만드는 탈추격의 기회를 잡게 된다. 전기차 관련 제품과 서비스를 개발·생산하는 기업뿐만 아니라 정부와 사용자 및 시민사회가 네트워크를 구성해서 지속가능한 새로운 사회·기술 궤적을 형성하는 탈추격 혁신활동에 참여하게 된다.

이 때 탈추격과 지속가능성을 지향하는 사업의 정당성을 높이고 학습을 촉진하며 네트워크를 계속 확대해나가는 것이 필요하다. 이것이 반복되면서 기존 시스템의 전환이 이루어진다.

4) 탈추격론의 전환연구에의 기여

그렇다면 탈추격론은 전환연구에 어떤 기여를 할 수 있는가? 전환연구는 개발도상국을 대상으로도 시스템전환론을 적용할 수 있다고 본다. 여기서 다루는 시스템전환은 지속가능한 산업화의 성격을 지니고 있다. 선진국과 후발국에서 이루어지는 산업화가 에너지 집약적이고, 환경부하를 심화시키는 경향이 있는데 그것을 넘어서는 산업화를 주장한다. 전형적인 산업화와는 다른 산업 발전 전략을 제시하기도 한다(Ulrich and Ivan, 2013).

이것은 쉬운 일이 아니다. 후발국은 기술 능력이 부족하기 때문에 외부로부터 기술과 산업을 모방하는 추격 과정을 경험한다. 이 때 도입된 기술과 제도는 선진국의 지속가능성이 떨어지는 기존 기술과 제도일 경우가 많다. 그리고 함께 논의되는 성장지상주의는 지속가능성이 낮은 사회·기술시스템을 지향할 가능성이 높다. 이런 상황에서 지속가능한 전환을 추진하기 위해서는 산업화 과정, 추격 과정 초기부터 지속가능한 기술과 산업을 구축하려는 노력이 필요하다(Ulrich and Ivan, 2013).

탈추격론은 산업화가 더 진행된 중간 정도의 국가에서 이루어지는 사회·기술시스템전환의 특성을 잡아내는 데 도움을 줄 수 있다. 이들 국가들의 경우에는 이미 지속가능성이 낮은 시스템이 자리 잡고 있기 때문에 지속가능한 전환의 과정이 좀 더 어려울 수 있다. 그렇지만 전환과정이 제대로 이루어지면 새로운 궤적을 형성하는 탈추격 혁신과 연계될 가능성이 높다는 것을 알려줄 수 있다.

4. 맺음말

이 글에서는 새롭게 부상하고 있는 전환연구의 관점에서 우리나라 혁신정책 담론 중의 하나인 탈추격론을 재해석하는 작업을 수행했다. 탈추격론의 지향점, 주요 연구 대상, 시스템전환에 대한 논의를 전환연구의 관점에서 확장하여 지속가능성, 산업과 사회의 공진화, 전환관리 등의 개념을 새롭게 도입할 수 있었다.

이런 작업은 사회의 양극화가 심화되고 저성장 국면에 진입하고 있는 한국 사회·기술시스템을 새로운 관점에서 성찰할 수 있는 기회를 제공해줄 것이다. 기존 시스템의 개선과 최적화가 아니라 새로운 탈추격·지속가능 시스템으로의 전환, 경제·산업뿐만 아니라 사회의 공진화를 통한 사회·환경문제의 해결과 탈추격 혁신의 구현, 탈추격과 지속가능성의 맹아를 담고 있는 니치를 전환의 관점에서 전략적으로 관리해야 한다는 주장은 연구개발사업과 혁신정책을 디자인할 때 새로운 전망을 제시할 수 있다.

이 글은 현재 이론 수준에서 제시된 시론적 논의이기 때문에 향후 구체적인 사례에 바탕을 둔 연구가 필요하다. 전기자동차, 공유경제, 새로운 이동시스템을 통합적으로 접근하는 사례연구나 재생에너지 프로젝트, 분권화된 에너지시스템, 에너지전환에 대한 연구가 그 대상이 될 수 있을 것이다.

시스템전환론의 관점에서 본
사회문제 해결형 연구개발사업의 발전 방향

송위진

　　그동안 혁신정책은 과학적 수월성과 산업 발전에 초점을 두었다. 그러나 최근 과학적·산업적 목표를 넘어 사회문제 해결이라는 사회적 목표를 내세우는 정책이 등장했다. 사회문제 해결형 연구개발사업이 바로 그것이다. 양극화 문제, 안전문제, 환경·에너지 문제, 복지서비스 문제 등 우리 사회가 처한 문제를 해결하기 위해 연구개발예산을 투입하고 혁신활동이 전개되고 있다(송위진·성지은, 2013; 국가과학기술위원회, 2012; 국가과학기술심의회, 2013). 사회문제 해결형 연구개발사업은 기술 획득 중심의 연구개발사업을 문제 중심적으로 접근하는 혁신적 사업이다.

　　그런데 사회문제는 여러 이해관계가 복잡하게 얽혀 있기 때문에 난제인 경우가 많다. 한 번의 사업으로 해결되지 않으며 장기적인 과정을 거치게 된다. 사회시스템과 기술 시스템전환의 관점에서 접근할 필요가 있다. 기술만이 아니라 기술을 개발·사용하는 법·제도시스템의 변화까지도 고려해야 한다. 따라서 사회문제 해결형 연구개발사업은 대증적 접근이 아니라 문제를 근원적으로 해결할 수 있는 시스템전환 차원에서 접근해야 한다.

사회·기술시스템전환론은 장기적 관점에서 새로운 사회·기술결합체의 맹아가 발전할 수 있는 니치를 형성하고 이를 전략적으로 관리(전략적 니치 관리론)해서 기존 시스템을 대체하는 플랫폼으로 활용하자는 주장을 편다. 여기서 사회문제 해결형 연구개발사업은 니치에서 진행되는 실험(전환실험)이 될 수 있다. 이 사업을 통해 얻어진 문제 해결 능력, 문제 해결을 통한 정당성 확보, 문제 해결 과정에서 형성한 혁신 주체들의 네트워크는 니치를 더욱 확대·발전시키는 자산이 된다. 이런 작업이 누적되면서 시스템전환이 이루어질 수 있다.

이 글에서는 시스템전환의 관점에서 현재 진행되고 있는 사회문제 해결형 연구개발사업을 정리하고 이를 전환실험으로 진화시키기 위해 수행해야할 과제를 다룬다.

1. 연구개발사업의 전환실험화

사회문제 해결형 국가연구개발사업은 새로운 성격을 지닌 연구개발사업이다. 사회문제에 대응하는 목표를 설정하고 있다. 현재 추진되고 있는 사업과 혁신활동은 단기적으로 직면한 문제 해결에 초점을 맞추는 일반적인 연구개발 프로젝트의 특성을 지니고 있다.

시스템전환의 관점에서 접근하는 것은 연구개발사업의 의미를 시스템전환의 틀에서 재해석하여 추진 범위와 주요 요소, 성과, 의사 결정 구조를 전

그림 9-1 연구개발사업의 전환실험화

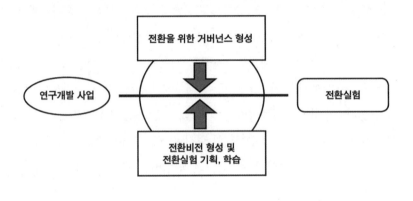

환실험으로 진화시키는 것이다. 즉 기존 연구개발사업을 시스템전환의 관점에서 재배치하고 재구조화하여 '전환실험화(transitioning)'하는 것이다(Van den Bosch, 2010).

이를 위해서는 새로운 거버넌스를 형성하고 여기서 숙의·학습을 통해 연구개발사업의 내용과 추진체제를 확장하는 것이 필요하다. 즉 ① 여러 층위의 전략을 논의할 수 있는 거버넌스를 형성(전환협의체, 전환동맹, 이해 관계자 연합)해야 하고, ② 각 거버넌스 운영을 통해 숙의·학습(시스템 분석과 공유된 비전 도출, 의제 도출 및 전환경로 선택, 전환실험 기획·실천 등)이 전개되고 성과물이 산출되어야 한다. 연구개발사업의 일하는 방식과 내용의 확대를 통해 새로운 사회·기술니치의 확장과 확대가 이루어지는 것이다.

물론 이 과정은 층위별, 시기별로 차례대로 진행되는 것은 아니다. 또 반

표 9-1 사회문제 해결형 연구개발 프로그램의 특성

		AS-IS 기술획득형	TO-BE 사회문제 해결형 프로그램
목적		· 국가의 경제 발전에 초점을 둔 성장 중심	· 경제 발전과 함께 삶의 질 향상을 추구하는 인간 중심
목적		R&D·R&BD → R&SD(Research & Solution Development)	
1차 목표		· 과학·기술 경쟁력 확보	· 사회문제 해결
특징		· 기술 융합 · 공급자 위주 연구개발	· 문제 해결형 융합* * 기술 + 인문사회 + 법·제도 · 수요자 위주 연구개발
단계별 특성	기획	· 연구개발부서 중심	· 연구개발부서와 정책부서 협업 중심
단계별 특성	관리	· 연구개발 진도 중심 관리(Program Manager)	· 문제 해결 및 변화 관리(Solution Consultant)
단계별 특성	평가	· 논문·특허 등 연구 산출물 · 연구성과 실증·확산	· 재화나 서비스의 생산·전달, 인식 변화, 제도 개선 등을 통한 사회문제 해결 정도
중점 추진 단계		· 기술 개발	· 사회문제 탐색 및 서비스 전달 시스템화

자료: 국가과학기술위원회(2012. 12), 『신과학기술 프로그램 추진전략』.

드시 모든 층위나 단계를 거치는 것이 필요한 것도 아니다. 장기적인 시스템전환의 비전과 그것을 구현하는 전환실험(연구개발사업)을 숙의하고 시행하는 거버넌스가 필요한 것이다.

다음에서는 전환을 위한 거버넌스 구축과 전환비전 형성 및 전환실험 기획·학습의 관점에서 현재 추진되고 있는 사회문제 해결형 연구개발사업을 평가하고 향후 과제를 논의한다.

2. 사회문제 해결형 연구개발사업의 전개 과정

1) 사회문제 해결형 연구개발사업의 개요

사회문제 해결형 연구개발은 일상생활에서 발생하는 사회문제 해결을 통해 건강·안전·편의 등 삶의 질을 향상시키는 R&D이다. 이는 사회문제의 주요한 원인을 밝히고 문제를 해결하거나 악영향을 개선·감소시키되, 성과가 최종 수요자에게 도달토록 하는 것을 목표로 하고 있다. 이 사업은 과학기술 개발과 함께 법·제도 개선, 서비스 전달 체계 및 인프라 구축 등을 연계하여 궁극적인 해결 방안(solution)을 도출한다(국가과학기술심의회, 2013). 현재 사회문제 해결형 연구개발사업은 범부처 R&D사업과 미래부가 주도하는 사회문제 해결형 기술 개발 사업이 진행되고 있다.[1]

(1) 『과학기술기반 사회문제 해결 종합실천계획』과 사회문제 해결형 다부처 R&D사업

국가과학기술심의회에서는 2013년 말 『과학기술기반 사회문제 해결 종합실천계획』을 심의했다. 이 계획은 사회문제 해결을 핵심 목표로 설정한 정책으로서 과학기술을 통한 사회문제 해결을 지향하는 최초의 실천 계획이라고 할 수 있다.

이 계획의 일환으로 사회문제 해결형 다부처 R&D사업이 기획·추진되고 있다. 메가트렌드 분석을 통해 도출된 30개 사회문제 후보군에서 국민설문

---

1 2016년에 시행된 사회문제 해결형 기술 개발사업에 대해서는 송위진·정서화(2016), 성지은 외 (2016)를 참조할 것.

표 9-2 주요 사회문제와 사회문제 해결을 위한 범부처 연구개발사업의 10대 실천과제

세부 분류	30개 주요 사회문제		10대 실천과제
건강	만성질환, 희귀난치성 질환, 중독/우울 장애, 퇴행성 뇌·신경 질환	⇨	만성질환
환경	생활 폐기물, 실내 공기오염, 수질오염, 환경호르몬	⇨	생활폐기물, 수질오염, 환경호르몬
문화여가	문화소외, 문화·여가 공간 미비		
생활안전	성범죄, 먹거리 안전, 사이버 범죄, 가정 안전사고	⇨	먹거리 안전, 사이버 범죄
재난재해	기상재해, 화학사고, 감염병, 방사능 오염	⇨	기상재해, 감염병, 방사능 오염
에너지	전력 수급, 에너지 빈곤		
주거교통	불량·노후 주택, 교통 혼잡, 교통 안전	⇨	교통 혼잡
가족	노인 소외·자살, 가정폭력		
교육	교육격차, 학교폭력		
사회통합	의료격차, 정보격차, 취약계층, 생활불편		

자료: 국가과학기술심의회(2013), 『과학기술기반 사회문제 해결 종합실천계획』.

과 전문가 워크숍을 통해 10개 실천 과제를 선정해서 각 문제를 해결하기 위한 범부처 공동기획 사업이 진행되었다. 여기에 재난피해자 안심서비스 구축이 새롭게 추가되어 11개 과제가 기획되었다. 이 사업은 향후 5년의 기간 동안 해당 문제를 해결하는 것을 목표로 삼았다.

11개 사업의 기획은 부처의 협력하에 미래부 중심으로 진행된 '사전기획'과 이를 토대로 각 참여 부처가 공동으로 실시하는 '공동기획'의 2단계 방식으로 진행되었다. 사전기획에서는 사회문제의 원인과 구조를 분석하고 대

표 9-3 2013~2014년 선정된 사회문제 해결형 기술 개발사업

	과제명	연구 목표
2013년 선정 사업	암 치료 효율성 제고를 위한 동반 진단기술 개발	암 치료의 효율성을 극대화하거나 부작용을 최소화하고 의료재정 건전성 회복에 기여할 수 있는 표적항암제 동반진단 기술 개발
	아동·청소년 비만 예방·관리를 위한 BT-IT융합기반 통합플랫폼 기술 개발	아동·청소년 대상 비만 예방·관리 체계 구축을 위한 통합 플랫폼 개발 및 실증
	유해 화학물질 유출 사고 조기 대응을 위한 보급형 스마트 키트 개발	국민적 불안감을 해소하고 유해화학물질 유출 사고 시 신속한 대응이 가능한 수요자(작업자, 주민, 방재전문가 등) 중심의 보급형 스마트 키트 개발
2014년 선정 사업	녹조로부터 안전하고 깨끗한 먹는 물 공급 체계 구축	식수원의 녹조 발생 시 국민들에게 안전하고 믿을 수 있는 식수를 제공하기 위한 실증지역 중심의 정수 처리 선진화 방안 연구
	국민 건강보호를 위한 초미세먼지 피해저감 연구	초미세먼지(PM 2.5) 예보모델 개선, 저감 장치 개발 및 위해성 연구를 통해 국민들을 미세먼지로부터 보호할 수 있는 초미세먼지 피해 저감 및 통합관리 체계 구축 및 실증

자료: 한국연구재단(2013; 2014), 『사회문제 해결형 기술 개발사업 설명서』에서 정리.

국민 니즈·사회적 수용성을 고려한 해결책의 방향을 제시하고 있다. 또한 범부처 사업으로 각 부처가 상보적으로 연계하는 추진체제도 다루고 있다 (양현모, 2014).

(2) 미래부의 사회문제 해결형 기술 개발사업

미래부가 집행하고 있는 사회문제 해결형 기술 개발사업은 ① 과학기술을 통해 국민생활과 밀접한 사회문제를 해결함으로써 국민 삶의 질을 향상하고, ② 기술 개발과 함께 법·제도, 서비스 전달 등을 연계하여 국민이 일상생활에서 체감할 수 있는 제품·서비스를 창출하는 것을 목적으로 하고 있다(한국연구재단, 2013).

총 사업 기간은 3년 이내이고 사업단별 해당 연도 연구비는 30억 원으로

3년 동안 총 90억 원 이내에서 지원된다. 2013년에는 세 개의 과제가 기획되어 세 개의 사업단이 선정되었다. 2013년 추진 과제는 청소년 비만, 암치료 부담 증가, 유해화학물질 유출 문제에 대응하는 기술 개발이다. 2014년에는 녹조 대응, 초미세먼지 대응 과제가 기획되어 2개의 사업단이 선정되었다.

사업의 추진 방향은 네 가지다. ① 수요자 중심의 R&D를 추진한다. 국민 제안을 통해 국민생활과 밀접한 사회문제를 발굴하고 수요자 대상의 테스트 등을 통해 수요자가 체감할 수 있는 기술 개발을 지향한다. ② 법·제도, 서비스 전달과 연계한 목적지향적 R&D를 추진한다. 수요자, R&D 연구자, 인문·사회 전문가, 실용화 전문가 등 다양한 주체를 참여시켜 문제 해결에 기여할 수 있는 기술 개발성과 창출을 유도한다. ③ 기존 기술을 바탕으로 제품·서비스를 적시에 개발한다. 이미 확보된 원천 기술이나 요소 기술을 활용하여 사업 추진기간(3년) 이내에 실용화 수준의 제품 또는 서비스를 창출한다. ④ 실효성 제고를 위한 지원체제를 마련한다. 즉 기술 개발의 성과를 현장에 적용하기 위해 관련 부처 간 협업 체계를 구축하고 사업단별 자문위원회를 통해 사업에 부합하는 자문을 수행한다(한국연구재단, 2013).

사회문제 해결형 기술 개발사업은 시간이 지나면서 진화하고 있다. 2013년 과제가 기술 개발에 초점이 맞추어진 반면 2014년 선정된 과제의 경우 시스템 실증, 정책문제 해결, 시민사회와의 소통 체계 구축을 연구의 중요한 부분으로 규정하고 있다. 기술 개발을 넘어 실증, 법·제도 관련 문제, 사회적 소통과 수용까지 고려한 사업 추진 방식이 제시되고 있다.[2]

---

2 한국연구재단 김태희 사회복지연구단장의 과학기술+사회혁신 포럼 발표 내용(2014년 5월 21일).

2) 사회문제 해결형 연구개발사업의 의의

사회문제 해결형 연구개발사업은 우리 사회가 직면한 문제를 해결하는데 초점을 맞추고 있다. 그동안 수사 수준에서 논의되었던 삶의 질 제고와같은 어젠다를 과학기술혁신정책과 연구개발사업의 목표로 설정하고 실제사업으로 구현했다. 사회문제 해결형 연구개발사업을 통해 삶의 질 제고, 사회문제 해결, 지속가능성을 지향하는 정책이 정책커뮤니티에서 시민권을 확보하고 새로운 정책 영역으로 자리 잡게 되었다. 이를 통해 그동안 산업 발전과 기업 지원에 초점을 둔 과학기술혁신정책은 사회와 새로운 관계를 형성하고 사회적 책임을 구체적으로 실현할 수 있는 계기를 마련했다. 사회 양극화 심화, 고령화, 안전 문제 등에 대해 과학기술계의 대안을 제시하며 '책임지는 혁신(responsible innovation)'의 모습을 보이기 시작한 것이다 (성지은·송위진, 2013).

과제 기획의 내용도 기존 접근과는 확연히 다르다. 우선 해결해야 할 사회문제를 먼저 정의하고 그 문제에 대한 대응이 잘 되지 않는 이유를 분석한다. 그리고 이런 상황을 타개하기 위한 기술적·제도적 방안을 제시하고있다. 그동안 사회문제와 관련된 연구개발사업 기획 내용은 사회문제를 상당히 추상적인 수준에서 언급하고 그것과 관계가 있을 법한 과제를 서술하는 방식을 취했다. 그러나 사회문제 해결형 연구개발사업에서는 구체적인사회문제에 대한 구체적인 분석이 이루어지고 그에 대한 기술적 대응을 검토하고 있다. 문제에서 출발하는 새로운 기획이 이루어지고 있는 것이다.

연구개발사업의 추진체제에서도 혁신이 이루어졌다. 그동안의 연구개발사업은 문제 해결 그 자체보다는 기술 획득에 초점이 맞추어졌다. 어떤 기술을 개발할 것인가가 핵심적인 이슈였다. 그러나 사회문제 해결형 사업은 문제 해결에 초점을 맞추어 사회문제를 분석하고 문제 영역에 있는 주체들의 의견을 청취하는 과정을 도입했다. 더불어 문제 해결을 위해 개발된 기술 시스템을 실증하고 실제로 사용자에게 전달하는 전달 체계도 본격적으로 고려하기 시작했다(김태희, 2014). 기존 사업에서는 기술을 개발하면 기업이 실용화할 것이라고 전제하면서 그것이 어떻게 최종 사용자에게 전달될 것인가에 대해서는 고민하지 않았다. 사회문제 해결형 사업에서는 기업, 지자체 및 보건소와 같은 공공 기관, 사회서비스 공급 조직 등 다양한 전달 주체들을 고려하면서 연구개발사업과 이들을 연계하는 노력을 하고 있다. 이는 그동안 공무원과 전문가 중심으로 전개된 연구개발사업에 새로운 접근을 제시하고 있다. 과학기술계만이 아니라 다양한 주체들이 참여하여 정책결정과 함께 정책집행에도 참여하는 거버넌스를 도입한 것이다. 과학기술에 대한 새로운 '참여적 거버넌스'가 실험되고 있다.

부처 간 협업에서도 새로운 변화가 이루어지고 있다. 사회문제 해결형 연구개발사업은 기술 개발과 함께 법·제도개선, 인프라 구축이 동시에 수반되어야 한다. 기술 개발 부처와 기술 사용 부처의 협업이 필수적이다. 이 때문에 사회문제 해결형 사업은 다부처 사업의 형식을 띠거나 미래부와 같은 기술공급 부처가 추진하는 경우도 기술수요 부처와 연계하는 접근을 취하고 있다(양현모, 2014). 부처 간 연계를 통해 기술을 개발하고 사회문제를 해결하는 새로운 조직 방식이 등장한 것이다. 그동안 개별적으로 각개약진하던 기술 개발정책과 기술 사용정책을 통합적 관점에서 접근하는 '정책통합(policy integration)' 모델이 등장하고 있다(성지은, 2012c).

또한 이 사업을 통해 복지·환경·안전과 관련된 사회정책 부처는 기술 개발과 사회정책 사업을 서로 연계하여 추진하는 경험을 쌓게 되었다. 이는 사회정책 부처가 향후 정책사업을 추진할 때 좀 더 혁신지향적인 접근을 할 수 있는 계기가 될 것이다.

3. 시스템전환과 사회문제 해결형 연구개발사업의 과제

다음에서는 시스템전환의 관점에서 사회문제 해결형 연구개발사업의 과제를 살펴본다. 앞서 논의했던 전환 거버넌스 형성 측면, 전환비전 형성과 전환실험의 기획·학습 측면에서 사회문제 해결형 연구개발사업을 평가하고 발전 방향을 제시한다. 논의는 주로 연구개발사업을 추진하는 사업단 수준에서 이루어지지만 필요에 따라 상위 수준의 기획과 정책결정도 검토한다. 여기서 언급되는 평가는 필자가 관련 위원회에 민간 위원으로 활동하면서 참여관찰한 내용과 사회문제 해결형 연구개발사업을 기획·집행하는 데 중추적인 역할을 한 담당자의 발표 및 인터뷰 자료를 기반으로 한다.

1) 전환 거버넌스 형성

(1) 사회문제 해결형 연구개발사업 의사 결정 구조의 문제점

사회문제 해결형 연구개발사업은 새로운 관점과 추진체제를 실험하고 있다. 그러나 여전히 과학기술계 중심의 기획과 추진이 이루어지고 있다. 그리고 이해 당사자들 사이에 공유되는 장기 비전과 시스템혁신의 관점은 아직 도입되어 있지 않다.

현재 사회문제 해결형 연구개발사업에는 기획 및 추진 과정에 시민사회의 참여 공간이 열려 있다. 설문조사 등을 통해 국민 의견을 수렴하고 시민

사회 조직 대표자가 참여하는 여러 개의 위원회를 거치면서 과제를 도출하기 때문에 절차적인 정당성을 확보하고 있다(양현모, 2014).

그러나 시민사회 참여를 통해 사회문제 현장의 맥락을 이해하는 활동은 아직 초기 수준이다. 국민 의견 수렴이 이루어지고 있지만 사회문제의 맥락에 대한 깊이 있는 논의보다는 단순 정보가 수집·분석되고 있다. 여러 위원회가 운영되고 시민사회 조직 대표도 참여하고 있지만 심도 깊은 숙의는 아직 어렵다. 과학기술계와 시민사회가 만나는 경우 기획전문가나 과학기술전문가는 시민사회와 소통해본 경험이 별로 없고 다른 영역에 대한 지식과 경험이 부족하다. 마찬가지로 시민사회 조직 대표도 과학기술전문가와 소통 경험이 없고 과학기술에 대한 지식이 충분하지 않다. 자신의 문제를 과학기술전문가들이 이해할 수 있는 언어로 표현하는 것도 쉽지 않다.[3] 또한 시민사회 영역의 종합된 의견을 반영하는 활동도 취약하고 개인의 입장을 이야기하는 경우도 많다. 이런 상황을 헤쳐나가는 데 도움을 받을 수 있는 전문가나 시스템도 부족하다. 어떻게 소통하고 참여해야 할 것인가에 대한 방법론이 아직 정립되어 있지 않다. 물론 이는 사회문제 해결형 연구개발사업뿐만 아니라 우리나라 정책 관련 거버넌스의 일반적인 특성이다.[4]

소통과 조정의 어려움은 부처 간 관계에서도 나타나고 있다. 기술 개발과 함께 제도 개선이 이루어져야 하고 문제 해결 과정에서 기술을 사용하는 부처가 참여해야 한다. 그러나 효과적인 부처 간 협업 방식이 아직 확립되지 않았고 또 부처 간 협력을 이끌어낼 수 있는 제도적 틀도 개선이 필요하다.[5]

---

3 기술과 가치 양현모 이사 과학기술+사회혁신 포럼 발표 내용(2014년 5월 21일).
4 이는 필자의 '과학기술기반 사회문제 해결 종합실천계획 민관협의회' 참여관찰 결과임.
5 현재 사회문제 해결형 다부처 연구개발사업 예산은 각 부처가 신청한다. 미래부와의 공동기획을 통해 다부처 사업이라고 부기되지만 각 부처의 기존 사업 틀에서 예산 과정이 진행된다. 각 부처의

이렇게 시민사회와 이해 당사자의 참여가 아직은 형식적인 수준에 머무르고 있기 때문에 서로 공유하는 장기 비전, 시스템의 문제점에 대한 토의, 전환경로의 도출 등을 검토하는 거버넌스형 의사 결정을 진행하기에는 여러 어려움이 있다.

(2) 과제

가. 시스템 분석·장기 비전 연구 수행과 전환 거버넌스 구축

사회문제 해결형 연구개발사업이 전환실험으로 발전하기 위해서는 이해 당사자(관련 정책 부처, 지자체, 서비스 제공 조직)와 시민사회가 기획·추진 과정에서 실질적으로 숙의할 수 있는 거버넌스를 구축해야 한다. 그리고 이 거버넌스는 주제별로 전환의 비전과 경로를 논의하는 틀로 자리 잡아야 한다. 그러나 연구개발을 수행하는 사업단이 미리 형성되어 있는 경우가 많기 때문에 다른 접근이 필요하다.

이를 위해서는 현재 선정된 각 사업단을 중심으로 관련 분야 이해 당사자와 시민사회가 참여하고 공동의 비전과 전환경로를 숙의할 수 있는 협의체 형성이 요청된다. 전환협의체 → 전환동맹 → 이해 당사자 네트워크 형성과 같은 순차적인 거버넌스 형성이 아니라(1장 참조) 역으로 사업 주체와 이해 당사자 네트워크에서 전환의 전망을 숙의하고 논의하는 거버넌스를 시작하는 것이다.

연구개발 예산 한도가 정해진 상황에서 사회문제 해결형 사업이 다부처 사업으로서 우선권을 획득하면 부처의 다른 사업 예산이 삭감될 수 있다. 이는 각 부처의 적극적인 참여를 제약하는 요인으로 작용한다. 만약 사회문제 해결형 연구개발사업 예산을 미래부가 확보하고 그것을 각 부처와 공동연구개발사업으로 사용한다면 부처의 적극적 참여를 이끌어낼 수 있다. 각 부처의 기존 사업 틀을 흔들지 않고 새롭게 예산이 확보되는 것이기 때문이다. 사회문제 해결형 사업이 각 부처에 착근되기 위해서는 일정 기간 동안 이런 접근이 필요할 것으로 보인다.

이 협의체는 사업단이 선정된 후 사후적으로 형성된다. 따라서 공동으로 비전을 모색하고 전환사업을 기획하며 과제를 수행하는 과정에서 순차적으로 진화해온 거버넌스와 비교할 때에는 응집력이 약하다. 또 사업단의 입장에서도 이런 협의체 형성을 선호하지 않을 수도 있다. 협의체가 하는 일은 연구개발을 넘어 가외적인 일로 보이기 때문이다.

이런 문제를 해결하기 위해서는 사후적이라도 협의체를 형성하도록 사회문제 해결형 연구개발사업 관리규정에 명문화하는 것이 필요하다. 이와 함께 이 협의체에서 논의 의제를 만들어 응집력을 높이는 작업을 해야 한다. 즉 전환을 위한 시스템 분석과 전망, 전환전략 연구 활동을 수행하면서 네트워크의 응집력을 높이고 공동의 비전을 형성하는 것이다. 연구결과는 협의체 내에서 공동의 비전과 전환경로, 연구개발사업의 확장의 방향을 숙의하는 자료로 활용되고 또 이러한 숙의 과정을 통해 비전과 전환경로의 진화가 이루어질 것이다. 이를 위해서 전환연구의 관점에서 시스템 분석과 장기 비전을 도출하는 세부 과제를 사회문제 해결형 1차년도 사업계획에 포함시키는 것이 필요하다.

나. 다양한 주체의 참여 활성화를 위한 기반 구축
• 참여형 문제발굴을 위한 플랫폼 구축
사회문제 연구개발 수행 과정에서 다양한 주체들의 거버넌스를 통한 참여와 숙의를 활성화하기 위한 플랫폼 구축이 요청된다. 우선 사회문제 발굴 및 구체화 과정에서 시민이 일상생활에서 직면하고 있는 문제나 아직 사회적 의제로 부각되지 않은 이슈들을 찾아 문제를 정의하기 위한 참여형 의제 발굴 시스템이 필요하다. 분야별로 사회문제 해결에 직접적으로 관여하는 조직들의 협회나 사용자 단체와 같은 중간조직이 참여하여 문제 해결 방안을 협의하는 플랫폼도 요청된다. 자활센터, 장애인 협회, 생활협동조합, 복지센터 등 다양한 시민사회 조직들이 있는데 이들이 활동 속에서 체득한 정보와 지식을 활용할 수 있는 방안을 검토해야 한다.

- 참여형 연구수행을 위한 방법론과 기반 구축

또 연구개발 과정에서 다양한 이해 당사자 참여를 활성화하기 위한 연구방법론도 개발해야 한다. 연구결과의 현장 적용 및 검증에 초점을 맞춘 '실천형 연구(action research)' 방법론, 학문 분야 간, 학계와 현장이 같이 연구를 수행하는 '초학제적 연구(transdisciplinary research)' 방법론을 개발하고 사회문제 해결형 연구개발사업에 적용하는 것이 필요하다.

이런 측면에서 '리빙랩'을 활용한 사회문제 해결형 연구개발 추진도 고려해볼 만하다.[6] 리빙랩은 사용자가 적극적으로 참여하는 '사용자 주도형(user-led)' 혁신모델로 통제된 실험공간이 아니라 일상생활에서의 참여형 실험을 수행한다. 사회문제를 해결하기 위해 생활공간(예: 고령자 밀집 지역)을 리빙랩으로 설정하면, 과학기술자, 사회과학전문가, 사회서비스를 제공하는 사회적 경제 조직, 중소기업, 지자체, 사용자들이 참여하여 새로운 기기와 서비스를 개발하고 실증하게 된다. 리빙랩에서는 사용자가 참여형 설계 교육을 받은 후 혁신활동에 주체로 참여하게 된다.

- 이해 당사자와 소통을 위한 교육 프로그램 운영

이와 함께 과학기술자들을 대상으로 다양한 분야에 대한 융합형 지식을

---

6 리빙랩의 정의와 특성에 대해서는 송위진(2012)을 참조할 것. 리빙랩 방식은 미래부가 수행하는 사회문제 해결형 기술 개발사업에 도입되었다. 이에 대해서는 성지은 외(2016)를 참조할 것.

학습하고 이견을 조정하는 능력을 함양하는 교육 프로그램이 요구된다. 해결해야 할 사회문제 관련 인문사회 지식, 현장 상황에 대한 지식과 정보를 제공해주는 프로그램, 의견이 엇갈릴 때 조정할 수 있는 능력을 집중적으로 학습할 수 있는 단기 프로그램이 필요하다. 이 프로그램은 사회문제 해결형 연구개발사업뿐만 아니라 융합연구화하고 있는 다른 연구개발사업에도 도움이 된다. 또 이공계 고등교육 과정, 중등 교육 과정에서도 다양한 분야의 지식을 학습하고 소통·조정 능력을 함양할 수 있는 융합형 인재 육성 프로그램을 개발·운영할 필요가 있다. 사회문제 해결에 초점을 맞춘 과제를 수행하면서 통합형 지식과 소통능력을 육성하는 것이 요청된다.

2) 전환비전 형성 및 전환실험 기획·학습

(1) 현황과 문제점

사회문제 해결형 연구개발사업이 전환실험으로 진화하기 위해서는 기획 내용과 폭의 확장이 필요하다. 또한 다루어진 논의가 확대·확산의 형태로 다른 분야와 영역에 전달될 수 있는 메커니즘이 필요하다.

사회문제 해결형 연구개발사업의 기획은 해결해야 할 사회문제의 구조 분석과 그것이 문제가 되는 맥락을 점검한다(〈표 9-4〉 참조). 그리고 이를 해결하기 위해 국내외 동향을 분석하고 대응 방안을 도출한다. 이렇게 사회문제의 구조 분석, 이해 관계자의 의견 수렴 결과 반영 등 기존 사업과는 다른 내용들이 논의되고 있지만, 이 문제를 해결하여 궁극적으로 구축하고자 하는 사회·기술시스템, 비전과 전망, 그리고 이 사업이 이런 비전과 전망을 구현하는 과정에서 갖는 의미가 충분히 검토되고 있지 않다. 전환의 프레임이 도입되어 있지 않기 때문이다. 현재 시스템전환보다는 현 시스템의 문제를

표 9-4 사회문제 해결형 연구개발사업 기획보고서의 구조

제1장 추진 배경 및 필요성	1. 사회문제 정의 및 구조 분석 2. 과제 추진 배경 3. 사회문제 해결의 필요성 4. 과제 추진 경과
제2장 국내외 환경 분석	1. 국내외 정책 동향 2. 국내외 연구개발 동향 3. 국내외 시장 동향 4. 종합 분석 결과
제3장 과제 추진 목표 및 내용	1. 사회문제 해결 기본 방향 2. 과제 목표 및 범위 3. 과제 추진 전략 4. 과제 추진 내용
제4장 과제 추진 체계 및 운영 방안	1. 과제 추진 체계 2. 과제 운영 방안
제5장 기대 효과 및 제언	1. 기대 효과 2. 제언
〈부록〉 RFP	

자료: 양현모(2014).

개선하거나 효율화하는 방향으로 과제의 방향을 잡고 있다.

물론 시스템적 관점에서 문제를 개선하려고 하는 노력은 상당한 진전이라고 할 수 있다. 그렇지만 전환의 시각을 도입하고 사업이 전환과정에서 갖는 의미를 성찰하며 그것을 다른 영역으로 확장시키는 노력이 필요하다.

(2) 과제

• 전환실험 분석틀을 반영한 사업 기획의 확장

연구개발사업을 전환실험으로 확장하기 위해서는 사회문제 구조 분석을

표 9-5 전환실험 기획 시 주요 검토 요소

전환실험 기획 시 검토 요소	주요 내용
전환실험 정의	□ 전환실험의 목적과 정의 서술 ○ 관련 기술과 제도 파악
비전 분석	□ 비전의 특성 분석 ○ 중장기 비전이 존재하는가? ○ 이 비전은 얼마나 혁신적인가, 통상적 사업과 얼마나 다른가? ○ 비전이 다른 사람들에게 쉽게 전달될 수 있는 호소력이 있는가? ○ 비전은 지속가능한 혁신의 비(非)기술적 측면들(사회·문화, 제도, 금융적 측면)에 주의를 기울이고 있는가? ○ 이 비전은 널리 확산되어 공유되고 있는가? 주요 이해 관계자들을 포함한 많은 사람들이 공유하고 있는가?
행위자 분석 및 점검	□ 전환실험 관련 행위자 정리 ○ 공급자, 사용자, 금융관련 조직, 공공 기관, 시민사회 □ 전환실험 관련 네트워크 특성 분석
거시 환경과 시스템 분석	□ 거시 환경 분석 ○ '거시 환경'의 전개 상황들을 정리하고 그 특성을 설명 □ 사회·기술시스템 분석 ○ 전환실험이 추구하는 사회·기술시스템이 현재 지배적인 사회·기술체제와 다른가, 다르다면 얼마나 다른가를 검토 □ 전환실험의 성공 가능성에 대한 평가: 사회·기술체제의 획기적 혁신이 일어날 가능성이 있는가?
학습 활동	□ 전환실험 프로젝트를 통한 학습의 전망 ○ 전환실험 프로젝트를 추진하면서 새로운 혁신공동체(새로운 사회·기술시스템의 맹아를 지지하는 공동체)가 획득할 수 있는 기술적 측면, 문화, 정책, 시장, 새로운 금융제도, 법률적 조건에 대한 지식을 확인. 이들에 대한 학습을 통해 얻을 수 있는 통찰력을 기록 □ 학습시스템 분석 ○ 프로젝트 추진 시 전환실험 혁신공동체가 지식을 공유하고 학습할 수 있는 학습 과정이 조직화(예컨대, 워크숍, 강연, 출판물 발간 등)되어 있는가? ○ 다른 행위자들도 학습 과정에 참여하고 있는가? ○ 성찰적 학습이 이루어지는가?
요약과 후속 조치	□ 전환실험 기획 내용 평가 ○ 비전의 성숙도, 사회적 네트워크의 형성 정도, 학습시스템의 구축 정도, 실험 성공의 가능성을 표시 ○ 이를 통해 프로젝트의 취약한 영역 파악 ○ 후속 조치 예시

자료: 사회혁신팀(2014)에서 요약 정리.

넘어 사회·기술시스템 수준의 분석과 논의가 필요하다. 〈표 9-5〉에서 제시된 바와 같이 전환실험 수준에서 필요한 요소들을 사회문제 해결형 연구개발사업을 기획·추진할 때 반영하는 것이 요청된다. 여기서는 전환비전, 관련 행위자 분석, 거시 환경과 시스템 분석, 전환실험의 확대와 확장과 관련된 논의들이 다루어진다.

• 학습 활동의 촉진

이렇게 전환실험의 특성을 지니게 된 연구개발사업의 경우 연구개발사업 참여자, 관련 이해 당사자들에게 확장된 연구개발사업의 비전과 영역, 내용을 공유할 필요가 있다. 공동 학습이 필요한 것이다. 이런 학습 활동을 촉진하기 위해 세부 프로그램을 운영할 필요가 있다.

이를 통해 소수가 공유했던 비전과 사업 추진 내용이 다수의 관련 행위자에게 확산되고 논의될 수 있는 기회를 형성할 수 있다. 더 나아가 대중적인 과학문화 활동과 연계해서 논의가 이루어지는 폭을 확장시킬 필요가 있다. 전환실험으로 변화된 사업의 사회적 정당성을 향상시키고 네트워크와 지지 기반을 확장시킬 수 있기 때문이다. 이는 전환을 위한 사회적 기반을 공고히 하는 데 기여한다.

4. 맺음말

이 글에서는 시스템전환의 관점에서 현재 추진되고 있는 사회문제 해결형 연구개발사업을 평가하고 향후 발전 방향을 제시했다.

사회문제 해결형 연구개발사업은 문제 해결에 초점을 맞추고 있다. 아직은 시스템전환이라는 장기적인 변화와 연계해서 사업의 목표와 추진 방식을 구성하고 있지는 않다. 사업 추진을 시스템전환과 연계하기 위해 이 글에서는 사회문제 해결형 연구개발사업을 전환실험으로 변화시키는 방안을 논의했다. 전환을 지향하는 거버넌스를 형성하고 전환비전과 실험을 기획하는 활동이 도입되면 사회문제 해결형 연구개발사업은 대중적 문제 해결 활동을 넘어 시스템전환을 지향하는 실험이 될 수 있다. 이런 논의는 사회문제 해결형 연구개발사업뿐만 아니라 다른 연구개발사업에도 적용될 수 있으며, 그 사업을 전환실험으로 변화시키는 데 도움을 줄 수 있다.

적정 '기술'에서 적정한 '사회·기술시스템'으로

한재각

　최근 한국에서도 '적정기술(appropriate technology)'에 대한 관심이 증가하고 있으며, 특히 국제개발협력 차원에서 개발도상국에 대한 기술 지원 차원에서 주목받고 있다(특허청, 2010; 나눔과기술, 2011; 홍성욱, 2012; 국경없는과학기술자회, 2011a).[1] 적정기술이라는 개념은 1960~1970년대 서구에서 개발된 후 이에 기반을 두고 많은 활동이 이루어져왔지만, 국내에서 적정기술에 관한 본격적인 관심과 실천은 그리 오래되지 않았다. 2000년대 중반에 들어서면서 일부 대학과 정부 기관, 그리고 과학기술자 단체들이 '과학기술의 사회

1　공간적으로 국내를 대상으로 이루어지는 적정기술 실천도 최근 들어 활성화되고 있다. 특히 탈핵 에너지전환, 지역에너지 자립 운동과 협동조합운동의 맥락에서, 에너지 효율화 및 재생에너지에 초점을 맞춘 적정기술 활동가 네트워크가 구성되었으며 이를 기반으로 지역에너지 자립 적정기술 협동조합이 설립되었다. 이와 관련해서는 신수영(2012)과 김성원(2012)을 참고할 수 있다.

적 책임'과 같은 차원에서 적정기술에 대한 교육과 홍보, 시범적인 개발도
상국 지원 사업, 이를 체계화하기 위한 정책 방안을 연구하거나(국경없는과학
기술자회, 2011a; 특허청, 2010; 정기철, 2010; 홍성욱, 2012; 안성훈, 2011), 일부 대학과
NGO들이 제3세계 연대와 지원 차원에서 적정기술의 접근법을 활용하고
강조하기 시작했다(김만갑, 2010; CRD of Hanshin University & CAMP, 2010; 한재각,
2011). 그러나 국제협력의 경험 자체도 부족한 상황 속에서 적정기술을 통한
국제협력의 시도는 겨우 첫걸음을 뗀 상태에 불과하며, 앞으로 많은 과제를
해결해나가야 하는 상황이다.

그런데 한국에서의 적정기술에 대한 논의와 실천 속에는 태양광 발전기
의 제공·설치와 같이 친환경적이며 간단하고 저렴한 단위 기술 혹은 제품
을 개발도상국에게 이전·제공하는 것으로 단순하게 이해하는 경향이 존재
한다. 이에 따라서 한국에서 적정기술을 소개하고 논의하는 많은 연구들이
여러 적정기술 제품이나 그러한 기술을 제공하는 여러 나라의 기관 및
NGO들을 소개하는 데 치중하는 경향을 보이고 있다(국경없는과학기술자회,
2011b; 홍성욱, 2012). 그러나 이러한 경향은 기술 중심적이고 기술 제공자 중
심적인 접근의 전형으로서, 기술혁신론과 기술사회학 등의 과학기술학 분
야의 연구에서 그 한계를 지속적으로 지적해왔던 것이다. 기술혁신론 등은
기술의 발전 혹은 이전 과정을 기술적 요소 이외에도 인적·제도적·사회문
화적인 요소들과 긴밀히 연계하면서 하나의 시스템(사회·기술시스템)을 형성
하는 과정으로 이해하고 있다(Geels, 2005). 이러한 이해에 기초해보면 적정
기술의 지원이라는 것은 친환경적이고 단순하고 저렴한 기술 혹은 제품의
제공(투입)으로 완료된다고 생각하기보다는 제공되는 기술과 연계된 폭넓은
사회적 요소들의 관계와 배치를 끊임없이 조정하는 지속적인 과정이라고
생각할 필요가 있다. 사실 적정기술의 '적정함'을 달성하는 것은 바로 이러

한 과정이 있어야만 가능한 일이다. 이러한 접근은 한국에서 '사회적 목표를 지향하는 혁신' 혹은 '사회적 혁신'(송위진 외, 2008; 송위진 외, 2009)과 '인문사회-과학기술 융합'(송위진 외, 2011)에 대한 논의와 함께 다루어지고 있는 사회·기술시스템의 전환에 대한 다양한 연구들(Geels, 2004a, 2005; Bai et al., 2009)과 연계된다고 할 수 있다.

한국에서의 적정기술에 대한 논의와 실천이 기술 중심적이고 기술 개발(제공)자 중심적인 담론 속에서 상대적으로 좁은 범위에서 이루어져왔다는 성찰을 기반으로, 이 글은 사회·기술시스템적인 시각에서 적정기술을 통한 국제개발협력 활동에 대해서 논의해볼 것이다. 이를 위해서 우선 적정기술을 사회·기술시스템 논의에 비춰 검토해야 할 몇 가지 질문을 정리해볼 것이다. 다음으로 개발도상국에서 이루어지는 (재생)에너지 관련 적정기술 실천을, 앞서 정리한 쟁점을 중심으로 살펴보면서 사회·기술시스템적 접근의 의미를 구체적으로 파악해보고자 한다. 이어 한국의 적정기술 담론을 비판적으로 평가하며, 민간 국제개발협력 활동 중 재생에너지 관련 사례를 통해 적정기술 실천의 현황에 대해서 이해하고자 한다. 마지막으로 국내외 사례를 종합하면서, 한국 국제개발협력 활동에서 적정기술의 방향과 추후 연구과제를 정리해볼 것이다. 이 연구는 문헌 연구와 함께, 에너지기후정책연구소의 활동과 관련된 몇몇 국가 —태국과 라오스— 에 대한 현장 방문(2011, 2012) 그리고 관련 전문가 및 활동가들에 대한 인터뷰(2012)를 통해 이루어졌다.

1. '적정기술'의 이해: 전환연구의 강점

1) 적정기술의 정의와 사회적·경제적·문화적 맥락의 중요성

적정기술에 대한 정의는 다양하게 존재하지만,[2] 단일한 정의는 존재하지 않는 것으로 보인다(Murphy et al., 2009: 159). 다만 어떤 특정한 사회적, 경제적, 문화적 지향성 ─ 예컨대 저렴한 (가격)접근성, 기술적 단순성, 친환경 및 지속가능성, 지역에서 취득 가능한 재료 이용, 공동체 중심성 등을 거론할 수 있지만, 이 또한 확고한 합의가 존재하는 것도 아니다 ─ 을 가지는 기술과 기술들의 집합이거나 그런 지향성을 가진 기술 활동이라고 폭넓게 설명할 수는 있을 듯하다(Murphy et al., 2009; Wicklein, 1998). 여러 정의들은 기술 개발(이전) 활동이 이루어지는 원칙, 방식 그리고 과정에 초점을 맞추고 있지만, 기술을 둘러싼 맥락의 중요성을 부각시킬 수도 있다. 적정기술이라는 개념의 탄생에서부터 누구의 필요를 충족시킬 것이며, 누구의 경제적, 사회적, 문화적, 정치적 요건에 '적정'한 것인지를 고려하는 것이 핵심적인 사항이기 때문이다. 이런 점 때문에 "현

---

2 적정기술에 관한 정의를 나열해보면 다음과 같다. "일반적으로 작은 규모이며, 에너지 효율적이고, 환경적으로 건전하며, 노동집약적이고 지역공동체가 통제할 수 있는 기술"(Engineers without Borders). "대상이 되는 공동체의 환경과 윤리, 문화, 사회, 정치 그리고 경제 측면을 특별히 고려하여 설계된 기술"(Appropriate Technology Sourcebook). "현재 사용되고 있는 기능적으로 동일한 기술보다 환경 친화적인 기술"(위키피디아), "지역의 재료를 이용하고, 보통 사람들이 살 수 있을 정도의 가격에, 인간사회와 환경에 미치는 해로움을 최소화시키는 방식으로 만들 수 있는 기술"(Environmental Science: A Global Concern, 7e). "활용되는 상황에 비추어 비용과 규모 면에서 적합한 도구 또는 전략"(미국 국립적정기술센터). "고액의 투자가 필요하지 않고, 에너지 사용이 적으며, 누구나 쉽게 배워서 쓸 수 있고, 현지에서 나는 원재료를 쓰고, 소규모의 사람들이 모여서 제품 생산이 가능한 기술"(한밭대 적정기술센터). "인간의 필요를 만족시켜줌으로 인간의 실현을 강화하는 일련의 목표와 과정, 사상, 실천"(홍성욱/특허청). 여기서 인용한 적정기술에 대한 다양한 정의는 Choi(2010)와 특허청(2010)에서 발췌한 것이다.

실 속에서 각 지역의 특성이 각기 다르기 때문에 한 지역에서 적정한 기술이, 비슷한 상황에 처한 듯 보이는 다른 지역에서는 적정한 기술이 아닐 수도 있다"(특허청, 2010: 29). 따라서 기술뿐만 아니라 그 기술을 이전시키려는 사회의 폭넓은 맥락과 다양한 측면을 함께 고려할 필요성이 부각되는 것이다(Laufer et al., 2011; Tillmans et al., 2011).[3]

섀퍼 외(Schäfer et al., 2011)는 소규모 분산적인 에너지시스템을 개발도상국에 이전·구축하려는 국제협력 활동에서 넘어서야 할 도전을 종합하면서, 다양한 사회적 맥락을 고려한 과제들을 정리하고 있다. 첫째, 이전하려는 기술이 지역의 조건과 사용자의 필요를 충족시킬 수 있는지 면밀하게 검토해야 한다. 너무도 당연한 지적으로 보이지만, 이는 생각보다 간단하지 않다. 실험실에서 작동되는 기술이 현지의 기후 조건이나 동물로 인해 손상되는 일은 생각보다 많다(비에 의해서 손상되는 배터리, 고온에서 고장 나는 충전 조절기, 쥐에게 갉힌 전선 등). 또한 사용자들은 설치 용량에 대한 잘못된 정보를 가지고 있으며, 그들의 원하는 바를 달성할 수 없어서 실망하는 경우도 있다. 둘째, 시스템 설치의 전문적 역량 확보와 장기간의 안정적 작동이 보장되어야 한다. 외딴 지역에서 일하는 기술자들은 불충분한 훈련과 적절한 부품의 공급 실패 등으로 인해 태양광 발전 설비를 제대로 설치하지 못하는 경우가 많으며, 이는 이 설비의 효율을 떨어뜨리고 고장을 일으키는 원인이 되고

---

3 '적정한 사회·기술시스템'이라는 표현은 적정기술의 애초 문제의식을 보다 잘 반영한 것이라고 할 수 있다. 원래 '적정기술'이라는 개념에는 제1세계가 가진 기술로 제3세계가 필요하지만 충족되지 않는 (기술적) 수요를 충족시킬 수 없다는 점과 대비하여 이를 충족시키는 적정한 수준의 기술이라는 점, 그런 기술은 단지 기술 능력의 범위, 기술의 복잡성, 그리고 기술의 비용 등을 적정하게 조절(인하)하는 것만이 아니라, 그 기술을 도입/적용하려는 사회의 다양한 요소들과 적절하게 연계되어야 한다는 점에서도 애초에 시스템적인 이해가 포함된 것이다. 단순화할 우려를 감수하자면, 적정한 사회·기술시스템이라는 표현은 제3세계 기술 수요(내용)의 적정성뿐만 아니라, 그 사회의 다른 사회적 요소들과의 연계의 적정성을 드러내는 데 도움이 될 것이다.

있다. 여기서 '지식 의사소통' 실패가 중요한 원인이 되기도 한다(Tillmans et al., 2011). 셋째, 기술 설계와 품질 관리는 금융 수단과 적절히 연계되어야 한다. 많은 개발도상국에서 태양광 발전 설비의 공급은 소규모 신용대출과 함께 연계되고 있으나, 국가마다 다른 제도 설계는 이 효과에서 상이한 차이를 보여주고 있다. 제품 제공자와 신용대출 제공자가 같은 사업(방글라데시)은 배터리와 같은 핵심 부품의 적절한 관리가 유지되는 반면, 두 기능이 분리된 사업(스리랑카)의 경우 배터리의 품질 보증 기간과 대출 상환 기간의 차이로 인해서 기술적, 재정적 문제가 발생하기도 한다(Laufer et al., 2011).

2) 적정기술의 사회적 맥락에 대한 이해: 사회·기술시스템 접근

국제개발협력의 맥락에서 실행되는 적정기술의 이전·도입 과정에서 기술 중심적이고 기술 제공자 중심의 접근에서 벗어나서 개발도상국의 다양한 맥락을 고려하고자 했을 때, 과학기술학과 혁신 연구 등에 의해서 제시되고 있는 사회·기술시스템이라는 관점을 채용하는 것이 도움이 될 것이다. 사회·기술시스템이라는 개념은 기술이 사회와 동떨어져서 자신의 논리에 따라서 발전하는 것이 아니라 사회와 공진화한다는 생각에 기초하고 있으며, 통신·에너지·교통 등과 같이 사회적 기능을 충족하는 데 필요한 기술을 포함한 다양한 사회 요소들의 연결된 집합체 혹은 시스템이라고 정의할 수 있다. 사회·기술시스템은 기술적 요소 이외에, 과학적 요소, 정책 요소, 사회문화적 요소, 사용자 및 시장 요소 등으로 구성되는 것으로 이해된다 (Geels, 2004a, 2005: 445~446; 박동오·송위진, 2008: 58~59). 특히 사회·기술시스템 개념은 기술 혹은 지식의 생산 영역에 상대적으로 집중했던 기존 혁신 연구의 폭을 넓혀, 전파와 사용 영역을 포괄해야 할 필요를 강조하고 있다. 이에

그림 10-1 사회·기술시스템의 기본 요소와 자원들

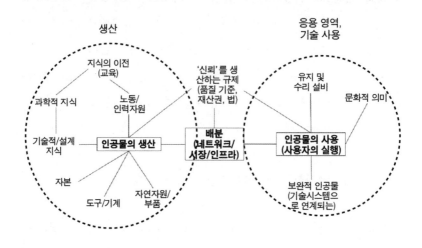

자료: Geels(2004a).

따라서 제품 공급 네트워크, 시장, 인프라와 같은 기술 전파 영역과 유지관리 설비, 해당 기술과 연계되는 기존의 제품, 문화적 의미 등의 기술의 사용 영역, 그리고 이에 영향을 미치는 제도 요소까지도 구체적으로 다룰 수 있도록 개념화하고 있다(Geels, 2005: 900~902; 〈그림 10-1〉 참고).

국제개발협력의 맥락에서 대개의 적정기술이 개발도상국 외부로부터 도입되어 이전된다고 했을 때, 기술 혹은 지식의 생산 영역이 아니라 전파 및 이용 영역까지도 기술혁신 논의에 적극적으로 포괄하는 사회기술시스템의 개념의 유용성이 두드러진다. 특히 기술의 이용 영역을 다루기 위해서 사회·기술시스템 접근이 채용하고 있는 문화연구와 '길들임 연구

(Domestication studies)'의 관점들은 대단히 효과적일 것이다. 이들 연구들은 기술의 사용(소비)이 단지 그 기술을 단순히 구입하거나 수용하는 것 이상의 의미를 가진다고 주장한다. 새로운 기술(제품)을 사용한다는 것은 그 기술에 대한 문화적 의미에 대한 평가에서부터 기존의 실행, 조직과 규범의 조정 등을 포함한 능동적이고 역동적인 과정이라고 할 수 있다(Geels, 2005: 902). 이런 논의들은 국제협력을 통한 (재생에너지) 기술이전과 관련하여 기술을 도입해 이용하는 수원국의 조건과 맥락에 대한 면밀한 검토와 적절한 개입을 요청하는 연구들(Kozloff, 1995; ETSU, 1995)과 자연스럽게 연결될 수 있다. 그러나 적정기술의 이전 과정을 사회·기술시스템 관점에서 분석해보고자 할 때, 〈그림 10-1〉과 같은 개념화는 일부 수정될 필요가 있다. 기술을 수용하여 사용하는 개발도상국은 기술을 습득하고 개량하며 보급하고 사용하는 과정에서, 선진국의 사회·기술시스템에서는 생산 영역으로 분류될 수 있는 지식 생산, 교육훈련, 금융 제도와 같은 요소들이 기술의 보급과 이용 영역에서 중요한 역할을 하기 때문이다(Laufer et al., 2011; Tillmans et al., 2011). 따라서 국제개발협력 맥락에서 다루어지는 적정기술의 사회·기술시스템 접근은 기술의 수용과 이용에 필요한 지식 생산, 교육훈련, 금융제도와 같은 요소를 보다 강조할 필요가 있을 것이다.

3) 사회·기술시스템의 관점에서 제기되는 몇 가지 질문들

첫째, 적정기술은 수준 낮은 기술이며, 그 상태는 계속 유지되어야 하는가? 적정기술은 수원국 사람들의 필요를 충족시킬 수 있는 저렴하고 간단하며 지역에서 얻을 수 있는 재료를 이용하는 기술이라고 보통 이해되고 있다. 그런데 그런 적정기술은 선진국인 공여국에서는 현재 사용되지 않는 수준 낮은 기술인가? 예를 들어서 깨끗한 물을 정수할 수 있는 적정기술로 널리 소개되고 있는 세라믹 정수기(Cearmic Water Filter; 홍성욱, 2009: 4)는 깨끗하고 안전한 상수도 공급이 이루어지고 있는 선진국에서는 사용되지 않는 기술이라는 점에서 이런 인식을 뒷받침한다. 그러나 많은 개발도상국 지역에서 농촌전력화 사업을 위해서 채택하는 독립형 태양광 발전설비 혹은 초소수력(Pico-hydro power: 최대 5kW 용량의 수력발전) 발전설비 기술도 적정기술로 이해할 수 있지만, 이 기술의 많은 요소들은 선진국에서도 사용하고 있는 것이다. 이런 점에서 적정기술이 꼭 수준 낮은 기술을 의미하는 것은 아니다(홍성욱, 2012). 나아가 적정기술은 그 적용과 개선을 위해 추가적인 연구개발 활동을 필요로 한다면, 그것을 누가 해야 하는 것인지에 대해서도 생각해볼 일이다. 적정기술이 지속적으로 사용되고 개선·발전되기 위해서는, 해당 사회 내에서 관련 지식, 숙련과 역량을 확충하기 위한 노력과도 필수적으로 결합되어야 한다(Byrne et al., 2011: 26~45).

둘째, 적정기술운동은 단위 기술 혹은 제품을 제공하는 것인가? 예를 들어 먼 곳에서 물을 길어 와야 하는 아프리카 주민들에게는 Q드럼(홍성욱, 2009: 3)을 제공하고, 취사 연료로 장작을 사용하면서 산림이 황폐해지고 실내 매연으로 고통받는 중남미 주민들에게는 사탕수수 숯 기술(홍성욱, 2009: 5)을 제공하는 것이 적정기술 접근인가? 개발도상국에 이미 발견되어 있는 문제를 해결해주는 하나의 단위 기술 혹은 제품을 제공하는 것으로 적정기술 접근을 모두 설명하기는 어렵다. 일단 해당 국가나 지역에서 해결해야 할 문제 혹은 충족되지 못한 필요가 무엇인지를 파악하는 것도 간단한 일이 아니며, 해결해야 할 문제의 우선순위가 무엇인지에 대해서도 적정기술 제공자와 주민들 사이에 의견이 상이할 수 있기 때문이다(Byrne et al., 2011: 9~12). 또한 문제를 잘 파악하고 필요한 적정한 기술을 제공한다고 하더라도, 이를 주민들이 수용하고 지속적으로 이용할 수 있는지는 문화적·사회적·제도적·재정적 요인에 의해서도 영향을 받게 된다(한재각, 2010). 따라서 기술 혹은 제품의 제공으로 적정기술 접근을 이해할 수는 없으며, 그 기술과 관련된 다양한 사회적 요소들의 연계, 즉 사회·기술시스템 속성을 고려해야 한다.

셋째, 적정기술은 개발도상국 사람들의 기본적 필요만을 충족시키기 위한 것에 머물러야 하는가? 예를 들어 전력이 공급되지 않는 태국 산간 오지마을에 독립형 태양광 발전설비를 제공하여, 지역 주민들이 밤에 전등을 켜고 외부의 소식을 접할 수 있는 라디오를 청취할 수 있도록 하는 것(한재각, 2010: 197~205)에 만족하여야 하는가? 이렇게 제공된 전력 설비가 그 지역의 다른 사회경제적인 발전과 어떻게 연계되는 것인가? 사실 적정기술의 기원(특허청, 2010; Choi, 2010)으로 평가되곤 하는 E. F. 슈마허의 '중간기술(intermediate technology)'은 지역 주민의 기본적 필요를 충족시키는 기술이라기보다는 지역의 생산·경제 활동에 필요한 기술에 초점을 맞추고 있었다(슈마허, 1995). 즉, 개발도상국의 "실업자나 반실업자에게 일자리 기회를 최대한 부여"하기 위해서 "농촌과 소도시에 수백만 개의 작업장"을 만드는 것을 가능하게 하는 기술로서 중간기술을 제시하면서, 작업장 설치에 필요한 비용의 저렴성, 단순한 생산 방법, 해당 지역의 재료 이용 가능성을 그 조건으로 제시했다(191~194). 이런 슈마허의 논의를 생각해보면, 전기(에너지), 음용수, 주거 등의 기본적인 필요의 충족을 넘어서 보다 넓은 사회경제적 발전과 적정기술이 어떻게 연계될 것인지를 고려할 필요가 있다(이성범, 2012; Schäfer et al., 2011).

2. 해외 NGO 및 사회적 기업의 적정기술 도입·수용 사례

아래에서 소개하는 해외 사례는 국제개발협력 활동의 일환으로 적정기술을 도입·활용하는 과정에서 수원국의 사람들이 단순히 기술을 수동적으로 수용하는 것이 아니라 능동적으로 기술을 수용하기 위해서 기술적, 인적, 재정적, 제도적, 사회경제적 차원의 노력을 기울이고 있다는 점을 보여준다. 그리고 종국적으로 하나의 기술을 이전하는 것이 아니라 하나의 시스템을 구성·발전시키려는 시도라고 이해할 수 있다. 이는 앞서 제기했던 적정기술과 관련된 세 가지 질문에 대해서 일부 경험적인 대답을 제공해줄 수 있을 것이다.

1) 수원국의 적정기술 도입·향상을 위한 연구개발 활동: 라오스 사례

라오스 내에서 전력망에 연결되지 않은 산간 지역의 일부 주민들은 초소수력발전기를 이용하여 조명과 라디오 청취 등을 위해 전력을 생산·이용하고 있다(LIRE, 2011).[4] 초소수력 발전기는 라오스 북부 지역의 풍부한 수자원, 비교적인 저렴한 가격, 상대적으로 손쉬운 제품과 부품의 구입, 그리고 간단한 설치 및 운영 방법 등의 요인을 활용할 수 있는 장점을 가지고 있기 때문에, 이 지역 주민들이 이용할 수 있는 에너지 분야의 적정기술이라고 할 수 있다. 그러나 초소수력 발전의 잠재력에도 불구하고, 적정한 가격에 구입 가능한 발전기의 낮은 품질, 부적절한 설치·사용으로 인한 감전사 위험,

---

[4] 초소수력 발전기의 수와 이용 인구 수의 규모를 보면 각각 6만 개와 9만 명에 달하는 것으로 추정되고 있다.

전압의 불안정으로 인한 전등이나 다른 전기 제품 파손 등의 문제를 안고 있다(Mateo, 2011). 이와 같은 문제를 해결하기 위해서 라오스 내에서 연구개발 활동도 이루어지고 있다. 그 사례로 주목할 곳이 라오스 재생에너지 연구소(LIRE: Lao Institute for Renewable Energy)이다.

수도인 비엔티안에 자리한 비영리기구인 LIRE는 국제개발협력 분야의 국내외 기관과 단체들과 협력하여 2008년부터 '초소수력 발전기의 혁신과 역량 확립 사업'(이하, 초소수력 사업)을 진행해오고 있다. 이 사업에는 기술혁신을 위한 연구개발 활동도 포함되어 있다. 예를 들어 초소수력 발전기가 생산하는 전력의 불안정한 전압 문제를 해결하기 위해서 지역 상점에서 판매하도록 소개한 전자 부하 관리기(ELC: Electric Load Controller)의 성능을 라오스 국립대학교 공과대학과 협력하여 시험하고 있다(Vongsaly et al., 2010). 또한 지금까지 개별 가구 단위로 설치·이용하고 있는 초소수력 발전 설비를 공동체 단위로 이용할 수 있도록 하는 방안을 연구한 후 실증 사업을 진행하고 있다.[5] LIRE는 시범 지역의 마을들과 함께 협력하여 설치한 소수력 발전기와 전력 서비스의 운영을 모니터하고 평가하면서, 공동체 수준의 기술 이용에 따른 기술적·운영적 측면의 문제점을 발견하고 지속가능한 운영 방안을 연구하고 있는 것이다. LIRE는 이 사업을 통해서 얻은 경험과 지식을 라오스 다른 지역에서 초소수력을 공동체 수준에서 이용할 수 있도록 전파할 예정이다(Vongsaly et al., 2010).

---

5 라오스 후아판(Huahpahan) 주 한 마을에 LIRE가 실증 차원에서 설치한 초소수력발전기(의 집합)는 24개 주택, 세 채의 교사 숙소 그리고 공동 건물에 전력을 공급하고 있다. 이 전력 서비스를 관리·조정하기 위해서 마을위원회가 구성되었으며, 설비의 유지와 전력 사용료 징수의 책임을 지는 마을 기술자(village technician)가 선정되었다. LIRE는 이 사업을 위해서 해당 지역 도청과 시범 마을을 선정하며, 도 에너지광산국의 기술 자문관을 선정·훈련시키고 이들이 다시 마을 기술자를 훈련시킬 수 있도록 협력 관계를 구축했다.

2) 접근 가능성과 지속성을 위한 인력 훈련 및 재정 메카니즘[6]

(1) 현장 기술 인력 훈련과 지속가능한 관리 능력 확보: 태국의 사례

BGET(Border Green Energy Team)는 2005년부터 태국과 미얀마 국경 지역인 탁(Tak) 주(州)에서 고산 지역 주민들이 재생에너지 설비를 이용하여 전기를 이용할 수 있도록 지원하고 있다. 2000년 태국 정부가 농촌 전력화 사업을 위해서 보급했던 독립형 태양광 발전 시스템(SHS: Solar Home System)은 잘못된 설치, 사용법에 대한 정보 제공 및 교육 부족, 고장 시의 수리 및 부품 교환의 어려움 등으로 인해서 제 기능을 하지 못하는 경우가 많았다. 이러한 사실은 고산 지역의 외딴 마을에 전력을 공급할 태양광 발전 설비를 단순히 제공하는 것만으로 목표를 달성하기 어렵다는 점을 보여준다. BGET는 SHS 설치 및 이용 실태에 대한 자세한 조사와 함께, 험난한 산악 지형으로 인해서 쉽게 접근하기 어려운 마을 공동체 내에서 태양광 발전 시스템을 유지·관리·수리할 수 있는 기술 인력을 양성하는 데 주력했다. BGET는 해외에서 자원한 기술전문가(Technical Volunteers)를 통해서 탁 주 내의 각 지역에 상주하는 지역 기술자(local Technician)를 선발·훈련시켰으며, 이들을 통해서 각 마을 공동체에서 선발된 주민을 대상으로 다시 자신의 마을에 설치된 SHS의 조사, 유지관리, 간단한 수리가 이루어질 수 있도록 교육이 이루어졌다. 한편 이 지역은 카렌족 등 타이족과는 다른 언어와 문화를 가진 소수민족이 많이 거주하고 있었기 때문에, 해당 지역의 언어를 구사하는 기술 인력을 양성하는 데 특별한 관심을 부여했다.

---

6 이 소절에서 소개하는 사례는 한재각(2010)의 내용을 이용한 것임을 밝힌다.

(2) 적정기술 제품에 대한 재정적 접근 가능성의 확보: 방글라데시 사례

방글라데시의 그라민 샥티(Gramin Shakti)는 세계적으로 유명한 그라민 은행의 자회사로서 1996년에 설립되어, 농촌 지역에 재생에너지 기술을 보급하는 활동을 펼치고 있다. 그라민 샥티가 많은 수의 SHS를 판매·설치할 수 있었던 것에는 모(母) 기관인 그라민 은행의 마이크로크레디트시스템이 중요했다. SHS 사용자들이 비교적 저렴한 조건하에 마이크로크레디트을 이용하여 SHS를 상대적으로 손쉽게 구입할 수 있었기 때문이다. 그라민 샥티는 독립형 태양광 발전설비를 구입하는 사람들에게 계약과 동시에 15~25%의 보증금(대략 3300타카)을 내게 하고, 나머지는 월 400~800타카를 2~3년 동안 갚도록 했다.

이렇게 설치된 SHS는 기본적으로 조명을 위해서 사용되는데, 기존에 사용해오던 등유 램프를 위해서 지출하는 월 평균 400~500타카를 절약해줄 수 있다. 이렇게 절약된 비용으로 매달 갚아야 하는 SHS 구입 비용을 충당할 수 있도록 제도가 설계되어 있어, 상대적으로 손쉽게 가난한 방글라데시 농촌지역 주민이 SHS을 구입하여 이용할 수 있었다. 나아가 태양광 발전을 통해서 가능해진 조명을 이용하여 주민들이 야간에도 수공예 작업, 양계 활동, 상품 판매의 경제 활동을 지속하여 수입을 증대하게 되면, 구입 비용을 더욱 빨리 상환할 수 있는 가능성도 있었다. 이와 같은 마이크로크레디트 제도를 태양광 보급 사업과 결합하는 것이 성공의 주요한 요인이 되었다.[7]

---

7 SHS와 마이크로크레디트 제도를 연계한 사례에 대해서는 로퍼 외(Laufer et al., 2011) 참고.

3) 적정기술과 해당 지역의 사회경제적 개발 주체 및 활동과의 연계

(1) 태국 치앙마이 협동조합의 바이오가스 설비 도입 사례[8]

태국 북부 치앙마이 지역에 위치한 빠등후에이모 협동조합(이하, 치앙마이 협동조합)은 78개 농장이 참여하고 있으며 하루 11.5톤의 우유를 공동으로 생산하는 소규모 낙농가들의 연합체이다. 그런데 2000년대 후반에 들어서서 이 협동조합은 지역 내에 있는 시민단체(사오힌 YMCA)와 지역 대학교(치앙마이 대학교)와 협력해 축사에서 나오는 축분 및 농부산물을 활용하여 취사용 바이오가스를 생산하는 설비[9]를 조합원 가구에 설치하는 사업을 진행하고 있다. 이 사업이 시작된 계기는 협동조합 농가들에서 발생하는 축산 분뇨에 의한 악취와 수질오염과 이를 둘러싼 지역 내 갈등이었다. 이 사업 초기에 참여한 농민들은 시민단체와 대학으로부터 시멘트 탱크의 설치와 가스 배관 등에 관한 기술을 습득했으며, 이들은 추가로 진행된 다른 조합원 농가의 바이오가스 설비 설치에 참여하여 도움을 주었다. 2012년 1월까지, 78개 조합원 농가 중에 12개 농가가 바이오가스 설비를 설치했으며, 기존에 취사용으로 구입하던 LPG 가스를 대체하여 사용하면서 현금 지출과 화석연료 의존을 줄일 수 있었다. 향후 조명용으로 사용하기 위한 가스램프 보급 사업도 검토하고 있었다.

여기서 협동조합의 참여가 적정기술의 도입에서 가지는 중요성을 강조

---

8 이 사례는 필자가 속한 에너지기후정책연구소의 연구원들이 2011년에 해당 지역을 방문하여 인터뷰한 내용을 기반으로 한다.

9 이 설비는 축분과 농부산물을 발효시키는 시멘트 탱크 위에 메탄가스를 포집하는 철로 된 빈 통(석유 드럼통의 활용)을 설치하고 이를 가스관으로 연결하는 비교적 간단한 구조를 가지고 있었다. 축분 등이 발효되면서 메탄가스가 발생하면 통이 떠오르는 것에 착안하여, 현지에서 이 설비는 "flood up system"이라는 영문 이름으로 불리고 있었다.

할 필요가 있다. 초기에 바이오가스 설비를 설치하는 과정에서 얻은 기술을 ―협동조합이라는 관계망 속에― 다른 조합원에게 대가 없이 제공하거나, 상대적으로 비싼 초기 설치비(50~60만 원)를 조합원들에게 제공하는 등의 목적으로 협동조합 수익의 일부를 적립하고 있는 상황은 주목할 만하기 때문이다. 그리고 협동조합의 경제활동 결과에 따른 환경적 피해를 완화하는 동시에, 협동조합 공동체가 취사용 LPG라는 외부 자원에 대한 의존을 줄일 가능성을 발견했기 때문이다. 이런 점에서 바이오가스 설비는 협동조합을 통해서 지역사회의 사회경제 개발 전략의 일부로서 결합되고 있다고 평가할 수 있다.

(2) 라오스, 국제 개발 NGO 헬베타스 재생에너지 지원 사례[10]

스위스 개발원조단체인 헬베타스(HELVETAS)는 2001년부터 스위스 개발협력청(SDC: Swiss Agency for Development and Cooperation)의 지원으로 라오스에서 활동을 시작했다. 헬베타스 라오스는 2012년에는 라오스 11개 지역에서 '지속가능에너지를 통한 지역 수입(RISE: Rural Income through Sustainable Energy)' 등의 여섯 개 프로젝트를 진행했다. RISE 프로젝트는 라오스 동북부 시엥쿠앙(XiengKhounang) 주에서 진행했는데, 이 지역은 험준한 산악 지역으로서, 전력 공급이 이루어지고 있지 않은 외딴 마을들이 많이 산개되어 있다. RISE 프로젝트는 외딴 마을에 전력을 공급하는 것에만 머물지 않고, 이를 활용하여 방앗간 운영, 유기농 축산, 수공예, 관광사업과 연계해서 수입을 얻을 수 있도록 구상되어 있다.[11]

헬베타스는 2006년부터 시엥쿠앙 파시이(Phaxay) 지역의 외딴 마을(남카

---

10 이 사례 연구는 필자가 2011년에 해당 단체를 방문하여 인터뷰한 것에 기반을 두고 있다.
11 헬베타스 라오스 홈페이지 참조.

마을/Ban NamKha)에서 소수력발전설비(Micro-hydro power: 3MW 이하의 수력발전)
의 설치와 전력망을 구축하는 사업을 시범적으로 실시했다. 시범 사업의 평
가 이후 기술적 개발 활동 이외에 사회경제적 개발 활동을 추가·병행하도
록 결정하면서 RISE 프로젝트가 2007년에 정식으로 시작되었다. 헬베타스
는 라오스 내에서 활동하는 재생에너지 분야의 사회적 기업인 선라봅(Sun-
labob)[12]과 협력하여 파시이 지역에 두 개의 소수력 발전설비를 설치·수리
하는 한편 산개되어 있는 마을을 전력망으로 연결했다.[13] 이 전력망을 국
가 전력망과 연계하고 소수력으로 발전된 전력을 구매하도록 라오스전력
공사(EDL: Electricité du Lao)와 협의했다. 이는 지역 주민들이 일반 전력망 요
금과 동일한 요금을 지불하기 위한 결정이었으며, 헬베타스는 상대적으로
낮아진 요금의 전력을 이용하여 주민 소득 향상 사업을 진행할 수 있었다
(HELVETAS, 2010).[14]

　RISE 프로젝트를 통해서 다섯 개 마을의 350개 가구와 학교, 마을회관,
사원 등의 15개의 공공시설에 전력을 공급했다. 헬베타스는 이 과정에서 빈
곤 가구들이 전력을 사용할 수 있도록 이자 없이 대출을 해주었고 이를 마
을 공동체에 갚도록 했으며, 마을 내 학교 등 공공시설에 대한 전력을 제공
하는 비용을 헬베타스와 함께 마을 주민들이 공동으로 부담하도록 했다. 이
와 같은 규범을 만들고 합의하기까지 헬베타스는 2년여의 시간을 투자했으

12　선라봅에 대해서는 한재각(2010)를 참고할 것.
13　2010년의 사업 평가에서 자문단은 향후 사업에서는 소수력 발전보다는 보다 작은 규모의 재생에
　　너지 설비, 즉 초소수력이나 태양광발전 설비를 사용할 것을 권고했다. 라오스 농촌 지역의 조건
　　이나 정부 정책이 소수력발전에 우호적이지 않다고 판단했기 때문이다(HELVETAS, 2010).
14　헬베타스 라오스와 라오스전력공사(EDL)는 적은 비용(전기 가격 보조)만으로 농촌 전력화 사업
　　을 할 수 있었으며, 선라봅은 설치한 소수력 발전설비로부터 생산된 전력을 안정적으로 EDL에
　　판매할 수 있었다는 점에서 모든 이들에게 성공적인 협력이라고 평가하고 있다.

며, 이 과정에서 에너지 실태조사를 비롯하여 지역 주민들과 여러 차례의 회의를 가졌다. 한편 RISE 프로젝트가 제시한 바처럼 제공된 전력을 활용한 수입 창출 활동도 진행되었다. 지역관광청과 협력하여 생태 관광 프로그램을 개발·운영하고 있으며 관광 아이템으로 '지역 수공예품' 및 '전통적인 삶' 과 함께 '재생에너지 사용'을 선정하고 있다. 또한 공급되는 전력으로 관광 객에게 전기 서비스를 제공할 수 있게 되었다. 한편 세 곳의 수공예 생산조 직이 구성되었고 수공예품을 판매할 수 있는 국내외의 상점을 발굴했으며, 유기농 생산 교육도 진행했다. 또한 자체적인 마을 금고 사업을 추진해 신용 거래와 저축 사업으로 소규모 사업자에게 경제활동에 필요한 자금을 융자하 기 시작했다. 이런 사회경제적 개발 활동은 직간접적으로 재생에너지 지원 활동과 연계되어 있다(HEIVETAS, 2010).[15]

3. 한국 적정기술 담론과 실천 분석: 사회·기술시스템적 접근

1) 한국의 적정기술에 관한 담론 분석

현재 한국에서의 적정기술과 관련된 담론은 과학기술계에 의해서 주도 되고 있다. 적정기술과 관련된 과학기술단체들은 우선 '과학기술의 사회적 책임' 차원에서 적정기술 담론을 생산하고 있다. 즉, "수많은 과학자와 공학 자들이 더 빠르고, 더 효율적이고, 새로운 신기술을 개발"하고 있지만 "사실

---

15 다만 전력을 이용하여 방앗간의 기존 동력원(디젤 발전기)을 교체하여 더 나은 생산성을 얻으려 했던 구상은 설치된 수력발전기가 제공하는 전류량의 한계로 이루어지지 못했다.

지구상의 10%도 안 되는 소수만 사용할 수 있는 기술"일 뿐이기 때문에, "소외된 이웃들에게 적절한 가격에 그들이 사용할 수 있는 기술"을 보급·전달할 필요가 있다는 것이다(유영제, 2011). 나아가 적정기술 관련 담론을 한국의 국제사회 책임론에 따른 '국제개발협력' 담론과 연계시키려는 노력이 이루어지고 있다(특허청, 2010; 김정태, 2010; 하재웅, 2011).[16] 그러나 과학기술자들의 사회적 책임이라는 맥락에서 시작된 한국의 적정기술 담론은 적정기술 접근이 가진 사회·기술시스템 속성에 대해서 상대적으로 무관심하며, 기술의 개발과 보급이라는 서사에서 크게 벗어나 있지 않다(유영제·성숙경, 2012). 이러한 점을 가장 잘 드러내주고 있는 사례는 (사)국경없는과학기술자회가 발간한 『이웃을 위한 적정과학기술 100선』(2011b) 이다. 이 자료집은 "국내외 적정기술 중 물, 에너지, 보건의료, 식품보관, 폐기물, 산업, 건축, 교육의 분야에서 사용되고 있는 적정기술을 소개하여 사례를 공유하고 향후 적정기술 개발에 참고가 되게 하려"는 목적으로 만들어졌다. 이 자료집은 기술의 내용에 초점을 맞추는 반면, 개발과 이용의 구체적인 사회경제적 맥락, 관련 기술 인력의 교육, 기술에 접근할 수 있는 재정 메커니즘, 관련 기술을 둘러싼 제도적·정책적 조건 등에는 별 관심을 두고 있지 않다.

한편 한국 국제협력개발의 중심적인 행위자라고 할 수 있는 정부 기관 – 예컨대 한국의 공식적인 국제개발협력기관인 한국국제협력단(KOICA) – 은 적정기술

---

16 이러한 담론은 '국경없는과학기술자회', '나눔과 기술', '크리스천과학기술포럼' 등의 과학기술자 단체나 서울대, KAIST, 한밭대, 한동대 등의 대학에 의해서 주도되고 있다. 여기에 종교적인 차원의 봉사 담론이 병행되고 있기도 하며, 또한 이공계 대학생들의 교육과 경험의 확대라는 차원도 고려되고 있다(나눔과기술 편, 2011; 김정태·홍성욱, 2011; 홍성욱(서울대) 2012; 안성훈, 2012a). 또한 중소기업의 해외 진출 혹은 사회적 기업 육성이라는 정책과도 일부 조응하고 있다(김주헌, 2011; 이주성, 2010; 노윤수 외, 2010). 한편 이런 논리는 미래부나 특허청 같은 정부 부처의 제도적, 재정적인 자원을 획득할 수 있는 기회를 제공해주고 있다(특히, 미래부의 개도국 과학기술 지원 사업).

담론을 적극적으로 수용하고 있지는 않은 것으로 파악된다. KOICA는 일부 행사에서 적정기술에 대해서 언급하고 있기도 하며, 실제 사업을 기획·실행하면서 주거, 에너지, 식수 등의 분야에서 적정기술 접근이라고 할 만한 사례를 보여주고 있기는 하다.[17] 하지만 KOICA 내에서 "적정기술에 관심을 가지고 있는 사람들은 대부분 실무자"일 뿐, ODA 사업에 적정기술의 접근을 본격적으로 수용하고 있지는 못하다(임소연, 2012). 그러나 KOICA 실무자의 입장에서 보기에는 현재 국제개발협력 차원에서 진행되는 한국의 적정기술운동이 ODA 사업의 일환으로 진행되기에는 문제점도 있다. "적정기술 하나만의 지원으로 생각하기보다는 전체적인 큰 틀에서 다른 지원 프로그램과 연결되는 지점을 찾아 볼 수 있는"데, "그냥 (적정기술 하나만: 필자 첨언) 지원하고 나오는 식"이기 때문이다(임소연, 2012). 즉, 적정기술을 둘러싼 맥락과 시스템적인 차원을 고려하지 못하고 있다는 평가다.

반면에 국제개발협력 분야의 한국 NGO 현장 활동가들은 적정기술 담론에 우호적이며, 적극적으로 활용하고 있는 것으로 보인다. 예를 들어서 굿네이버스, 팀앤팀, 국제기아대책기구 등의 국제개발협력 NGO들은 적정기

---

17 예를 들어 KOICA는 2011년에 개발도상국의 농촌전력화(rural electrification)를 위한 개발협력 사업을 모색하는 정책연구를 진행했다. 이 연구는 대규모 발전설비의 도입·건설과 이를 이용자들에게 연결하는 전력망의 구축이라는 접근과 다르게, 태양광이나 소수력 같은 재생에너지를 통한 독립형 전원 설비의 공급이라는 새로운 접근을 소개하고 있다. 이런 접근은 적정기술 담론 속에서 자주 언급되는 것이지만, 정작 이 연구에서는 적정기술 용어를 사용하지는 않았다(임소연, 2011). 임소연의 연구는 주로 국가 사이에(양자 간) 혹은 국제기구를 통해서(다자간) (신)재생에너지를 이용한 농촌전력화 사업 사례와 방법을 다루고 있는데, 개발도상국의 에너지 개발을 위한 국제협력 활동이 대개 기술과 국제적 재정 지원 메커니즘에 초점을 맞추는 공급자 중심의 성격을 가지고 있는 것을 반영한다는 평가(Byrne et al., 2011)에 비춰 이해해볼 수 있다. 공적개발원조(ODA)가 국제기구 및 국가의 정부 조직 사이에 이루어져온 관행에서 벗어나서 적정기술 담론에 보다 수용적인 시민사회 조직 혹은 NGO를 통해서 혹은 이들을 대상으로 이루어진다면(홍재환, 2011), 적정기술의 담론이 보다 빠른 시일 안에 한국의 공적개발 활동과 담론과 실천에 수용될 가능성이 있다고 판단된다.

술 접근을 자신들의 활동에 수용하면서, 몽골, 차드, 베트남 등에서 적정기술과 연계된 사업을 진행하고 있다(나눔과기술 편, 2011; 김정태·홍성욱, 2011, 홍성욱, 2012; 이성범, 2012). 그러나 적정기술 담론이 가지고 있는 기술 중심주의적 경향에는 비판적인 태도를 취하고 있기도 하다. 그들이 보기에 적정기술을 추구하는 이들은 "기술과 더불어 인간에 대한 이해를 위해 인문적 소양을 쌓아야 하고, 적정기술이 처한 사회적 맥락을 읽어낼 수 있는 통찰력을 키워야" 할 필요가 있다고 생각한다. 왜냐하면 "지역사회와의 관계성 속에서 해당 적정기술이 서술되어야만 특정 지역에서 성공한 기술이 다른 지역에서는 왜 성공하지 못하는지 이해할 수 있는 단초를 제공할 수 있기 때문"이다. 따라서 "적정기술은 기술 자체의 효과성과 지역사회와의 관계성이 합쳐진 총체"라고 생각하고 있다(김동훈, 2011: 16, 18). 이런 비판적인 태도와 시스템적인 접근은 네덜란드 개발 기관인 SNV가 "'적정기술' 개념이 상징적인 의미는 남아 있지만 '기술'에만 관심을 두는 것으로 오인될 수 있다"(홍성욱, 2012)라고 평가하고 있는 것과 연결될 수 있다.

2) 한국의 적정기술의 실천 사례 분석[18]

(1) 대기오염 및 연료비 저감을 위한 개량 난로 개발·보급: 몽골 사례

국립 몽골 과학기술대학교의 한국인 교수와 학생들은 몽골 울란바토르 시내의 대기오염의 심각성과 시골로부터 이주한 저소득층의 주거 시설(전통

---

18 이 사례들은 대개 최근 6~7년 사이에 이루어진 사례로서, 제도화의 수준, 사업의 규모 및 후속적·연계적 사업 계획 등에서 실험적인 성격을 가진 것이라고 판단된다. 따라서 제시한 분석과 평가는 잠정적인 것이라고 할 수 있다. 해당 기술이 해당 사회 혹은 공동체 내에서 어떻게 자리 잡고 지속적으로 유지·관리되면서 이용될 수 있는지 판단하려면 좀 더 시간이 필요할 것으로 보인다.

적인 게르나 판잣집)의 불충분한 난방 시설 그리고 높은 난방비 지출 문제를 해결하기 위해서 적정기술 접근을 선택했다. 이들은 지역 주민들이 고수하고 있는 전통적인 주거 형태인 게르 안에 설치된 난로를 개량하는 것에 초점을 맞추었다. 땔감이나 질 낮은 석탄을 태우는 난로의 연소를 원활히 하며 난방열을 저장할 수 있는 장치를 개발·장착하여, "주거 환경을 바꾸지 않으면서도 사용 연료 절감뿐 아니라 자동적으로 매연까지 줄일 수 있는 열 회수 장치를 개발"하는 방안을 추구했다. 이들은 자신들의 접근이 몽골 정부의 계획 ─ 아파트를 건설하여 저소득층에게 제공하고 중앙난방을 제공하는 것 ─ 보다 '적정'한 것이라고 판단하고 있었는데, 왜냐하면 이런 계획은 "전력 사정의 빈곤, 공동주택 공급을 위한 예산의 부족과 실소비자인 주민들의 낮은 소득으로 현실적인 대안이 될 수 없기 때문"이다(김만갑, 2010: 7).

이들은 해결해야 할 문제를 정확히 파악하기 위해서, 대기오염 및 호흡기 질환 실태, 저소득층 주거 형태, 난방 연료의 가격 및 지출 현황, 기온과 난방 연료 사용량 관계, 기존 난로 연소의 특징, 주민들의 인식, 정부 정책 등에 관한 광범위한 조사·연구를 진행했다. 이러한 사전 활동은 어떤 기술 접근이 '적정'한 것인지를 탐색하는 과정이었다. 이런 조사는 몽골 내 전문가들과의 자문뿐만 아니라, 지역 주민들이 참여하는 설문조사 등을 통해서 이루어졌다. 이렇게 조사된 적정기술 요건들을 반영하는 시제품이 여러 차례 제작·실험되고 설계 변경이 이루어진 결과, 2009년 겨울에 시범 사업을 진행할 수 있게 되었다. 또한 몽골의 적정기술 사업은 국립 몽골 과학기술대를 중심으로 지역정부 및 지역 주민들과 한국의 개발 NGO(굿네이버스)와 적정기술 관련 과학기술자단체가 협력적인 관계를 구축함으로써 가능했다. 한편 굿네이버스는 개량된 난로를 몽골 현지에서 직접 생산하여 저가에 보급하며 일자리를 창출할 수 있는 방안으로 공장을 건설했으며[홍성욱, 2012;

중앙일보(2010. 3. 8)], 이를 사회적 기업 형식으로 운영하면서 10명의 현지인 고용을 창출하고 있다(이성범, 2012).

(2) 외딴 지역 전력 공급을 위한 독립형 태양광 설비 공급: 네팔 사례

서울대학교 기계항공공학부의 교수와 학생들을 주축으로 하여 구성된 네팔 솔라 봉사단은 네팔의 작은 마을들에 소규모 독립형 태양광 발전설비를 제공하는 활동을 진행하고 있다. 이들은 네팔의 도로 및 전력망이 미개발되어 전력을 공급받지 못한 마을이 많다는 점에 주목하고, 수도인 카트만두에서 멀리 떨어져 있고 도로 연결이 되지 않으며 향후 10년간 전력 공급 계획이 없는 마을에 태양광 발전 설비와 LED 전구를 제공·설치하여 밤에 불을 밝힐 수 있도록 지원하고 있다. 이들은 2011년 8월과 10월에 수도 카트만두의 북쪽 지역에 위치한 두 개의 작은 마을에 2kW과 240W급 태양광 발전 및 충전 시스템과 LED 조명을 지원했다. 또한 2012년 3월에는 수도의 남쪽에 위치한 마카완푸르(Makawanpur) 내 '팅간(Thingan)' 마을에 5kW 태양광 발전 및 충전 시스템, 전신주 70개를 설치하여 구성한 20km의 전력망, LED 조명 290개를 제공했다[네팔 솔라 봉사단, 2012; 이길용 외, 2011; 안성훈, 2011, 2012a; The AsiaN(2012. 3. 20)].

네팔 솔라 봉사단은 네팔의 마을에 전력과 조명을 제공할 수 있는 방안으로, "비교적 간단한 기술로 제작할 수 있으며 제작 이후 별다른 비용이 들지 않고 친환경적"인 태양광 발전 설비를 선택했다[안성훈(2012b), 경향신문(2012. 1. 5)에서 재인용].[19] 즉, 대규모 발전시설의 건설과 중앙집중적 전국적 전력망

---

[19] 안성훈 교수는 태양광 발전 이외에 소수력 발전도 검토했지만, 태양광 발전에 비해서 소수력 발전은 운반해야 할 자재가 많으며 설치·공사에 시간이 오래 걸린다는 점에서 적절하지 않다고 판단했다(안성훈, 2012b).

의 확장을 통해 농촌 지역에 전력을 보급하는 일은 막대한 예산과 장기간 건설 기간이 필요할 것을 고려하면, 무엇이 적정한 기술인지 분명했다. 그러나 적정기술운동이 제시하고 있는 일반적인 원칙에 비춰 보면 검토되어야 할 사항도 상당히 있다. 예를 들어서 초기 사업에서 필요한 자재 – 태양광 패널, 인버터, 축전지, LED 등 – 의 대부분은 한국에서 직접 조달하여 운송했으며[20] 이 설비의 유지·관리·수리에 필요한 현지 기술 인력의 교육과 활용도 쉽지 않다는 것이 확인되었다(안성훈, 2012b). 반면 사회경제적인 측면에서 상당한 고려가 이루어진 것으로 보인다. 제공되는 전력을 주민들의 소득 증대 사업과 연계하는 방식으로 활용할 수 있도록 노력했기 때문이다. 즉, 지역 주민들이 숙박시설에 머무는 네팔 트래킹 여행자를 대상으로 태양광으로 발전된 전력으로 핸드폰이나 컴퓨터 등의 충전 서비스들을 제공하거나, LED 조명을 이용하여 양계장과 버섯 재배장을 운영하도록 구상했다. 한편 팅간 마을 사람들은 마을 사용자위원회를 조직하고 전력 사용료(2.2kWh당 100루피)를 징수하도록 했으며, 규정된 용량보다 많은 전력량을 사용할 경우에 벌금(1500루피)을 부과하는 제도적 규범과 운영 체계를 만들어내기도 했다(안성훈, 2011; The AsiaN(2012. 3. 20)].

(3) 외딴 지역 학교시설의 독립형 태양광 설비 공급: 라오스 사례

한국의 민간단체인 에너지정치센터는 2010년부터 한국의 민간 및 공공 재단의 지원과 협력을 얻어 라오스 북부 싸이야부리(Xaiyabouri) 주 내의 전력망 연결이 되지 않는 반싸멧(Ban Xamet) 마을에 위치한 사나싸이(Sanaxay)

---

20 2012년 사업에서는 LED를 제외하고는 태양광 패널 등은 모두 네팔 현지에서 중국이나 인도산 제품으로 구입했다(안성훈, 2012b).

중학교 등, 다섯 개 학교에 태양광 발전기를 제공했다. 중학교에는 산간 면지역에서 온 학생들이 거주하는 기숙사가 있었으나, 마을의 다른 집들과 마찬가지로 전력이 들어오지 않아 야간 조명이 불가능한 상황을 해결하기 위한 지원이었다. 이 마을은 험준한 산악 지대의 산마루에 위치하고 있어서, 인근 마을과 다르게 전력을 얻기 위해서 초소수력 발전기를 이용하는 방안을 선택하기는 어려웠다. 또한 디젤 발전기의 경우, 기름을 구입하는 비용뿐만 아니라 구매를 위해서 인근 도시에 다녀오는 시간과 비용도 상당하여 이용하기에는 어려움이 있었다. 저녁의 일정 시간 동안 조명을 가능하도록 하기 위해서, 에너지정치센터는 290~650W 용량의 태양광 패널, 인버터 및 배터리, 그리고 고효율 전등 등으로 구성된 독립형 태양광 발전 시스템을 지원했다(이영란, 2013). 이 사업은 라오스 내 사회적 기업인 선라봅, 싸이야부리 주 교육청과 에너지광산국 등과 라오스 현지의 기업 및 (지방)정부들과 협력 관계를 구축함으로써 이루어질 수 있었다.

초기에 태양광 발전기의 운송, 설치와 현지 관리 인력에 대한 교육은 라오스 수도 비엔티안에 있는 선라봅이라는 사회적 기업에 의해서 이루어졌다. 선라봅은 라오스에서 태양광 발전기를 가난한 주민들이 경제적으로 이용 가능한 방안으로 공급하는 사업을 성공적으로 펼치고 있는 곳이며, 이과정에서 제품의 운송과 설치, 부품의 공급과 수리를 위한 경험과 사업망을 구축하고 있었다. 다른 미개발 국가들과 같이, 라오스도 운송 문제는 중요한 사항이다. 열악한 교통망으로 인해서 수도에서 현지까지 하루 이상의 시간이 소요되며 마지막 단계에서는 포장되지 않은 도로로 험준한 산악 지대까지 도착하는 것이 쉬운 일이 아니기 때문이다. 이는 한국으로부터 직접 태양광 발전기 설비를 운송하여 한국 내 기술자에 의해서 설치하는 통상적인 방식(이종욱, 2010; 안성훈, 2011)과는 다른 선택을 하도록 했다. 또한 열악한 교통 사정으로 설비의 유지관리를 현지 관리 인력에 의해서 이루어질 수 있도록 하는 교육도 중요했다. 에너지정치센터와 선라봅은 엿새의 설치 기간 동안 약 10명의 현지 교사와 학생이 참가하여 설치를 보조하는 한편, 이를 유지보수할 수 있는 교육 훈련을 받을 수 있도록 했다. 이런 교육에도 현지 어를 사용하는 선라봅의 기술 인력을 통한 교육이 보다 큰 효과를 얻을 수 있으리라고 판단했다. 이어진 사업에서는 싸이야부리 주 에너지광산국을 태양광 발전 설비의 공급자로 참여시킴으로써, 지역의 기술 역량을 활용하는 성격을 강화했다. 또한 싸이야부리 주의 직업학교에 재생에너지 교육 과정을 도입하기 위해서, 싸이야부리 주 교육청과 직업학교뿐만 아니라 LIRE 및 라오스 국립대학교 재생에너지학과와 협력 체계를 구축하고 있다.

4. 국제개발협력 활동에서 적정기술 실천 방향

1) 국내외 사례 요약 및 정리

적정기술은 기술이 도입·이전되는 사회 혹은 공동체의 맥락과 필요에 적합한 기술로서, 단지 수준 낮은 기술을 의미하는 것은 아니다. 태국의 바이오가스 설비와 같이 상대적으로 낮은 수준의 기술부터 라오스의 소수력 및 초소수력과 같은 중급 기술, 나아가 방글라데시의 태양광 패널과 같은 첨단 기술이 모두 적정기술 실천 속에서 사용될 수 있다. 문제는 제공·이전되는 적정기술은 현지의 기술적·환경적·사회적 조건에서 작동될 수 있도록 조정되어야 한다는 것이다. 이는 개발도상국 현지의 연구개발 활동을 필요로 한다는 것이며, 라오스 재생에너지연구소(LIRE)의 사례는 수원국의 연구개발 활동이 가능하며 수원국의 연구개발 역량 강화라는 점에서 바람직하다는 점을 보여준다. 한편 국제협력활동에서 적정기술 실천은 하나의 제품 혹은 기술을 제공하는 것으로 이해되어서는 안 된다. 그 기술이 수원국 사회 혹은 공동체에 제대로 수용되고 안정적으로 사용되기 위해서는 기술적 요소 이외의 다른 제도적, 사회적, 경제적 요소들이 함께 적절히 연결되어 사회·기술시스템을 구성해야 하기 때문이다. 태국 SHS의 사례는 독립형 태양광 발전설비가 제공된 지역공동체에 그 설비를 유지·관리·수리할 수 있는 기술 인력을 양성하는 것의 중요성을 보여주며, 또한 방글라데시의 사례는 그 기술에 접근하고 지속적으로 이용할 수 있는 재정적 메커니즘을 함께 구축할 필요성을 강조하고 있다. 이 과정에서는 그 기술을 사용하는 주민들은 마을위원회를 구성하고 주민 중에서 기술 인력 피교육자를 선발하는 등으로 능동적인 역할을 하게 된다. 여기에 더해서 헬베타스 라오스의 사례는 현지의 (사회적)기업(선라봅)이나 정부 기관(라오스 전력공사)과 협력하며 전력망 연결과 같은 제도적 차원의 조정도 함께 하는 것이 필요하다는 점을 보여준다. 이 사례는 지역공동체 내의 소득 증대와 같은 사회경제적 개발 활동과 재생에너지 기술이 연계되도록 구성했다는 점도 중요하다. 이 점은 태국 사례에서도 다시 강조될 수 있다.

한국의 적정기술의 담론과 실천 현황을 정리해보자. 적정기술 접근을 통해서 개발도상국을 지원·협력하려는 실제적인 시도가 과학기술단체, 대학 그리고 NGO를 통해서 최근 들어 꾸준히 나타나고 있다. 그러나 이들의 담론들을 살펴보면, 적정기술 담론은 아직까지 국제개발협력 활동 전반에 확고히 자리 잡지 못한 것으로 보인다. 그리고 현재 (국제개발협력 부분에서) 적정기술운동을 주도하고 있는 과학기술자 집단의 담론은 기술 중심적이고 기술 제공자들의 성격이 강한 반면, 이 분야의 NGO들은 이에 지원 대상국의 다양한 맥락을 고려할 필요성을 제기하면서 — 명시적으로 드러나지는 않지만 — 사회·기술시스템적인 관점을 가지고 있는 것으로 보인다. 이에 따라서 NGO들과 연계되어 실험적으로 진행되고 있는 여러 적정기술 실천 사례들은 — 이를 주도하는 이들이 명확히 인식했던 혹은 그렇지 않았던 간에 — 다양한 사회적 맥락을 고려하는 사회·기술시스템적인 접근을 일부 보여주고 있다고 판단된다.

몽골의 사례는 주민들의 난방 문제와 관련된 사회·경제·환경·문화 측면을 종합적으로 파악하고 몽골 정부의 정책 대안을 평가하는 과정에서, '적정한' 해결책을 발견해내는 접근이 두드러진다. 또한 적정기술 제품의 생산을 현지화하고 사회적 기업 방식으로 운영함으로써, 사회경제적 개발 활동과 연계되도록 구상되었다. 네팔을 지원하는 서울대학교 네팔 솔라 봉사단의 사례는 현지에서 기술의 이용·유지·관리에 관한 사회적 규범(시설의 수리·교체에 필요한 마을기금 조성 등)의 도입에서부터 양계장 및 버섯 재배장 설치를 통한 사회경제적 개발 활동까지 다양한 차원의 활동과 연계·발전되고 있다는 점이 특징이다. 에너지정치센터(에너지기후정책연구소)의 라오스 사례는 적정기술의 지원이 꼭 국내의 제품이나 기술 인력의 진출을 통해서 이루어질 필요가 없으며, 현지 기업의 제품과 기술 인력, 그리고 운송·설치 경험을 활용했다는 점에서 특징을 가진다. 또한 라오스 현지의 사회적 기업, 연구소와 대학뿐만 아니라 해당 지역의 지방정부와 교육기관 등과 긴밀히 협력관계를 구축하면서, 지역 기술역량의 활용과 기술 교육훈련을 확대하고 있다는 점에서 주목할 만하다.

2) 한국 국제개발협력 활동에서 적정기술 실천 방향 제안

첫째, 국제개발협력 활동에서 적정기술의 실천은 기술 중심적인 접근에서 벗어나야 한다. 국제개발협력 현장의 활동가들이 강조하고 있는 것처럼 지역공동체가 직면한 문제에 대한 해결책이 기술적 요소뿐만 아니라 경제적·사회적·문화적 요소들과도 긴밀히 연계되어 있을 수 있다는 점을 이해할 필요가 있다.[21] 적정기술이 지속가능한 수준에서 이용·보급되기 위해서는 기술·제품의 공급뿐만 아니라, 기술 인력의 양성, 연구개발 활동의 지원, 재정적 지원 체계의 구성, 관련 정책과 제도의 도입 및 개선 등과 같은 다양한 요소들을 함께 조정·변화시킬 필요가 있다는 것이다. 즉, 단위 기술의 이전이 아니라 '사회·기술시스템'의 형성과 전환이라는 관점을 가져야 한다. 이를 위해서 기존에 대학과 NGO들에 의해서 추진된 실험적인 적정기술 실천에 대한 체계적인 평가와 이에 바탕을 둔 교훈을 이끌어낼 필요가 있다. 한편 이와 같은 접근은 공여국과 수원국 사이의 정치적·경제적·사회적·문화적 차이를 이해하기 위한 인문사회학적 관심과 지식이 필요하다는 것을 의미하기도 한다. 일부 연구자들이 제안하고 있는 '한국적정기술센터'(특허청, 2010), 적정기술정보센터 혹은 국제기술협력단(홍성욱, 2012), 적정기술센터(유영제·성숙경, 2012)와 같은 기구가 필요하다면, 그 기구가 기술 중심적이고 기술 제공자 중심적인 편향에서 벗어나 인문사회학적이고 지역적 특성을 고려해 포괄적인 시각에서 활동할 수 있도록 설계될 필요가 있다.

둘째, 적정기술의 실천은 개발도상국, 특히 지역공동체의 역량을 강화하는 것에 초점을 맞춰야 한다. 이것은 앞서 언급한 기술 중심적이고 기술 제공자 중심의 접근에서 벗어날 필요성을 지적하면서 자연스럽게 제기되는 것이지만, 특별히 강조할 필요가 있다. 한국 정부가 국제개발협력 활동

---

21 심지어 기술적인 해결책이 불필요하며 오히려 상황을 악화시킬 수도 있을 것이다. 미래부의 '개도국 과학기술 지원 사업' 중에는 캄보디아의 원자력 기술의 이전과 관련된 프로젝트도 포함되어 있다.

을 통해서 진행하는 통상적인 역량 강화 사업은 수원국의 공무원 및 전문 가들에 초점을 맞추고 있는 반면, 태국의 BGET 사례가 보여주는 것과 같 이 지역공동체가 지원받은 (재생)에너지 설비의 지속적인 이용을 위해 지역 주민을 대상으로 한 기술 훈련을 지원하는 경우는 상대적으로 드물다(임소 연, 2012). 또한 현지의 대학, 기업 그리고 NGO 등, 다양한 주체의 역량을 활 용하고 확대할 수 있는 접근을 선택할 필요가 있다. 이런 점에서 미래부가 '개도국 과학기술 지원 사업'의 일환으로 라오스에서 진행하고 있는, 국립대 학교 대학원에 설치해 운영하고 있는 재생에너지학과의 사례와 에너지정치 센터가 현지 사회적 기업과 지방정부의 에너지 부서를 활용하여 태양광 발 전 시스템 지원 사업을 진행한 것은 긍정적으로 평가할 수 있다. 한편 앞서 거론한 적정기술센터와 같은 기구들이 설치·운영된다면, 이는 국내 과학기 술자의 역량을 활용하는 것을 넘어서 지원 국가의 과학기술자들이 활동하 는 대학, 기업, 그리고 NGO 등의 역량을 활용·강화하는 프로그램을 적극 적으로 개발할 필요가 있다.

셋째, 적정기술의 지원은 수원국 지역공동체의 사회경제적 개발 활동, 특 히 소득증대 사업과 연계되어야 한다. 예를 들어 굿네이버스가 G-saver를 국내에서 제작하여 몽골 주민들에게 제공하는 것으로 끝난다면 그 제품은 주민들의 난방비를 낮춰주는 효과에 국한될 것이지만, 이를 제작하고 판매 하는 사회적 기업을 설립함으로써 지역 내 고용을 창출하는 효과로 확대될 수 있었다. 이와 비슷하게 재생에너지원을 통해서 전력을 생산·제공하는 서비스 자체가 지역공동체 내에서 이루어지는 경제 활동이 될 뿐만 아니라, 헬베타스 라오스나 서울대학교 봉사단의 사례와 같이 그 전력을 이용하여 다른 경제활동을 유발하도록 하고 활성화할 수 있는 방안을 구상해야 한다. 이런 강조점은 임소연(2012)이 강조하고 있는 것처럼, 적정기술 실천이 하나의 완결적인 사업이 되기보다는 지역공동체에 대한 보다 포괄적인 사회경제적 개발 활동의 일부로서 포함되고 연계성이 강화되어야 한다는 것을 의미한다.

3) 차후 연구과제 정리

국제개발협력 맥락의 적정기술을 사회·기술시스템의 관점에서 바라본다는 것은 이미 새로운 연구과제를 제기하고 있는 것이기도 하다. 최근 들어 서구 학계에서 사회·기술시스템에 관한 관심이 지속가능성을 위한 에너지, 교통 등의 시스템전환의 맥락에서 부각되고 있으며(Geels, 2004a, 2005; Anderson et al., 2005), 아시아 지역에서도 지속가능한 전환을 논의하기 위한 관련 논의를 시작하고 있다(박동오·송위진, 2008; Bai et al., 2009). 이런 전환연구는 특정한 사회·기술시스템의 변화 혹은 전환을 설명하기 위해서 '사회·기술적 거시 환경', '사회·기술레짐'[22] 그리고 '니치'라는 다층적 관점의 활용을 특징으로 하고 있다(Geels, 2004a). 개발도상국에서 도입되는 적정기술은 개발도상국의 지속가능한 전환을 위한 '틈새'로서 간주할 수 있을 것이다. 그렇다면 틈새로서 적정기술이 개발도상국의 사회·기술시스템을 전환시키는 데 어떤 역할을 하는지, 기회의 창을 열어줄 사회기술적 제반 환경과의 상호작용은 어떤지 등에 대해서 연구할 필요가 제기된다.

한편 적정기술의 문제의식 그리고 사회·기술시스템 관점에서 강조되고 있듯이, 기술을 도입·사용하는 지역공동체가 가진 문화적 맥락에 대한 이

---

22 여기서 '사회·기술레짐'은 '사회·기술시스템'과 혼용하여 쓸 수 있는 용어로 간주한다(박동오·송위진, 2009: 59).

해는 대단히 중요하다(김동훈, 2011). 국내에서 이루어지는 대부분의 적정기술 논의들이 상대적으로 그 기술의 기술적 효용성과 생태적, 경제적 적정성만을 강조하는 경향이 있다. 그러나 지역공동체가 특정 적정기술에 대한 해석과 의미의 재구성 과정을 통해서 어떻게 그 기술을 일상적인 삶 속에서 받아들이게 되는지에 관한 연구는 상대적으로 드문 것으로 보인다. 일부 연구자는 적정기술은 '근대성의 이미지(Image of Modernity)'를 가져야 함을 주문하면서, "개발도상국의 사람들이 자신을 근대적이고 진보적인 사람으로 인식되기를 원한다"고 전제하고 있다(Wicklein, 1998: 372). 그러나 무엇이 근대적인 것이고 진보적인 것인지에 대한 해석이 대단히 상이할 수 있다는 의견이 금세 따라 붙게 될 것이다. 예를 들어 프라이버시가 보장되는 위생적인 화장실이라는 근대적 이미지는 특정 지역공동체의 문화적 실천 속에서 거부되기도 한다(Murphy et al., 2009: 163~164). 따라서 적정기술에 대한 지역공동체의 문화적 해석에 대한 본격적인 연구가 필요할 것이다.

참고문헌

경향신문. 2012. 1. 5. "서울대 봉사단, 태양광 발전시설 세워 네팔의 밤을 밝혔다".

교육과학기술부 외. 2009. 『저탄소 에너지 생산·보급을 위한 '폐자원 및 바이오매스 에너지 대책' 실행계획』.

국가과학기술심의회. 2013. 『과학기술기반 사회문제 해결 종합실천계획』.

국가과학기술위원회. 2012. 『신과학기술 프로그램 추진전략』.

국경없는과학기술자회. 2011a. 『적정기술 국제 컨퍼런스 자료집』.

_____. 2011b. 『이웃을 위한 적정과학기술 100선』.

김규남·김민식·진홍윤. 2014. 「ICT 부문의 사용자 주도형 혁신플랫폼 구축 방안 연구」. 미래창조과학부.

김동훈. 2011. 「국제개발협력현장에서의 적정기술의 의미와 활용」. 제3회 적정기술포럼 발표자료(2011. 9. 3, 서울 여의도).

김만갑. 2010. 「적정기술을 통한 몽골 울란바토르 시 대기오염 저감 및 난방방식 개선을 위한 연구」. ≪적정기술≫, 제2권 제1호.

김병윤. 2008. 「네덜란드의 에너지전환」. ≪STEPI Working Paper≫, 2008-08. 과학기술정책연구원.

김성원. 2012. 「'집'을 중심으로 공동체 대안을 찾아 고민하다」. ≪살림이야기≫, 제19호 (2012년 겨울).

김정태. 2010. 「유엔새천년개발목표 달성을 위한 적정기술」. ≪적정기술≫, 제2권 제1호, 1~7쪽.

김정태·홍성욱. 2011. 『적정기술이란 무엇인가』. 서울: 살림.

김종달. 2004. 「원자력발전 정책의 비판적 고찰」. ≪환경정책≫, 제12권 1호.

김종선·성지은·송위진. 2015. 「농촌 활성화를 위한 혁신연계조직 육성 방안」. ≪STEPI Insight≫, 163호.

김종선·송위진·성지은. 2014. 『과학기술·ICT와 함께하는 행복한 농촌만들기: 지속가능한 농촌사회 구현을 위한 혁신전략』. 미래창조과학부.

김주헌. 2011. 「녹색성장과 적정기술: ASEIC의 개도국 지원사업 소개」. 제3회 적정기술
　　포럼 발표자료(2011. 9. 3, 서울 여의도).

김태연. 2015. 「농촌개발정책의 패러다임은 변화하고 있는가: 신내생적 발전론 관점의
　　적용」. ≪동향과 전망≫, 93호, 86~131쪽.

김태희. 2014. 「사회문제 해결형 연구개발사업의 성과와 과제」. STEPI 〈과학기술+사회
　　혁신〉 포럼 발표 자료(2014.5.21).

김현우 외. 2011. 『탈핵: 포스트 후쿠시마와 에너지전환 시대의 논리』. 서울: 이매진.

김환석. 2006. 『과학사회학의 쟁점들』. 서울: 문학과지성사.

나눔과기술. 2011. 『적정기술: 36.5도의 과학기술』. 서울: 하원미디어.

네팔 솔라 봉사단. 2012. ≪뉴스레터≫, 제1권(2012. 2. 7).

노유수 외. 2010. 「적정기술을 활용한 해외 사회적 기업 소개」. ≪적정기술≫, 2권 1호,
　　1~12쪽.

뉴스토마토. 2013.7.13. "(2013국감)한국 신재생에너지 비중 2.8%..OECD 최하위".

박동오·송위진. 2008. 「지속가능한 기술을 향한 새로운 접근: 전략적 니치 관리(Strategic
　　niche Management)」. ≪과학기술학연구≫, 제8권 제2호, 57~81쪽.

박미영·김왕동·장영배. 2014. 「전환 연구와 지속가능한 발전: 벨기에 플랑드르 기술연구
　　소(VITO) 사례」. ≪동향과 이슈≫, 제18호. 과학기술정책연구원.

박배균. 2012. 「한국학 연구에서 사회-공간론적 관점의 필요성에 대한 소고」. ≪대한지리
　　학회지≫, 제47권 1호.

박순열. 2010. 「생태시티즌십(ecological citizenship) 논의의 쟁점과 한국적 함의」. ≪한
　　국사회학연구 ECO≫, 제14권 1호.

박정연·송성수. 2014. 「고리원자력발전소 1호기의 수명은 어떻게 연장되었는가?」, ≪한
　　국과학사학회지≫, 제36권 제3호, 329~356쪽.

박진희. 2009. 「지역의 에너지 자립, 어떻게 가능한가?」. ≪환경과생명≫, 제61권.

＿＿＿. 2013. 「시민 참여와 재생가능에너지정책의 새로운 철학-독일 에너지전환 정책 사
　　례를 토대로」. ≪환경철학≫, 제16권.

번, 존(John Byrne) 외. 2004. 『에너지 혁명』. 서울: 매일경제신문사.

사회혁신팀 편역. 2014. 『지속가능한 사회·기술 시스템으로의 전환: 이론과 실천』. 과학
　　기술정책연구원. Sterrenberg L. et al. 2013. 『Low-carbon transition through

system innovation Theoretical notions and application』. Pioneers into Practice Mentoring Programme 2013.

서울시. 2012.4.27. "서울시, '에너지 절약+생산'으로 원전 하나 줄인다". 보도자료.

선유정. 2008. 「과학이 정치를 만나다: 허문회의 "IR667"에서 박정희의 "통일벼"로」. ≪한국과학사학회지≫, 제30권 제2호, 417~439쪽.

성지은. 2008. 「脫추격 혁신과 정부의 역할」. ≪과학기술정책≫, 11·12월호.

_____. 2009. 「녹색성장 추진전략과 정책통합」. ≪과학기술정책≫, 제19권 1호(통권 제174호).

_____. 2012a. 「과학기술조정체계의 변화 분석: 일본, 미국, 핀란드 과학기술조정체계를 중심으로」. ≪한국정책과학학회보≫, 제16권 2호,213~238쪽.

_____. 2012b. 「탈추격 혁신을 위한 출연(연)의 구조적 한계와 과제: ETRI를 중심으로」. ≪기술혁신연구≫, 제 20권 2호, 1~28쪽.

_____. 2012c. 「통합형 혁신정책 구현을 위한 국과위의 역할과 과제」. ≪STEPI Insight≫, 98호.

성지은·고영주. 2013. 「탈추격 혁신을 위한 정부출연연구기관의 노력과 과제: 한국화학연구원을 중심으로」. ≪기술혁신연구≫, 제21권 2호, 85~113쪽.

성지은·박인용·김종선. 2014a. 「농업·농촌 활성화와 혁신연계조직」. ≪동향과 이슈≫, 제12호. 과학기술정책연구원.

성지은·송위진. 2010. 「탈추격 혁신과 통합적 혁신정책」. ≪과학기술학연구≫, 제10권 2호, 1~36쪽.

_____. 2013. 「사회에 책임지는 과학기술혁신」. ≪STEPI Issue and Policy≫, 69호. 과학기술정책연구원.

성지은·송위진·김왕동·김종선·정병걸·박미영·박인용·정연진. 2013a. 「저성장 시대의 효과적인 기술혁신지원제도」. ≪STEPI 정책연구≫, 13-02. 과학기술정책연구원.

성지은·송위진·김종선. 2012a. 『'통합형 혁신정책' 구현을 위한 국과위의 개방형 정책 네트워크 구축 방안』, 국가과학기술위원회.

성지은·송위진·김종선·박인용. 2015a. 『ICT 분야의 한국형 리빙랩 구축 방안 연구』, 미래창조과학부.

성지은·송위진·박인용. 2013b. 「리빙랩의 운영 체계와 사례」. ≪STEPI Insight≫, 127호. 과학기술정책연구원.

_____. 2014b. 「사용자 주도형 혁신모델로서 리빙랩 사례 분석과 적용 가능성 탐색」. ≪기술혁신학회지≫, 제17권 2호, 309~333쪽.

_____. 2014c. 「과학기술과 농촌의 새로운 만남: 농촌 리빙랩」. ≪STEPI Insight≫, 140호. 과학기술정책연구원.

성지은·송위진·장영배·박인용·서세욱·정병걸·박희제. 2015b. 「사회문제 해결형 혁신정책의 글로벌 이슈 조사·분석」. ≪STEPI 정책연구≫, 15-02. 과학기술정책연구원.

성지은·송위진·정병걸·김민수·박미영·정연진. 2012b. 「지속가능한 과학기술혁신 거버넌스 발전방안」. ≪STEPI 정책연구≫, 12-06. 과학기술정책연구원.

성지은·정병걸·송위진. 2012c. 「지속가능한 사회기술 시스템으로의 전환과 백캐스팅」. ≪과학기술학연구≫, 제12권 2호.

성지은·조예진. 2013. 「시스템전환과 지역 기반 전환 실험」. ≪과학기술정책≫, 제23권 4호.

성지은·한규영·박인용. 2016. 「국내 리빙랩의 현황과 과제」. ≪STEPI Insight≫, 184호. 과학기술정책연구원.

셰어, 헤르만(Hermann Scheer). 2012. 『에너지 명령: 재생가능에너지로의 100퍼센트 전환은 바로 지금이다』. 모명숙 옮김. 고즈윈.

송성수·송위진. 2010. 「코렉스에서 파이넥스로 : 포스코의 경로실현형 기술혁신」. ≪기술혁신학회지≫, 제13권 4호, 700~716쪽.

송위진. 2002. 「혁신체제론의 과학기술정책: 기본 관점과 주요 주제」. ≪기술혁신학회지≫, 제5권 1호, 1~15쪽.

_____. 2004. 「추격에서 선도로: 脫추격체제의 기술혁신 특성: 한국이동전화 산업의 사례연구」. ≪기술혁신학회지≫, 제7권 2호, 351~372쪽.

_____. 2009. 「지속가능한 사회·기술 시스템으로의 전환과 정책통합: 네덜란드의 "에너지전환" 사례를 중심으로」. 성지은 외. 『통합적 혁신정책을 위한 정책조정방식 설계』. ≪STEPI 정책연구≫, 09-07. 과학기술정책연구원.

_____. 2012. 「Living Lab: 사용자 주도의 개방형 혁신모델」. ≪STEPI Issue and Policy≫, 72호. 과학기술정책연구원.

_____. 2013. 「지속가능한 사회·기술시스템으로의 전환」. ≪과학기술정책≫, 제23권 4호, 4~46쪽. 과학기술정책연구원.

_____. 2015. 「탈추격 혁신의 전개와 한계: 1990년대 후반이후 과학기술혁신과 정책」. 이병천·신진욱 엮음. 『민주정부 10년, 무엇을 남겼나』. 후마니타스.

송위진·성지은. 2013. 『사회문제 해결을 위한 과학기술혁신정책』. 파주: 도서출판 한울.
_____. 2014. 「시스템전환론의 관점에서 본 사회문제 해결형 연구개발사업의 발전 방향」.
 ≪기술혁신연구≫, 제22권 4호, 89~116쪽.
송위진·성지은·김왕동. 2013a. 「기술집약형 사회적기업 활성화 방안」. ≪Issues & Policy≫,
 제65호. 과학기술정책연구원.
송위진·성지은·김연철·황혜란·정재용. 2006. 「탈추격형 기술혁신체제의 모색」, 『STEPI
 정책연구』, 06-25. 과학기술정책연구원.
송위진·성지은·박동오·김병윤·박진희·정병걸·하정옥. 2008. 「사회적 목표를 지향하는
 혁신정책의 과제」. ≪STEPI 정책연구≫, 08-03. 과학기술정책연구원.
송위진·성지은·장영배. 2011. 「사회문제 해결을 위한 과학기술-인문사회 융합 방안」. ≪
 STEPI 정책연구≫, 11~14. 과학기술정책연구원.
송위진·조예진·성지은·김종선. 2013b. 「사회·기술시스템전환과 지속가능한 도시 설계」.
 ≪Issues & Policy≫, 제74호. 과학기술정책연구원.
송위진·정서화. 2016. 「사회문제 해결형 연구개발사업의 현황과 과제」. ≪STEPI Insight≫,
 185호. 과학기술정책연구원.
송위진·황혜란. 2006. 「脫추격체제에서 부품업체의 기술혁신활동: 휴대전화 부품업체
 사례연구」. ≪기술혁신학회지≫, 제9권 3호, 435~450쪽.
슈마허, 에른스트(Ernst F. Schumacher). 1995. 『작은 것이 아름답다』. 김진욱 옮김. 서
 울: 범우사.
신수영. 2012. 「[워크숍 후기] 적정기술로 만든 대안에너지 장치는 어떤 모습일까?」. 녹색
 에너지디자인 사이트 게시물 http://energydesign.tistory.com/313.
신중경·김아랑·하규수. 2013. 「기업의 지속적인 가치창출을 위한 비즈니스 모델 혁신 전
 략에 대한 연구」. ≪디지털정책연구≫, 제11권 4호, 153~164쪽.
안성훈. 2011. 「네팔 고산지역에서의 지속가능한 소규모 태양광 프로젝트」. 적정기술 국
 제컨퍼런스 자료집(2011. 12. 2. 서울대 엔지니어하우스).
_____. 2012a. 「대학에서 적정기술(appropriate Technology) 적용하기: 서울대학교 기계
 항공공학부의 교육 및 기술봉사의 예」. ≪유니테프 Journal≫, 제1권 1호.
양현모. 2014. 「사회문제 해결형 다부처 R&D사업의 추진현황과 도전 과제」. STEPI 〈과
 학기술+사회혁신〉 포럼 발표 자료(2014.5.21).
엄은희. 2012. 「환경(부)정의의 공간성과 스케일의 정치학」. ≪공간과사회≫, 제22권 4호.

에너지기후정책연구소. 2012. 「지역에너지 자립을 모색한다」. ≪이슈페이퍼≫, 3호.

로빈스, 에머리(Amory B. Lovins) 외. 2001. 『미래의 에너지: 지속가능한 에너지를 위한 비전』. 임성진 옮김. 생각의 나무.

위정현·김진서. 2011. 「IT 산업에서 사용자 혁신을 이용한 콘텐츠 개발 사례 분석」. ≪e-비즈니스연구≫, 제12권 3호, 419~440쪽.

유범상. 2012. 「제3의 길과 큰 사회론의 이념과 공동체 구상」. ≪공간과사회≫, 제22권 1호, 43~80쪽.

유영제. 2011. 「적정기술 국제 컨퍼런스에 여러분을 초대합니다」. 적정기술 국제 컨퍼런스 자료집(2011. 12. 2, 서울대학교 엔지니어하우스).

윤순진. 2002. 「지속가능한 발전과 21세기 에너지정책: 에너지체제 전환의 필요성과 에너지정책의 바람직한 전환방향」. ≪한국행정학보≫, 제35권 3호.

_____. 2007. 「영국과 독일의 기후변화정책」. ≪한국사회학연구 ECO≫, 제11권.

이길용. 2011. 「네팔 고산지역 태양전지 발전시스템 설치 지원」. 한국정밀공학회 2001년도 추계학술대회논문집, 615~616쪽.

이미영·박남춘. 2013. 「사용자 경험 중심의 제품-서비스 디자인 Toolkit 개발」. ≪디자인학연구≫, 제26권 2호, 165~191쪽.

이민정. 2014. 『일본 내발적 발전 사례와 충남의 발전정책』. 충남발전연구원.

이상헌·이정필·이보아. 2014. 『신균형발전을 위한 충청남도 지역에너지체제 전환전략 연구』. 충남발전연구원.

이영란. 2013. 「라오스 싸이냐부리 지역 태양광 설비 현황 조사」. 에너지기후정책연구소 내부자료(2013. 4. 18).

이영희. 2011. 『과학기술과 민주주의』. 서울: 문학과지성사.

이우광. 2014. "회사가 침몰하면 내가 최후에 탈출한다. 경영자의 배수진, 혁신의 키가 되다". ≪동아비즈니스리뷰≫, 2014년 10월 2호.

이유진. 2008. 『동네에너지가 희망이다』. 서울: 이매진.

_____. 2010. 『태양과 바람을 경작하다』. 서울: 이후.

이은경. 2014. 「벨기에 플랑드르 지역 전환정책」. ≪STEPI Working Paper≫, 2014-05. 과학기술정책연구원.

이정필. 2011. "'저탄소 녹색마을' 어디로 가나 1차 시범 마을 중간평가와 개선방안을 중심으로". ≪Enerzine Focus≫, 30호.

이정필·한재각. 2014. 「영국 에너지전환에서의 공동체에너지와 에너지 시티즌십의 함의」. ≪환경사회학연구 ECO≫, 제18권 1호.

이종옥. 2010. 「전력이 공급되지 않는 지역에서 태양광 발전의 활용 가능성 고찰: 캄보디아 독립형 태양광 발전 시스템 활용 사례 중심으로」. ≪적정기술≫, 제2권 1호, 1~9쪽.

이주성. 2010. 「사회적 기업과 대학교육: KAIST 사회적기업경영 과목을 중심으로」. ≪적정기술≫, 제2권 1호, 1~12쪽.

이필렬. 1999. 『에너지대안을 찾아서』. 서울: 창작과비평사.

임소연. 2011. 『신재생에너지를 중심으로 한 농촌전력화 프로그램 개발협력 모델』. 한국국제협력단(KOICA).

임성진. 2000. "에너지패러다임의 녹색전환: 전력부문을 중심으로 한 사례분석." ≪한국정치학회보≫, 제34권 1호, 275~299쪽.

장영배·송위진·성지은. 2009. 「사회적 혁신과 기술집약적 사회적 기업」. ≪STEPI 정책연구≫, 09-09. 과학기술정책연구원.

장원봉. 2006. 『사회적 경제의 이론과 실제』. 나눔의 집.

전국시민발전협동조합연합회 준비위원회. 2014. 『총회 준비자료집』.

정기철. 2010. 「적정기술의 동향과 시사점」. ≪STEPI Issue & Policy≫, 2010-05. 과학기술정책연구원.

정병걸. 2014. 「네덜란드의 전환정책」. ≪STEPI Working Paper≫, 2014-01. 과학기술정책연구원.

정재용 편저. 2015. 『추격혁신을 넘어: 탈추격의 명암』. 신서원.

정재용·황혜란 편. 2013. 『추격형 혁신시스템을 평가한다』. 파주: 한울아카데미.

조성재. 2014. 「추격의 완성과 탈추격 과제 : 현대자동차그룹 사례 분석」. ≪동향과 전망≫, 91호, 136~168쪽. 한국사회과학연구소.

중앙일보. 2010. 3. 8. "간단한 기술로 제3세계 '놀라운 선물' 선사".

최희경. 2013. 「과학기술 시티즌십에 기반한 참여형 환경정책 모형」. ≪공간과사회≫, 제23권 3호.

특허청. 2010. 『적정기술을 활용한 ODA(공적개발원조)의 효과적 추진방안에 대한 연구』.

하재웅. 2011. 「적정기술을 활용한 ODA의 적용사례」. 제3회 적정기술포럼(2011. 9. 3, 서울 여의도).

한국경제60년사 편찬위원회. 2010. 『한국경제 60년사: 국토·환경편』.

한국연구재단. 2013. 『사회문제 해결형 기술 개발사업 설명서』.

_____. 2014. 『사회문제 해결형 기술 개발사업 설명서』.

한국환경공단. 2010. 「저탄소 녹색마을 조성 사업 추진현황」. 한국폐자원에너지기술협의회 2010년 춘계 기술 Workshop 발표자료.

한재각. 2010. 「기후변화와 개발도상국의 재생에너지 개발: NGO와 사회적 기업의 경험」. ≪한국 환경사회학 연구: ECO≫, 제14권 12호, 187~230쪽.

_____. 2014. 『2000년대 후반, 유럽의 지역에너지전환의 새로운 흐름』. 에너지기후정책연구소(미간행).

홍덕화·이영희. 2014. 「에너지 시티즌십의 유형과 함의-에너지 운동을 중심으로」. 환경사회학회 2014년 봄 학술대회 발표문.

홍성욱(서울대). 2012. 『개도국을 위한 적정기술 개발 지원 방안 연구』. 기초기술연구회.

홍성욱(한밭대). 2009. 「소외된 90%를 위한 공학설계 현황」. ≪적정기술≫, 제1호, 1~14쪽.

홍재환. 2011. 『ODA 정책에서의 시민사회단체 협력 개선방안 연구』. 한국행정연구원.

황혜란. 2011. 「공공연구부문의 탈추격형 혁신활동특성 분석 및 과제 : 대덕 연구개발특구를 중심으로」. ≪기술혁신학회지≫, 제14권 2호, 4~17쪽.

_____. 2013. 「혁신시스템에서 시스템혁신으로: 창조경제를 보는 또 하나의 관점」. ≪과학기술정책≫, 제23권 2호, 155~164쪽.

황혜란·송위진. 2014. 「사회·기술시스템전환과 기업의 혁신활동」. ≪기술혁신연구≫, 제22권 4호, 57~88쪽.

황혜란·정재용·송위진. 2012. 「탈추격 연구의 이론적 지향성과 과제」. ≪기술혁신연구≫, 제20권 1호, 75~114쪽.

≪The AsiaN≫. 2012. 3. 20. "한국봉사단이 선사한 광명"(http://kor.theasian.asia/?p=20194)

Daniel Kim·성지은. 2015. 「지속가능한 에너지시스템전환을 위한 리빙랩: SusLab NWE의 독일 보트롭 사례」. ≪STEPI Insight≫, 158호. 과학기술정책연구원.

* 인터뷰 자료

안성훈. 2012b. [네팔솔라봉사단장/서울대 교수] 인터뷰. 2012.5.30.

유영제·성숙경. 2012. [국경없는과학기술자회장/서울대 교수, 간사] 인터뷰. 2012.5.29.

이성범. 2012. [굿네이버스 국제협력실 대외협력팀장] 인터뷰. 2012.6.8.
임소연. 2012. [KOICA 기후변화대응실] 인터뷰. 2012.5.29.

Alcock, R. and C. Bird. 2013. *Maintaining Momentum in Bristol Community Energy-A review of Community Energy in the UK.*

Anderson, K., S. Schackley and A. Mander. 2005. "Decarbonising the UK: Energy for a Climate Conscious Future." *Tyndall Center for Climate Change Research.*

Anderson, R. 1998. *Mid-Course Correction.* 김민주·전세경 역. 2004. 『전세계 환경경영의 첫 번째 이름, 인터페이스』. 에코리브르.

Avelino, F., N. Bressers and R. Kemp. 2012. "Transition Management as New Policy Making for Sustainable Mobility." In Geerlings, Harry, Shiftan, Yoram, & Stead, Dominic(eds.). 2012. *Transition towards Sustainable Mobility: The Role of Instruments, Individuals and Institutions*, pp. 33~52. Surrey, UK: MPG Book Group.

Baedeker, C. et al. 2014. "Transition through sustainable Product and Service Innovations in Sustainable Living Labs: application of user-centered research methodology within four Living Labs in Northern Europe." Presented at 5th International Conference on Sustainable Transition(IST), 8.27~29, Utrecht, Netherlands.

Bai, X., A. Wieczorek, S. Kaneko, S. Lisson and A. Contreras. 2009. "Enabling sustainability transition in Asia: The importance of vertical and horizontal linkage." *Technological Forecasting & Social Change*, Vol. 76, pp. 255~266.

Bakhshi, H., A. Freeman and J. Potts. 2014. *State of Uncertainty.* NESTA.

Bergek, A., S. Jacobsson and B. Sanden. 2008a. "'Legitimation' and 'Development of Positive Externalities': Two Key Processes in the Formation Phase of Technological Innovation System." *Technology Analysis and Strategic Management*, Vol. 20, No. 5, pp. 575~592.

Bergek, A., S. Jacobsson, B. Carlsson, S. Linmark and A. Rickne. 2008b. "Analyzing the Functional Dynamics of Technological Innovation Systems: A scheme of analysis." *Research Policy*, Vol. 37, pp. 407~429.

Bergvall-Kareborn, B. and A. Ståhlbröst. 2009. "Living lab — an open and citizen-centric approach for innovation." *International Journal of Innovation and Regional Development*, Vol. 1, No. 4, pp. 356~370.

Bocken, N. M. P., S. W. Short, P. Rana and S. Evans. 2014. "A literature and practice review to develop sustainable business model archetypes." *Journal of Cleaner Production*, vol. 65, pp. 42~56

Boons, F. and F. Lüdeke-Freund. 2013. "Business models for sustainable innovation: State-of-the-art and steps towards a research agenda." *Journal of Cleaner Production*, Vol. 45, pp. 9~19.

Bosch, Suzanne van den. 2010. *Transition Experiments: Exploring societal changes towards sustainability*. Erasmus University Rotterdam.

Brown, H. S. et al. 2004. "Bounded Socio-technical Experiments (BSTEs): Higher Order Learning for Transitions towards Sustainable Mobility" In Elzen, B. and Geels, F. W. *System Innovation and the Transition to Sustainability*. Cheltenham: Edward Elgar.

Byrne, R., A. Smith, J. Watson and D. Ockwell. 2011. "Energy Pathways in Low-Carbon Development: From Technology Transfer to Socio-Technical Transformation." *STEPS Working Paper*, 46. Brighton: STEPS Centre.

Cooke, P. 2009. Transition regions: green innovation and economic development. Paper presented at DRUID Conference, Copenhagen, Denmark, 17-19 June.

C@R Consortium. 2007. Requirement for application and platform development: Cudillero Rural Living Lab, C@R_WP3.5.-D.3.5.1.

Daniel Archard. 2011. The potential for the Green Investment Bank to support community renewables. Camco and Baker Tilly. Final report. 19 December 2011.

Chen, Y.J. 2012. "Suan-Lien Living Lab with Elderly Welfare Focus." Presented at III ENoLL Living Labs Summer School Programme. August 20th, Helsinki.

Choi, D. 2010. "Appropriate Technology." Presented at Workshop for developing a model for eradication of poverty in Asia through social enterprise, 28~29 Oct.

2010, Paju Korea.

Choung, JY, Ji, I, Hameed, T. 2011. "International Standardization Strategies of Latecomers: The Cases of Korean TPEG, T-DMB, and Binary CDMA." *World Development*, Vol. 39, No. 5, pp. 824~838.

Coote, A. 2010. "Cutting It: The 'Big Society' and the new austerity." *New Economics Foundation*(4-Nov-2010).(http://www.neweconomics.org/publications/entry /cutting-it.)

CRD of Hanshin University & CAMP. 2010. "The proceeding of Workshop." Presented at Workshop for developing a model for eradication of poverty in Asia through social enterprise. 28~29 Oct. 2010, Paju, Korea.

Darnil, S. and M. Le Roux. 2005. *80 Hommes Pour Changer Le Monde*. Editions JC Lattes. 민병숙 옮김. 2006. 『세상을 바꾸는 대안기업가 80인』. 마고북스.

DECC. 2014. "Community Energy Strategy: People Powering Change."

De Moor, K., I. Ketyko, W. Joseph, T. Deryckere, L. De Marez, L. Martens and G. Verleye. 2010. "Proposed Framework for Evaluating Quality of Experience in a Mobile, Testbed-oriented Living Lab Setting." *Mobile Network and Applications*, Vol. 15, No. 3, pp. 378~391.

Department for Communities and Local Government(DCLG). 2012. National Planning Policy Framework.

Devine-Wright, P. 2007. "Energy Citizenship: Psychological Aspects of Evolutions in Sustainable Energy Technologies." In J. Murphy(eds.). *Framing the Present, Shaping the Future: Contemporary Governance of Sustainable Technologies*. Earthscan, pp. 63~86.

Dosi, G., C. Freeman, R. Nelson, G. Silverberg and L. Soete(eds.). 1988. *Technical Change and Economic Theory*. London·New York: Pinter Publishers.

Edler, J. et al. 2009. Monitoring and Evaluation Methodology for the EU Lead Market Initiative: A Concept Development, Final Report. The University of Manchester, Manchester Business School.

Elzen, B., W. Geels and K. Green. 2004. *System Innovation and the Transition to Sustainability: Theory, Evidence and Policy*. Edward Elgar.

ETSU. 1995. Critical Success Factors for Renewable Energy-Final Report to the Overseas Development Administration. ETSU Report, June 1995.

European Commission. 2010. How to Strengthen the Demand for Innovation Europe? Lead Market Initiative for Europe.

EU. 2015. Growing A Digital Social Innovation for Europe.

EZ. 2000. Energie en samenleving in 2050, Nederland in wereldbeelden. Den Haag, Ministry of Economic Affairs.

Fischer, Arnout R. H. et al. 2012. "Transforum System Innovation towards Sustainable Food. A Review." *Agronomy for Sustainable Development*, Vol. 32. pp. 595~608.

Frank N. et al. 2013. "Urban Transition Labs: co-creating transformative action for sustainable cities." *Journal of Cleaner Production*, Vol. 50, pp. 111~122.

Geels, F. W. 2002. "Technological Transitions as Evolutionary Reconfiguration Processes: a multi-level perspective and a case-study." *Research Policy*, Vol. 31, No. 8~9, pp. 1257~1274.

_____. 2004a. "From Sectoral Systems of Innovation to Socio-technical Systems Insights about Dynamics and Change from Sociology and Institutional theory." *Research Policy*, Vol. 33, No. 67, pp. 897~920.

_____. 2004b. "Understanding System Innovations: A Critical Literature Review and a Conceptual Synthesis." in Elzen, B. et al.(eds.). *System Innovation and the Transition to Sustainability: Theory, evidence and policy*, pp. 19~47. Cheltenham: Edward Elgar.

_____. 2005. "The Dynamics of Transitions in Socio-technical Systems: A Multi-Level Analysis of the Transition Pathway from Horse-drawn Carriages to Automobiles(1860~1930)." *Technology Analysis & Strategic Management*, Vol. 17, No. 4, pp. 445~476.

_____. 2007. "Transformations of Large Technical Systems: A Multi-level Analysis of the Dutch Highway System(1950-2000)." *Science Technology & Human Values*. Vol.32, No. 2, pp. 123~149.

Geels, F. W. and Raven, R. 2006. "Non-linearity and Expectations in Nichedevelopment Trajectories: Ups and Downs in Dutch Biogas Development(1973 ~2003)." *Technology Analysis & Strategic Management*, Vol. 18, No. 3~4, pp. 375~392.

Geels, F. W. and J. Schot. 2007. "Typology of Socio-technical Transition Pathways" *Research Policy*, Vol. 36, No. 3, pp. 399~417.

_____. 2008. "Path Creation and Societal Embedding in Socio-technocal Transitions: How Automobiles Entered Dutch Society (1898~1970)." Paper for Workshop, Technological Discontinuities and Transitions, Eindhoven, 14~16 May 2008.

Geels, F. W., A. Monaghan, M. Eames and F. Stewart. 2008. *The Feasibility of Systems Thinking in Sustainable Consumption and Production Policy: A Report to the Department for Environment*. Food and Rural Affairs, London: Brunel University.

Geels, F. W. and C. C. R. Penna. 2015. "Societal problems and industry reorientation: Elaborating the Dialectic Issue LifeCycle (DILC) model and a case study of car safety in the USA(1900~1995)." *Research Policy*, Vol. 44, No. 1, pp. 67~82.

Gorris, T. and S. van de Bosch. 2012. "Applying Management in Ongoing Programmes and Projects in the Netherlands: The Case of Transumo and Rush Hour Avoidance" In Geerlings, Harry, Shiftan, Yoram, and Stead, Dominic (eds.) 2012. *Transition towards Sustainable Mobility: The Role of Instruments, Individuals and Institutions*. pp. 71~93. Surrey, UK: MPG Book Group.

Grin, J., J. Rotmans and J. Schot. 2010. *Transition to Sustainable Development: New Directions in the Study of Long Term Transformative Change*. Routledge.

Gumbo, S., H. Thinyane, M. Thinyane, A. Terzoli and S. Hansen. 2012. "Living Lab Methodology as an Approach to Innovation in ICT4D: The Siyakhula Living Lab Experience." Proceedings of IST-Africa Conference 2012.

Hargreaves, T., S. Hielscher, G. Seyfang, and A. Smith. 2013. "Grassroots innovations in community energy: The role of intermediaries in niche development." *Global Environmental Change*, Vol. 23.

Hart, L. 2007. *Capitalism at the crossroad*. Wharton School Publishing. 정상호 역. 2011. 『새로운 자본주의가 온다』. 럭스미디어.

HELVETAS. 2010. Rural Income through Sustainable Energy(RISE) Final Report(1 Sep. 2007 ~ 30 Jun. 2010). Helveatas-Laos.

Hendrik, C. M. 2008. "On Inclusion and Network Governance: The Democratic Disconnect of Dutch Energy Transitions." *Public Administration*, Vol. 86, No. 4, pp. 1009~1031.

Hielscher, S. 2011. Community energy: a review of the research literature in the UK. Community Innovation for Sustainable Energy University of Sussex. http://grassrootsinnovations.files.wordpress.com/2012/03/cise-literature-review. pdf

HMG. 2009a. The UK Renewable Energy Strategy.

_____. 2009b. The UK Low Carbon Transition Plan.

Hobday, M., H. Rush and J. Bessant. 2004. "Approaching the Innovation Frontier in Korea: the Transition Phase to Leadership." *Research Policy*, Vol. 33, No. 10, pp. 1433~1457.

House of Commons Trade and Industry Committee. 2007. "Local energy: turning consumers into producers." First Report of Session 2006. 7. HC 257.

Jackson, T. 2009. *Prosperity without growth: Economics for a finite planet*. Earthscan. 전광철 역. 2013. 『성장 없는 번영』. 착한 책 가게.

Kang, S. C. 2012. "Initiation of Suan-Lien Living Lab - a Living Lab with an Elderly Walfare Focus." *International Journal of Automation and Smart Technology (AUSMT)*, Vol. 2, No. 3, pp. 189~199.

Kemp, R. 2013. Transition Management: A Model for Sustainable Development. (http://www.docstoc. com/docs/157824972/Transition-Management-For-SD3).

Kemp, R., F. Avelino and N. Bressers. 2011. "Transition management as a model for sustainable mobility." *European Transport/Trasporti Europei*, Vol.47, pp. 1~22.

Kemp, R. and D. Loorbach. 2005. Dutch Policies to Manage the Transition to Sustainable Energy. (http://kemp.unu-merit.nl/pdf/Kemp-Loorbach%20chapter %20for% 20Yearbook%20OO. pdf.)

Kemp, R. and P. Martens. 2007. "Sustainable Development: How to Manage Something that is Subjective and Never Can Be Achieved?" *Sustainability:*

Science, Practice, and Policy, Vol. 3, No. 2, pp. 5~14.

Kemp, R., J. Rotmans and D. Loorbach. 2007. "Assessing the Dutch Energy Transition Policy: How Does it Deal with Dilemmas of Managing Transitions?" *Journal of Environmental Policy and Planning*, Vol. 9, No. 3~4, pp. 315~331.

Kern, F. 2012. "An International Perspective on the Energy Transition Project" In Verbong, G. and D. Loorbach(eds.). *Governing the Energy Transition: Reality, Illusion or Necessity?* pp. 277~295. New York, NY: Routledge

Kern, F. and A. Smith. 2008. "Restructuring Energy Systems for Sustainability? Energy Transition Policy in the Netherlands." *Energy Policy*, Vol. 36, No. 11, pp. 4093~4103.

Keyson, D.V. 2014. *SusLab NWE: Sustainable Labs North West Europe.* Delft University of Technology, Netherlands.

Kozloff, K. 1995. "Rethinking Development Assistance for Renewable Electric Power." *Renewable Energy*, Vol. 6, No. 3, pp. 215~231.

Kuhlmann, S. and A. Rip. 2014. The challenge of addressing Grand Challenges: a think piece on how innovation can be driven towards the "Grand Challenges" as defined under the prospective European Union Framework Programme Horizon 2020.

Laes, E., L. Gorissen and F. Nevens. 2014. "A Comparison of Energy Transition Governance in Germany, The Netherlands and the United Kingdom." *Sustainability*, Vol. 6, No. 3, pp. 1129~1152.

Laufer, D. and M. Schäfer. 2011. "The implementation of Solar Home Systems as poverty reduction strategy - A case study in Sri Lanka." *Energy for Sustainable Development*, Vol. 15, pp. 330~336.

Lee, C. K., J. Lee, P. W. Lo, H. L. Tang, W. H. Hsiao, J. Y. Liu and T. L. Lin. 2011. "Taiwan Perspective: Developing Smart Living Technology." *International Journal of Automation and Smart Technology(AUSMT)*, Vol. 1, No. 1, pp. 93~106.

Lee, K. and C. Lim. 2001. "Technological Regimes, Catching-up and Leapfrogging: Findings from Korean Industries." *Research Policy*, Vol. 30, No. 3, pp. 459~483.

Leonard-Barton, D. 1992. "Core Capabilities and Core Rigidities: A Paradox in

Managing New Product Development." *Strategic Management Journal*, Vol. 13, pp. 111~125.

Liedtke, C., C. Baedeker, M. Hasselkuß, H. Rohn and V. Grinewitschus. 2014. User-integrated innovation in Sustainable LivingLabs: An experimental infrastructure for researching and developing sustainable product service systems. Wuppertal Institute, Germany.

Liedtke, C., M. Hasselku β , M. J. Welfens, J. Nordmann and C. Baedeker. 2013. "Transformation towards sustainable consumption: Changing consumption patterns through meaning in social practices." Presented at 4th International Conference on Sustainability Transitions(IST), 6.18~21, ETH Zurich, Switzerland.

LIRE. 2011. Summary of LIRE Pico-Micro Hydropower Programme (Dec. 2008 ~ Dec. 2010)(http://www.lao-ire.org/data/documents/data_research/general/LIRE-20 11 -07-Pico_Hydropower-Programme.pdf)

Loorbach, D. 2007. *Transition Management: New mode of governance for sustainable development*. Dublin: International Books. Erasmus University Repository, http://repub.eur.nl/pub/10200

_____. 2008. "Why and How Transition Management Emerges." Conference Paper, Long-term Policies: Governing Social-ecological Change Berlin.

Loorbach, D. and J. Rotmans. 2010. "The practice of transition management: Examples and lessons from four distinct cases." *Futures*, Vol. 42, pp. 237~246.

Loorbach, D., R. Van Der Brugge and M. Taanman. 2008. "Governance in the energy transition: Practice of transition management in the Netherlands." *International Journal of Environmental Technology and Management*, Vol. 9, No. 2~3, pp. 294~315.

Loorbach, D., Van Janneke C. Bakel, G. Whiteman and J. Rotmans. 2010. "Business Strategies for Transitions Towards Sustainable Systems" *Business Strategy and the Environment*, Vol. 19, No. 2, pp. 133~146.

Loorbach, D., and K. Wijsman. 2013. "Business transition management: exploring a new role for business in sustainability transitions." *Journal of Cleaner Production*, Vol. 45, pp. 20~28.

Lovins, A. B. 1976. "Energy Strategy: The Road Not Taken?" *Foreign Affair*, Vol. 55, No. 1.

Lüpke, G. 2009. *Zukunft entsteht aus Krise*. Verlargsgruppe Random House GmbH, Germany. 박승억·박병화 역. 2010. 『두려움 없는 미래』. 프로네시스.

Mateo, L. and A. Phimmasone. 2011. *LIRE Annual Report 2010*. LIRE.

Meyer, C. and J. Kirby. 2011. *Standing on the sun: How the explosion of capitalism abroad change business everywhere*. Harvard Business School Publishing. 오수원 옮김. 2012. 『포스트캐피털리즘』. 비즈니스맵.

Mol, A. P. J. 1997. "Ecological Modernization: Industrial Transformations and Environmental Reform." IN the Michael Redclift and Groham Woodgate(eds.). The International Handbook of Environmental Sociology. Cheltenham: Edward Elgar Publishing.

Mol, A. P. J. and D. A. Sonnefeld. 2000. "Ecological modernization around the world: An introduction." *Environmental Politics*, Vol. 9, No. 1.

Morrison, D. E. and D. G. Lodwick. 1981. "The Social Impacts of Soft and Hard Energy Systems: The Lovins' Claims as a Social Science Challenge." *Annual Reviews of Energy*, Vol. 6.

Mozorov, E. 2013. To Save Everything, Click Here: The Folly of Technological Solutionism. Public Affairs.

Mulgan, J. 2011. *Social Innovation : What it is, Why it matters and How it can be accelerated*. Oxford Said Business School. 김영수 옮김. 2011. 『사회혁신이란 무엇이며, 왜 필요하며, 어떻게 추진하는가』. 시대의 창.

Murphy, H, E. McBean and K. Farahbakhsh. 2009. "Appropriate technology-A Comprehensive approach for water and Sanitation in the developing world." *Technology in Society*, Vol. 31, pp. 158~167.

MUSIC. 2011. MUSIC Project Brochure. found online: http://www.themusic project.eu/.

Navarro, M., M. Lopez, C. Ralli, C. Pena, H. Schaffers and C. Merz. 2010. A Living Lab for Stimulating Innovation in the Fishery Sector in Spain, Living Lab for Rural Development: Results from C@R Integrated Project, Chapter 1. pp. 1~10,

TRAGSA and FAO.

Nolden, C. 2013. "Governing community energy-Feed-in tariffs and the development of community wind energy schemes in the United Kingdom and Germany." *Energy Policy*, Vol. 63, pp. 543~552.

OECD. 2012. "The Future of Eco-innovation: The role of business models in green transformation." OECD Background Paper, pp. 19~20.

Pallot, M. 2009. The Living Lab Approach: A User Centered Open Innovation Ecosystem. Webergence Blog. (http://www.cweprojects.eu/pub/bscw.cgi/715404).

Paredis, E. 2008. "Transition Management in Flanders: Policy Context, First Results and Surfacing Tensions." Working Paper no.6. Center for Sustainable Development, Ghent University.

Penna, C. & F. Geels. 2012. "Multi-dimensional struggles in the greening of industry: A dialectic issue lifecycle model and case study." *Technological Forecasting & Social Change*, Vol. 79, pp. 999~1020.

Perez, C. and L. Soete. 1988. "Catching up in Technology: Entry Barriers and Windows of Opportunity" in Dosi et al. Technical change and economic theory, pp. 458~479. London·New York: Pinter Publishers.

Pino, M., S. Benveniste, A. S. Rigaud and F. Jouen. 2013. "Key Factors for a Framework Supporting the Design, Provision, and Assessment of Assistive Technology for Dementia Care" *Assistive technology research series*, Vol. 33, pp. 1247~1252.

Porter, M. and M. R. Kraemer. 2011. "The Big Idea: Creating Shared Value." *Harvard Business Review*, Vol.89, No.1, pp. 62~77.

Porter, M. and C. Van der Linde. 1995. "Green and competitive :ending the stalemate" Harvard Business Review, Vol.73, pp. 120~134.

Rasmussen, B. 2007. Business Models and the Theory of the Firm. Working Paper, Victoria University of Technology, Australia.

Rijpens, J., S. Riutort and B. Huybrechts. 2013. Report on RESCoop Business Models. RESCoop 20-20-20.

Rogers, J. C., E. A. Simmons, I. Convery and A. Weatherall. 2008. "Public perceptions of opportunities for community-based renewable energy projects." *Energy Policy*, Vol. 36, No. 11, pp. 4217~4226.

Roorda C. et al. 2012. Transition Management in Urban Contex-guidance manual, collaboration version. Drift, Erasmus University Rotterdam, Rotterdam.

Rotmans, J., R. Kemp and M. van Asselt. 2000. Transitions and Transition Management, The Case of an Emission-free Energy Supply. International Centre for Integrative Studies, Maastricht, The Netherlands.

_____. 2001. "More evolution than revolution." *Transition management in public policy: foresight*, Vol. 3, No. 1, pp. 15~31.

Schäfer, M., N. Kebir and K. Neumann. 2011. "Research needs for meeting the challenge of decentralized energy supply in developing countries." *Energy for Sustainable Development*, Vol. 15, pp. 324~329.

Schaffers, H., J. G. Guzman and C. Merz. 2008. *An Action Research Approach to Rural Living Labs Innovation, Collaboration and the Knowledge Economy: Issues, Applications, Case Studies*. pp. 617~624, IOS Press.

_____. 2009. "Living Labs as Intruments for Business and Social Innovation in Rural Areas" Proceedings of ICE 2009 Conference.

_____. 2010. "Living Labs for Enhancing Innovation and Rural Development: Methodology and Implementation, Living Lab for Rural Development." Results from C@R Integrated Project, Chapter 3, pp. 25~51. TRAGSA and FAO.

Schienstock, G. 2004. *Embracing the Knowledge Economy*. Cheltenham: Edward Elgar.

Schliwa, G. I. 2013. *Exploring Living Labs through Transition Management - Challenges and Opportunities for Sustainable Urban Transitions*. IIIEE Master Thesis.

Schot, J. and F. W. Geels. 2008. "Strategic niche management and sustainable innovation journeys: theory, findings, research agenda, and policy." *Technology analysis & strategic management*, Vol. 20, No. 5, pp. 537~554.

Seyfang, G. and A. Haxeltine. 2012. "Growing grassroots innovations: exploring the role of community-based initiatives in governing sustainable energy transitions." *Environment and Planning C: Government and Policy*, Vol. 30.

Seyfang, G. and A. Smith. 2007. "Grassroots innovations for sustainable development: Towards a new research and policy agenda." *Environmental Politics*, Vol. 16, No. 4.

Seyfang, G., S. Hielscher, T. Hargreaves, M. Martiskainen and A. Smith. 2013. "Grassroots Sustainable Energy Niche? Reflections on community energy case studies." *3S Working Paper* 2013-21. Norwich: Science, Society and Sustainability Research Group. (http://www.3s.uea.ac.uk/sites/default/files/Seyfang% 20et%20 al.%203SWP_2013-21.pdf).

Shove, E. and G. Walker. 2007. "CAUTION! Transitions ahead: politics, practice, and sustainable transition management." *Environment and Planning A*, Vol. 39 No. 4, pp. 763~770.

Smith, A. 2005. "The alternative technology movement: an analysis of its framing and negotiation of technology development." *Human Ecology Review*, Vol. 12, No. 2.

Smith, A., M. Fressolib and H. Thomas. 2014. "Grassroots innovation movements: challenges and contributions." *Journal of Cleaner Production*, Vol. 63.

Smith, A., A. Stirling and F. Berkhout. 2005. "The governance of sustainable socio-technical transitions" *Research Policy*, Vol. 34, No. 10, pp. 1491~1510.

Ståhlbröst, A. 2012. "A Set of Key Principles to Assess the Impact of Living Labs." *International Journal of Product Development*, Vol. 17, No, 1~2, pp. 60~75.

Sterrenberg L., J. Andringa, D. Loorbach, R. Raven and A. Wieczorek. 2013. "Low-carbon transition through system innovation: Theoretical notions and application." Pioneers into Practice Mentoring Programme 2013.

STRN. 2010. A Mission Statement and Research Agenda for the Sustainability Transitions Research Network. The Sustainability Transitions Research Network.

SusLab Northwest Europe. 2014. SusLab Northwest Europe.

The Co-operative Group and Co-operatives UK. 2012. Manifest for a community energy revolution: Part of the work of the Community Energy Coalition. (http://www.uk.coop/sites/storage/public/downloads/energymanifesto2012.pdf).

Tillmans, A. and P. Schweizer-Ries. 2011. "Knowledge communication regarding solar home systems in Uganda: the consumers' perspective." *Energy for Sustainable Development*, Vol. 15, No. 3, pp. 337~346.

Ulrich, H. and N. Ivan. 2013. "Transnational linkages and sustainable transitions in emerging countries: Exploring the role of donor interventions in niche development." *Environmental Innovation and Societal Transitions*, Vol. 8.

Valenzuela, F., S. Azucena and M. Navarro. 2012. "A Living Lab for Stimulating Innovation in the Fishery Sector in Spain, Living Lab for Rural Development." Results from C@R Integrated Project, Chapter 5, pp.83~104. TRAGSA and FAO.

Van den Bosch, S. 2010. *Transition Experiment: Exploring Societal Changes toward Sustainability.* Erasmus University Ph. D thesis.

Van der Have, R. 2008. System Transition Concepts and Framework for Analysing Nordic Energy System Research and Governance. *VTT Working Papers*, 99.

Van der Loo, F. and D. Loorbach. 2012. "The Dutch Energy Transition Project(2000~2009)." In Verbong, Geert and Loorbach, Derk(eds.). *Governing the Energy Transition: Reality, Illusion or Necessity?* pp. 220~250. New York, NY: Routledge.

Veldkamp, A., A. C. Van Altvorst, R. Eweg, E. Jacobsen, A. Van Kleef, H. Van Latesteijn and J. C. M. Van Trijp. 2009. Triggering Transitions Towards Sustainable Development of the Dutch Agricultural Sector: Trans Forum's Approach. *In Sustainable Agriculture,* pp. 673~685. Springer Netherlands.

Verbong, G. and D. Loorbach(eds.). 2012. Governing the Energy Transition: Reality, Illusion or Necessity?, New York, NY: Routledge

VITO. 2012. Transition in Research. Research in Transition.

Vongsaly, T., J. Rietzler and L. Gaillard. 2010. LIRE Annual Report 2009. LIRE.

Voß, Jan-Peter, A. Smith and J. Grin. 2009. "Designing Long-term Policy: Rethinking Transition Management", Policy Science, Vol. 42, pp. 275~302.

Walker, G. 2007. "Community Energy Initiatives: Embedding Sustainable Technology at a Local Level." Full Research Report. ESRC end of Award Report, RES-338-25-0010-1. Swindon: ESRC.

_____. 2008. "What are the barriers and incentives for community-owned means. of energy production and use?" *Energy Policy*, Vol. 36.

Walker, G. and P. Devine-Wright. 2008. "Community renewable energy: What should it mean?" *Energy policy*, Vol. 36, No. 2, pp. 497~500.

Walker, G., S. Hunter, P. Devine-Wright, B. Evans and H. Fay. 2007. "Harnessing Community Energies: Explaining and Evaluating Community-Based Localism in Renewable Energy Policy in the UK." *Global Environmental Politics*, Vol. 7, No. 2.

Walz, R. and J. Kohler. 2014. "Using Lead Market Factors to Assess the Potential for a Sustainability Transition." *Environmental Innovation and Societal Transitions*, Vol. 10, pp. 20~41.

Wang, K.Y. 2014. Taiwan's hardware & software industry transformation: a case for transforming from IoT devices to smart services on the cloud. Presented at Brazil IoT forum, May, 15th.

Westerlund, M. and S. Leminen. 2011. "Managing the Challenges of Becoming an Open Innovation Company: Experiences from Living Labs" Technology Innovation Management Review, October 2011, pp.20~25.

Wicklein, R. 1998. "Designing for appropriate technology in developing countries." *Technology in Society*, Vol. 20, pp. 371~375.

Willis, R. and J. Willis. 2012. Co-operative renewable energy in the UK-A guide to this growing sector. The Co-operative Group·Co-operatives UK(http://www.uk. coop/sites/storage/public/downloads/renewableenergy_0_0.pdf).

Wolfert, J., C. N. Verdouw, C. M. Verloop and A. J. M. Beulens. 2010. "Organizing information integration in agri-food: A method based on a service-oriented architecture and living lab approach." *Computers and Electronics in Agriculture*, Vol. 70, No. 2, pp. 389~405.

Wollmann, H. 2013. Public Services in European Countries Between Public/Municipal and Private Sector Provision - and reverse?. Draft version of paper prepared for the IPSA conference to be held in Grenoble on June 26~28 2013. (http://www.google.co.kr/url?url=http://www.ub.edu/graap/Final%2520Papers %2520PDF/Wollmann%2520Hellmut.pdf&rct=j&frm=1&q=&esrc=s&sa=U&ei=XP 5eU6GDCMuA8gXwmICoBQ&ved=0CB0QFjAA&usg=AFQjCNEgQmDbkErE4Xiu

_66Pr_yvYYtUPg).

Yunus, M., B. Moingeon and L. Lehmann-Ortega. 2010. "Building Social Business Models: Lessons from the Grameen Experience." *Long Range Planning*, Vol. 43, No. 2~3, pp. 308~325.

*웹사이트

ViA(Transitions in Flanders in Action): www.flandersinaction.be

DuWoBo: www.duwoo.be

PACT2020: www.vlaandereninactie.be/en/about/pact-2020

PlanC: www.plan-c.eu

http://www.eutrio.be/belgium/flanders/flemish-government/flemish-government

http://www.eutrio.be/belgium/flanders/flanders

Ouse Valley Energy Service Company Limited(OVESCO): http://www.ovesco.co.uk/

Cwm Arian Renewable Energy(CARE): www.cwmarian.org.uk/re/index.htm

River Bain Hydro: www.h2ope.org.uk

Green Energy Nayland(GEN): www.greenenergynayland.org.uk

Valley Wind Co-operative: www.valleywind.coop

Energy4all: http://www.energy4all.co.uk/

http://www.nwp.nl

http://www.vlaandereninactie.be/en

DRIFT: http://www.drift.eur.nl/.

찾아보기

각 장의 기초가 된 글

01   사회·기술시스템전환론의 기본 관점과 주요 이슈
송위진 외. 2015. 『사회·기술시스템전환전략 연구(1차년도)』. 과학기술정책연구원, 제2장.
송위진·성지은. 2014. 「시스템전환론의 관점에서 본 사회문제 해결형 연구개발사업의 발전 방향」. ≪기술혁신연구≫, 제22권 제4호.

02   사회·기술시스템전환과 기업 혁신활동
황혜란·송위진. 2014. 「사회·기술시스템전환과 기업의 혁신활동」. ≪기술혁신연구≫, 제22권 제4호.

03   시스템전환실험의 장으로서 리빙랩
성지은·박인용. 2016. 「시스템전환 실험의 장으로서 리빙랩 : 사례분석과 시사점」. ≪기술혁신학회지≫, 제19권 제1호.

04   지역 기반 시스템전환
성지은·조예진. 2014. 「지속가능한 사회·기술시스템으로의 전환 실험 비교: 지역 기반의 녹색전환을 중심으로」 ≪기술혁신연구≫ 제22권 제2호

05   에너지전환에서 공동체에너지와 에너지 시티즌십의 함의
이정필·한재각. 2014. 「영국 에너지전환에서의 공동체에너지와 에너지 시티즌십의 함의」. ≪환경사회학연구 ECO≫, 제18권 1호.

06   네덜란드의 전환정책
정병걸. 2015. 「이론과 실천으로서의 전환 : 네덜란드의 전환이론과 전환정책」, ≪

과학기술학연구≫, 제15권 제1호.

07   벨기에 플랑드르 지역의 전환정책

이은경. 2014. 「벨기에 플랑드르 지역 전환정책」. STEPI Working Paper, 2014-05

08   전환연구와 탈추격론의 확장

송위진. 2016. 「전환연구와 탈추격론의 확장」. ≪과학기술학연구≫, 제16권 제1호.

09   시스템전환론의 관점에서 본 사회문제 해결형 연구개발사업의 발전 방향

송위진·성지은. 2014. 「시스템전환론의 관점에서 본 사회문제 해결형 연구개발사업의 발전 방향」. ≪기술혁신연구≫, 제22권 제4호.

10   적정 '기술'에서 적정한 '사회·기술시스템'으로

한재각·조보영·이진우. 2013. 「적정'기술'에서 적정한 '사회·기술시스템'으로: 에너지 관련 기술 분야의 국제개발협력과 사회적 혁신」. ≪과학기술학연구≫, 제13권 제2권.

지은이

박인용

한양대학교 화학과를 졸업하고 고려대학교 과학기술학협동과정과 KAIST 기술경영학과에서 석사학위를 받았다. 과학기술정책연구원에서 연구원으로 재직했다. 주요 연구 분야는 탈추격 혁신, 사용자 참여형 혁신모델이다.

성지은

숙명여자대학교 행정학과를 졸업하고 고려대학교 행정학과에서 석사·박사학위를 취득했으며 현재 과학기술정책연구원의 연구위원으로 재직하고 있다. 주요 연구 분야는 사회문제 해결형 혁신정책과 리빙랩, 통합형 혁신정책, 과학기술과 거버넌스이다. 저서로는 『사회문제 해결형 과학기술혁신정책』, 『정보통신산업의 정책진화』가 있다.

송위진

서울대학교 해양학과를 졸업하고 동 대학원 과학사 및 과학철학 협동과정에서 석사학위를 받았다. 고려대학교 행정학과에서 박사학위를 취득했으며, 현재 과학기술정책연구원의 선임연구위원으로 재직하고 있다. 주요 연구 분야는 사회문제 해결형 혁신정책, 탈추격 혁신이다. 저서로는 『사회문제 해결을 위한 과학기술혁신정책』, 『창조와 통합을 지향하는 과학기술혁신정책』 등이 있다.

이은경

서울대학교 물리학과를 졸업하고 동 대학원 과학사 및 과학철학 협동과정에서 석사학위, 박사학위를 받았다. 과학기술정책연구원(STEPI)의 부연구위원을 지냈고 현재 전북대학교 과학학과 교수로 재직하고 있다. 주요 연구 분야는 과학기술정책, 20세기 과학기술과 사회, 과학기술과 젠더이다. 저서로는 『근대 엔지니어의 탄생』(공저), 『근대 엔지니어의 성장』(공저) 등이 있다.

이정필

서강대학교 대학원 정치외교학과에서 공부했고, 에너지정치센터 연구실장으로 활동했다. 현재는 에너지기후정책연구소에서 연구부소장을 맡고 있다. 관심 분야는 정치생태학, 에너지기후정의, 녹색일자리, 정의로운 전환 등이다. 저서로는 『착한 에너지, 나쁜 에너지, 다른 에너지』, 『위험한 동거: 강요된 핵발전과 위험경관의 탄생』 등이 있다.

정병걸

고려대학교 행정학과를 졸업하고 동 대학원 행정학과에서 석사학위와 박사학위를 받았다. 현재 동양대학교 공공인재학부에 교수로 재직하고 있다. 주요 연구 분야는 과학기술정책, 공공성, 공공조직이며 이러한 주제들이 연계된 문제에 큰 관심을 두고 있다. 저서로는 『추격형 혁신시스템을 진단한다: 한국 혁신시스템이 추구해야 할 과제는 무엇인가?』(공저) 등이 있다.

한재각

녹색당 공동정책위원장으로 일했고, 현재 에너지기후정책연구소 부소장을 맡고 있다. 국민대학교에서 과학기술·환경 사회학으로 박사학위를 받았으며, 동국대, 국민대 등에서 강사 일도 하고 있다. 유네스코 한국위원회, 시민과학센터에서 근무했으며, 독일 베를린대학교 환경정책연구소에서 방문연구원으로 활동했다. 연구 및 활동 분야는 에너지전환과 시민 참여, 재생에너지 갈등, 에너지 시나리오 등이다.

황혜란

영국 서섹스대학 과학기술정책연구소(SPRU)에서 과학기술정책 및 경영을 전공했다. 과학기술정책연구원에서 연구위원으로 근무했으며 현재 대전발전연구원에서 책임연구위원으로 재직하고 있다. 국가와 지역, 도시 수준에서의 혁신시스템전환 및 전환과정에 나타나는 조직 및 제도의 변화에 관심을 갖고 연구를 진행하고 있다.

한울아카데미 1960

사회·기술시스템전환
이론과 실천

엮은이 ㅣ 송위진
지은이 ㅣ 박인용 · 성지은 · 송위진 · 이은경 · 이정필 · 정병걸 · 한재각 · 황혜란
펴낸이 ㅣ 김종수
펴낸곳 ㅣ 한울엠플러스(주)
편 집 ㅣ 김경희

초판 1쇄 인쇄 ㅣ 2017년 2월 3일
초판 1쇄 발행 ㅣ 2017년 2월 13일

주소 ㅣ 10881 경기도 파주시 광인사길 153 한울시소빌딩 3층
전화 ㅣ 031-955-0655
팩스 ㅣ 031-955-0656
홈페이지 ㅣ www.hanulmplus.kr
등록번호 ㅣ 제406-2015-000143호

Printed in Korea.
ISBN 978-89-460-5960-3 93500(양장)
     978-89-460-6289-4 93500(학생판)

* 책값은 겉표지에 표시되어 있습니다.
* 이 책은 강의를 위한 학생판 교재를 따로 준비했습니다.
  강의 교재로 사용하실 때에는 본사로 연락해주십시오.